생물다양성,
경제로 논하다

생물다양성,
경제로 논하다

1판 1쇄 발행 2014년 9월 30일
1판 2쇄 인쇄 2015년 7월 1일
1판 2쇄 발행 2015년 7월 5일

지은이 | 이동근, 이명균, 정태용
발행인 | 김병계
발행처 | 도서출판 보문당
등록 | 1990년 6월 15일(제1-1066호)
주소 | 서울시 마포구 토정로 15길 32
전화 | 704-7025 / 704-0635 팩스 | 704-2324
홈페이지 | www.bomoondang.co.kr
전자우편 | bmdpub@naver.com

정가 18,000원

ISBN 978-89-8413-201-6(93530)

생물다양성, 경제로 논하다

대표저자 이동근, 이명균, 정태용

普文堂

머리말

생물다양성은 육상, 해양 그리고 수생 생태계를 포함하는 모든 자연에 존재하는 살아있는 유기체 간의 다양성과 그들이 이루고 있는 생태적 상호관계의 복잡성을 의미한다. 1992년 리우데자네이루에서 개최된 유엔환경개발회의에서 생물다양성 협약(CBD, Convention on Biological Diversity)이 채택되면서 국제사회는 생물다양성의 문제에 보다 많은 관심을 갖기 시작하였다. 생물다양성이 본격적으로 주목 받기 시작한지는 20여년 밖에 되지 않았지만 그 중요성은 갈수록 높아져 이에 대한 연구의 필요성도 지속적으로 확대되고 있다. 앞으로도 생물다양성은 국제적인 이슈로서 다양한 분야에서 중요한 키워드로 역할을 할 것이라 기대된다.

이 책의 제목은 여러 가지 의미를 내포하고 있다. 일반적으로 생물다양성에 관련된 문제는 지구상에 존재하는 동식물의 보전과 밀접하게 관련이 있는 것은 물론이고, 경제적인 관점에서는 인간이 어떻게 효과적으로 생물자원을 잘 관리하고 활용하여 장기적으로 최대한의 편익을 얻어 낼 수 있는가에 대한 논의를 포함하고 있다. 특히 비용과 편익의 비교 결과를 생물다양성 및 개발과 관련한 의사결정 과정에서 중요한 근거로 활용하는 작업이 선진국을 중심으로 한 해외에서 활발하게 진행되고 있다. 그러나 국내에는 생물다양성을 생태학적 관점과 경제학적 관점에서 통합적으로 조망하고 분석하고자 하는 노력이 아직 미비하며, 이러한 논의를 함께 소개하고 정리하는 책이 전무한 실정이다. 따라서 이 책에서는 생물다양성과 경제학의 조화를 통해 생태계가 인간에게 제공하는 혜택을 이해하고, 혜택의 가치를 평가함으로써 경제적, 사회적, 환경적 지속가능성을 논할 수 있는 기반을 마련하고자 노력하였다.

이러한 취지에 부합할 수 있는 책을 작성하기 위하여 1장에서는 생태계와 인간이라는 다소 큰 주제로 시작하였다. 생물다양성과 경제학을 바라보는 관점의 이해를 위해서 가장 중요한 환경윤리, 환경을 바라보는 관점, 생태윤리에 대한 개념을 설명하고, 지속가능한 개발, 기후변화 대응에 부합할 수 있는 새로운 생태윤리의 역할을 제시하였다. 생태계 자체의 기능에 대한 이해를 돕기 위하여 생태계의 기능을 생산기능, 순환·조절기능, 생물다양성의 기능으로 구분하여 집필하였다. 생태계와 경제활동과의 관계는 산업화, 도시화, 세계화, 기후변화와 같이 경제활동으로 인해 발생한 생태계에 대한 부정적인 영향을 정리하였다.

2장에서는 생물다양성과 관련된 국제적 논의의 동향을 정리하였다. 1장이 생태계와 인간의 관계를 이해하는데 초점을 두었다면, 2장에서는 생물다양성, 생태계서비스, 생태경제학의 정의를 이해하는데 도움을 주고자 하였다. 특히 생물다양성협약, 기후변화협약, 사막화방지협약과 같이 현재 국제적으로 이슈가 되고 있는 협약들에 대한 정보를 제시함으로써 독자가 생물다양성 관련 국제 동향을 쉽게 파악할 수 있도록 하였다.

앞서 1, 2장에서 정리된 생물다양성, 생태계서비스, 경제학 등의 개념을 바탕으로 3장에서는 생물다양성과 생태계서비스의 가치를 평가하는 방법론들을 정리하였다. 특히 생물다양성, 생태계서비스는 시장가치를 추정하기 어렵기 때문에, 다양한 연구의 리뷰를 통해서 생물다양성과 생태계서비스를 정량화하는 방법을 찾고 이들의 경제적 가치를 평가할 수 있는 방법론들로 구성하였다.

정량화와 가치평가 방법은 매우 다양하기 때문에 제한된 지면을 통한 설명으로는 이를 이해하는데 어려움이 있을 것으로 판단되어, 4장에서 생물다양성과 생태계서비스의 분석 사례를 정리하였다. 국내사례는 저자들이 그동안 연구한 논문을 중심으로 정리하였고, 해외사례의 경우 생물다양성과 생태계 서비스의 경제학(TEEB) 사례 보고서 상에서 흥미로운 사례들을 추출하여 정리하였다. 해외사례를 소개하기 위해 국외저자에게 이 책에서의 인용을 위한 허가를 구하였고 이 요청에 대해 모두 흔쾌히 수락해 주었다. 국내외 사례를 통해 생물다양성, 생태계서비스 평가와 관련하여 어떤 동향이 있는지를 파악할 수 있을 것으로 판단된다.

마지막 5장은 생물다양성 보전의 향후과제에 대한 내용을 담았다. 생물다양성 보전을 위해서 필요한 비전과 목표, 생물다양성 협약의 주요 의제, 거버넌스와 의사결정체계에 대해서 향후의 방향을 제시하였다. 특히 맺음말에서는 생물다양성 및 생태계서비스를 효과적이고 지속적으로 보전하기 위한 전략으로서 다분야 융합을 제시하였다.

이 책은 생물다양성과 그것이 제공하는 생태계서비스를 경제학적인 관점에서 통합적으로 바라보고자 하는 시도로서, 누구나 이해할 수 있는 수준의 내용을 담는 것을 목표로 하였으나, 다소 기본적인 배경지식이 필요한 책으로 작성되었다는 점에서 추후 전문가 외에 일반인을 고려한 교재 개정이 필요할 것으로 판단된다. 또한 아직 미흡한 부분이 많아 여러 전문가, 선후배, 동료들의 조언과 질책을 통해 지속적으로 개정판을 내어 부족한 부분을 보완하고자 한다.

마지막으로 이 책을 만드는 과정에서 생태계서비스연구회 참여자들의 도움이 매우 컸다. 매주 모여서 같이 밤늦게까지 공부도 하고, 토론도 하며 얻은 공동의 결과를 책에 담을 수 있어 매우 감사하게 생각한다. 특히 고려대학교 행정학과 이응균 교수님, 환경부 강석우 과장님을 비롯하여, 황민섭, 박진한, 윤재현, 모용원, 김호걸, 이희승, 김지현, 공인혜에게 고마움을 전하며, 이 책이 출간되도록 도와준 보문당 김병계 사장님과 김태우 실장에게도 깊이 감사드린다.

2014년 9월

이동근, 이명균, 정태용

차례

CHAPTER**04** |

생물다양성과 생태계서비스의 분석 사례

CHAPTER**05** |

생물다양성 보전의 향후과제

CHAPTER

01

생태계와 인간

1. 생태계와 윤리

(1) 환경윤리의 개념

환경윤리는 전 지구적 차원에서의 환경 파괴가 문제시되기 시작한 1970년대, 생태학 운동의 철학적, 윤리학적 기초에 대한 해명을 위해 탄생한 사상이다. 환경윤리는 인간에게 초점이 맞추어진 전통적 윤리의 경계를 인간 외의 세계로 확장하는 환경철학의 한 분류로 정의된다. 환경윤리가 표방하는 주장은 크게 3가지로 정리할 수 있다. 첫째, 지구의 생태계라는 유한한 공간에서의 모든 행위는 타자에게 위해를 끼칠 수 있는 가능성을 가지므로 윤리적 통제가 필요하다. 이는 지구는 유한한 공간이므로 대기권에 가스를 배출하는 것에 대해 비용을 지불해야만 한다는 주장과 연계될 수 있다. 현재까지 무료로 생각해 온 대기권이라는 폐기물 투기 장소가 유료화 됨으로써 시장의 외부에 있던 것이 시장 안으로 들어오는 내부화과정을 거치게 된다(加藤尙武, 2001).

둘째, 미래 세대의 생존조건을 보증할 책임이 현재 세대에 있다. 이에 따르면 환경 문제라는 것은 현재 세대를 사는 사람들이 가해자가 되고 미래 세대가 피해자가 되는 범죄로 인식된다. 특히 미래 세대의 피해자는 오염된 대기와 부족한 자원에 대해 불평조차 할 수 없기에 문제가 된다. 지구 생태계가 35억 년에 걸쳐 축적해 온 에너지 자원인 석유와 석탄을 불과 수백 년만에 고갈시킨다는 것을 환경윤리에서는 '올바른' 관계로 평가하지 않는다.

셋째, 자원·환경·생물종·생태계 등 미래 세대의 이해와 관계되는 대상에 대해서 인간은 현재를 희생하더라도 지켜야 할 의무를 가진다. 특히 이 책에서는 자연환경에 대한 윤리가 중요하게 다루어지고 있다. 환경윤리는 '인간과 자연환경과의 도덕적 관계에 대한 체계적 설명'으로 정의된다. 환경윤리는 도덕적 규범이 자연환경에 대한 인간의 행동을 지배할 수 있다는 가정을 하고 있다. 따라서 환경윤리이론은 이와 관련된 규범이 무엇이며, 인간이 어떤 대상에게 어떤 책임을 지고 있는지를 파악할 필요가 있다.

이러한 자연환경에 대한 환경윤리의 입장으로는 '① 생물의 인격으로서의 생존권 인정, ② 인간의 필수적인 의무로서의 생물종 보호, ③ 동물 학대 금지'와 같이 서로 다른 차원의 주장들이 섞여서 나타나고 있다(加藤尙武, 2001). 이처럼 자연환경에 대한 환경윤리의 입장은 세분화될 수 있다. 인간의 책임은 간접적이라고 보는 인간중심적 윤리(anthropocentric ethics)는 오로지 인간만이 도덕적 가치를 갖는 존재로 보는 입장이다. 따라서 인간은 자연계를 중시할 책임은 있으나, 자연계에 대한 직접적 책임은 없다고 간주한다. 예를 들어, 살충제의 남용으로 인해 발생하는 피해는 인간의 복지에 직접적인 위협을 가하므로 인간중심적 환경윤리는 기존의 윤리적 원리를 그대로 사회문제에 적용하게 된다. 이와는 반대의 입장으로, 인간 외의 다른 자연환경에 대해 직접적인 책임이 있다고 주장하는 탈인간중심적 윤리(nonanthropocentric ethics)는 동식물과 같은 자연환경의 존재에도 도덕적 지위를 부여하고 있다. 이런 접근 방식을 적용하기 위해서는 기존의 윤리적 원리의 수정과 확대가 필요하다. 동물에 대한 윤리적 대우, 멸종 위기 동식물에 대한 논쟁이 탈인간중심적 윤리의 대표적 사례이다(DesJardins, 1997).

(2) 환경을 바라보는 관점

환경관은 환경과 인간의 관계를 바라보는 시각으로서, 인류역사를 따라 변화해왔다. 환경관의 변화에 따라 인간의 태도도 변화하게 되며, 이는 자연환경에 큰 영향을 미치게 된다. 자연의 자기정화능력을 넘어서는 인간활동(산업화, 도시화 등)이나, 제한된 천연자원의 고갈을 초래할 수 있는 생산 및 소비는 환경관에 심각한 오류가 있음을 보여주는 사례이다. 따라서 인류의 생존을 위협하는 환경 문제를 해결하기 위해서는 환경관에 대한 재검토가 필요하다.

환경관은 다양한 기준으로 나눌 수 있으나 대표적으로 인간 중심주의(anthropocentrism) 또는 기술중심주의(technocentrism)와 생태중심주의(ecocentrism)로 크게 구분된다. 보다 세부적으로는 전자는 낙관론자(optimist) 또는 성장론자(cornucopian)와 조화론자(accommodator)로 구분되고, 후자는 환경보호론자(commonalist, soft environmentalist)와 절대환경론자(deep ecologist, gaianism)로 구분할 수 있다. 다음의 표 1-1은 환경관의 유형과 특성을 상세히 설명하고 있다.

표 1-1. 환경관

환경관 구분	세부유형	특성 및 이념	
인간 중심주의	낙관론자	• 자원개발을 통한 경제성장 추구 • 인간의 효용증진을 위한 양적 성장 촉진 • 인간의 능력과 기술진보로 환경 문제 해결 가능함을 주장	• 시장경제 원리로 환경 문제 해결 • (전통적 개발론)
	조화론자	• 환경보호와 경제성장의 조화 추구 • 과학기술과 시장경제 원리에 대한 맹목적 의존에 비판적 시각	• 환경보호를 위한 경제적 수단 도입 옹호 • 환경권에 대한 세대간 공평성 고려 • (수정된 개발론)
생태중심주의	환경보호론자	• 개발을 위한 자연환경 파괴 경계 • 인간의 능력 및 과학기술의 역할에 회의적 시각	• 자연의 자기정화능력을 고려한 소규모 집단의 소규모 개발 주장 • 환경 문제에 대한 적극적 대중참여 지지 • (제한적 개발론)
	절대환경론자	• 생태계의 절대적 보전을 전제로 하는 초현실주의적 입장 • 자연을 개발대상이아닌, 그 자체의 내재적 가치 존중	• 자연생태적 규범에 따른 인간활동과 경제규모 및 인구의 축소 주장 • (개발 불가론)

출처 : 문석기 등, 2010

특히 인간 중심주의(anthropocentrism)는 건전한 생태계를 유지하는 것이 인간의 삶과 생활에 도움이 되기 때문에 가치가 있다는 주장으로 자연이 인간에게 주는 이득을 중심으로 자연을 바라본다. 건전한 생태계가 인간에게 제공하는 교육적 가치도 여기에 포함되는데 인간이 생태계의 자연, 동식물 등 여러 가지를 경험하는 것은 "교육적"인 효과가 있으며 이는 다른 것으로는 대체할 수 없는 교육/경험으로서의 가치를 가지고 있다 주장한다.

한편 생태중심주의(ecocentrism)는 도덕적으로 고려해야 할 대상을 생태계 전체로 확대하는 것으로 시작된다. 개별적인 생명체를 도덕적 관점에서 고려하는 것에서 한 발 더 나아가 서로 다른 생명체와 생태계를 구성하는 무생물 사이의 상관관계에 초점을 두고 있다. 생태중심주의는 생물이건 무생물이건 자연에 있는 모든 것들은 본질적으로 내재적인 가치가 있다는 생각에서 출발한다.

(3) 생태윤리의 개념

생태윤리는 동식물과 같은 생물에 초점을 맞춘 환경윤리로서, 환경윤리의 하위 개념으로 볼 수 있다. 생태윤리의 구체적인 개념을 설명하기에 앞서 생태학의 개념을 먼저 살펴보면, 생태학은 '삶의 장소에 관한 학문 또는 과학' 구체적으로 '생물과 그 환경의 상호작용을 연구하는 생물학의 한 분야'로 정의된다(Haeckel, 1866). 생태학(ecology)의 어원은 oikos, homestead, household(가계, 가정)과 logos, wisdom(학문)의 조합으로 파악된다. 생태학의 관점에서는 지구 생태계는 전체적으로 연결되어 있는 하나의 유기적 통일체이며, 무엇도 거기에서 증가하거나 소멸하지 않으며 전체로서는 변화가 없다고 판단한다.

생태윤리는 자연환경 중에서도 생물에 대한 사람의 가치판단을 전제로 하며, 사람과 생물의 관계를 다룬다는 점에서 기존의 윤리학과는 차별화된다. 생태윤리가 다루는 영역은 생태학과 윤리학을 기반으로 인간과 자연의 바람직한 상(象)이나 규범과 가치를 설명하고 발전시키는 문제, 생태주의 논리 속에 숨겨져 있는 규범과 가치와 더불어 생태윤리의 전제조건을 명료하고 정확하게 하는 문제, 실질적으로 도덕적으로 인간과 자연과의 교제를 결정할 원칙과 환경과 자연을 보호해야 한다는 도덕적 근거가 무엇인지와 같은 문제들이다(조용개, 2008).

그림 1-1의 생태윤리의 관점에서는, 생태윤리는 크게 자연 및 생태를 중시하는 '자연 중심주의 윤리', '인도적 생태주의 윤리'와 자연을 복종시키고자 하는 '인간중심적 윤리'로 구분하고 있다. 자연 중심주의 윤리는 동식물과 같은 자연적 개체나 자연, 생태계가 인간의 도구가 아닌 목적으로서의 내재적 가치를 지니는 것으로 판단한다. 자연 중심주의 윤리는 다시 '자연적 개체 중심주의 윤리', '생태 중심주의 윤리' 그리고 전체론적, 자연중심적 윤리로 구분된다. 자연적 개체 중심주의 윤리는 동물 또한 고통을 느낄 수 있기 때문에 침해하면 안 되는 도덕적 지위를 갖는다고 보고, 인간은 꼭 필요한 경우 외에는 어떤 생명도 해치면 안 된다는 의무를 주장한다. 한편, 생태중심주의 윤리는 동식물 모두 생명을 영위하기 위한 목적론적 존재이기 때문에 함부로 유린할 수 없는 내재적 가치를 갖는 것으로 간주한다. 이 입장은 인간이 생물, 생태계, 지구를 훼손할 아무런 권리가 없으며, 인구를 대폭 줄여 생태계 법칙에 순응하며 살아야 한다고 주장한다. 이와 관련된 대표 사례로 가이아 가설과 심층 생태주의가

있다. 전체론적 또는 자연중심적 윤리는 생명이 없는 물질도 보호할 가치가 있는 것으로 간주한다. 한편 인간중심적 윤리는 인간을 중심에 두고 모든 것을 인간에 대해 복종시킨다는 입장으로, 인간의 목적 실현을 위하여 자연환경 또는 생물이 도구로써의 가치를 지니는 것으로 판단하는 입장이다(한면희, 2007; 조용개, 2008).

그림 1-1. 생태윤리의 관점

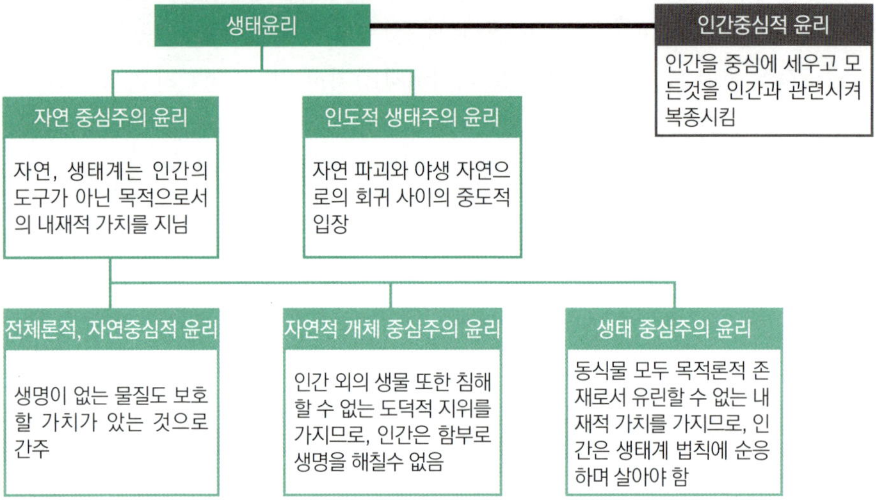

출처: 한면희, 2007; 조용개, 2008 재구성

생태윤리는 인간이 과거의 생태파괴 행위를 반성하면서 인간중심적 삶을 지양하고 모든 생물들과 함께 살기 위해 노력하는 것에서 시작된다. 따라서 위와 같은 생태윤리의 관점에서 자연 중심주의 윤리, 인도적 생태주의 윤리를 추구해야 할 것이며, 인간중심적 윤리는 피하는 것이 좋다.

앞서 살펴본 생태윤리에 대한 개념을 기반으로 생물을 대상으로 연구를 할 때 주의해야 할 사항으로는 생물의 특징을 충분히 이해한 뒤에 연구에 임해야 하며, 연구진행 시에는 정확하고 꼼꼼한 대응을 해야 한다는 것이다. 이는 인간관계에서도 마찬가지로 통용되며, 집단의식을 보다 일깨우는 것이기도 하다. 생물에 대한 배려와 존중이 중요하며, 생물에 대한 사랑, 복지뿐만 아니라 생물의 생존권에 대한 고려가 점차 중요시 되고 있다. 이러한 사항들이 앞으로 생태윤리의 관점을 확립하는 기초가 될 것이다(한면희, 2007).

(4) 생태윤리와 정책

근대 생물학이 자연적 존재가 분리되어 있다는 관점에서 생명체에 대한 연구를 진행한 반면에, 생태학은 자연의 구성원들이 서로 유기적인 관계를 맺고 있음을 밝히고 있다. 개발을 위해 파괴한 환경에 의해 스스로 곤경에 처한 인간과 현대 문명에게 생태학은 새로운 통찰력을 제공할 수 있을 것이다. 그러나 자연에 관한 사실만을 밝히는 생태학만으로는 사회적 가치가 관련된 문제(자연과의 상생을 위한 미래 사회를 도모하는 방법, 미래 사회에서 인간이 자연을 대우하는 방법, 자연에 대한 이해를 반영한 인간 사회 제도 구축 방법 등)에 답변을 줄 수 없다.

이러한 문제에 해답을 제시하기 위해서는 생태학의 이해에 기초하여 사회적, 윤리학적, 형이상학적 접근이 필요하다. 따라서 과학적 생태학을 포함하되, 사회적 생태이론, 생태주의 이념, 생태주의 윤리와 정책으로 연계가 필요하다. 생태윤리는 사회 공동체의 구성원들이 서로에게 혜택을 주고받는 관계가 될 것을 요구한다. 이러한 호혜성(reciprocity)에 기반하는 생태윤리가 정책으로 실현되어야 한다. 그러나 일반적으로 정책은 각 이익집단의 이해관계에 비중을 두는 경우가 많아, 이로 인해 초래되는 환경상의 부담은 염두에 두지 않거나 책임을 전가하는 모습을 보일 수 있다. 따라서 정책은 올바른 정책적 철학에 의거하여 일관적이고, 민주주의 절차를 따르며, 공정하게 집행되어야 한다. 이러한 정책과정의 조절 및 규율에 있어서 생태윤리가 일정한 역할을 담당할 수 있을 것이다(한면희, 2007).

(5) 새로운 생태윤리의 필요성

환경과 개발에 관한 세계 위원회(World Commission on Environment and Development)는 1987년 '우리의 공통된 미래(Our Common Future)'를 발표하면서 경제 발전과 환경 보전의 양립을 위하여 지속 가능한 개발(Environment Sound and Sustained Development)의 개념을 제시하였다. 이 개념은 과거 무작위적 개발로 인해 파괴된 자연환경을 고려하기 위한 노력의 일환으로 평가되고 있으며, 전 세계적으로 중요한 키워드로 활용되고 있다.

지속 가능한 개발은 '세대간의 형평성'을 위하여 미래 세대가 이용할 환경과 자연을 손상시키지 않고 현재 세대의 필요를 충족시켜야 한다는 주장과 함께 '환경

용량 내에서의 개발'을 통해 자연환경과 자원을 이용할 때는 자연의 정화 능력 안에서 오염 물질을 배출해야 한다는 입장이다. 지속 가능한 개발의 주요한 개념들은 앞서 설명한 생태윤리의 영역에 포함되고 있으며, 이는 향후 지속 가능한 개발에 있어서 생태윤리의 중요성이 커질 것을 의미한다. 또한 지속 가능한 개발이 '개발'에 초점을 맞추었기 때문에 결국 '인간중심적'인 접근을 하고 있다면, 앞으로는 지속 가능한 '생태계'라는 접근을 통해 인간중심적 지속 가능성이 아닌 인간과 생태가 조화된 지속 가능성의 개념을 제시할 필요가 있다.

한편, 지속 가능한 개발과 같은 개념이 제시되고 있음에도 불구하고 여전히 인간의 개발에 의한 자연과 생태계 파괴가 무수히 발생하고 있다. 4대강 사업은 이익뿐만 아니라 생태적 이점 등의 여러 가지 목적의 달성을 위해 수행되었으나, 현재 사업 대상지역의 생태계는 빠르게 변화하고 있으며, 특히 이러한 변화는 주로 부정적인 방향으로 진행되고 있어 문제가 되고 있다. 뿐만 아니라 수도권 지역의 그린벨트는 생태의 보전을 위한 목적으로 설정되었으나, 보전에 의한 가치보다는 개발을 통해 발생하는 가치에 관심을 갖는 이들에 의해 지속적으로 해제 및 개발되고 있다. 국제적으로 지속 가능한 개발이 표명되고 이를 따르는 국가와 단체가 수없이 많은 가운데에서도 개발로 인한 생태계 파괴는 지속적으로 발생하고 있다. 이러한 현실에서 우리는 생태윤리의 중요성과 역할에 대해 재고하지 않을 수 없다.

한편, 개발로 인해 발생한 전지구적 영향으로서 기후변화를 빼놓을 수 없다. 특히 최근 기후변화로 인해 발생하는 태풍, 집중호우, 폭염, 폭설과 같은 재난·재해로 인해 많은 피해가 발생하고 있다. 이에 우리나라에서는 기후변화 부문별 대응계획을 발표하고 7개 부문(건강, 재난·재해, 농업, 물관리, 생태계, 산림, 해양·수산)에 대해 영향평가 및 적응계획 수립을 실시하고 있다. 하지만 대부분의 예산이나 관심이 건강, 재난·재해와 같은 인간중심적인 부문에 몰리고 있어 생태계와 같은 부문은 적극적인 대응계획 수립이 되지 못하고 있다. 그러나 생태계는 기후변화로 인해 긍정적 영향과 부정적 영향을 동시에 받고 있어 복잡한 메커니즘을 보이고 있기 때문에, 긍정적 영향을 최대화하고 부정적 영향을 최소화하기 위한 생태계 기후변화 대응계획을 마련하는 것이 중요하다.

생태윤리에서 기본적인 의무로서 주장하듯이, 현재 생태계로부터 많은 혜택을 받고 있는 우리 세대는 미래 세대에 이르러서도 현재와 같거나 더 나은 혜택을 받을 수 있는 환경적 조건을 만들어야 할 의무가 있다. 이러한 조건을 마련하기 위한 방법으로 생태계 회복력(resilience)을 높일 수 있는 방법을 마련하는 등의 지속 가능한 생태계의 조성과 관리가 적절한 방안이 될 수 있다. 여기에서 생태계의 지속 가능성은 자연중심적인 또는 인간중심적인 대립되는 입장보다는 중도적 입장에서 경제적, 사회적, 환경적 지속 가능성을 모두 논할 수 있는 통섭의 지속 가능성이 되어야 할 것이다.

지속 가능한 생태계라는 목표를 달성하기 위해서는 현재 생태계로부터 다양한 혜택을 받는 우리의 책임의식이 반드시 필요하다. 이러한 책임의식의 기반으로서 생태윤리의 역할이 매우 중요하다. 현재까지 논의된 생태윤리는 인간중심적 윤리인가, 자연중심적 윤리인가와 같이, 인간과 자연 중 어떤 입장에 가까운지에 대한 경계를 마련하는 것에 초점을 맞추어왔다. 그러나 지역적 개발과 더불어 기후변화와 같은 전지구적인 영향을 미치는 요인을 고려하고, 생태계가 제공하는 다양한 혜택들을 논의에 포함하기 위해서 경제적, 사회적, 환경적 측면 모두를 고려할 수 있는 새로운 생태윤리가 필요하다.

새로운 생태윤리는 기존의 자연 중심주의 윤리와 같이 보존의 개념이 중시되는 생태윤리를 표방하기보다는 인간이 자연으로부터 얻는 혜택을 고려하기 위해서 인도적 생태주의 윤리의 관점을 일부 참고할 필요가 있다. 특히 생태계가 제공하는 혜택을 논의에 포함하게 됨으로써 지속 가능한 생태계의 개념에서 환경적 지속 가능성뿐만 아니라 사회적, 경제적, 문화적 지속 가능성을 함께 고려해야 하기 때문에 인간중심주의와 자연 중심주의라는 극단적인 해결방법은 적절하지 않다. 따라서 자연 파괴와 야생 자연으로의 회귀의 사이에서 중도적인 입장을 취하는 입장이 필요하다. 이는 자연을 간접적으로만 고려하는 인간 중심주의가 초래할 수 있는 환경위기를 막고, 자연 중심주의가 자연에 치우친 접근으로 인해 생태계서비스의 이용을 저해할 수 있는 문제점을 피할 수 있어야 할 것이다. 따라서 새로운 생태윤리는 인간-자연 양자의 균형을 중시하는 인간-자연 평등의 생태윤리가 되어야 할 것이다. 물론 여기에 대해서는 더 많은 전문가들의 논의가 필요하며 발전시켜나갈 필요가 있다.

2. 생태계의 기능

생태계는 유기체와 이를 둘러싸는 환경 사이의 끊임없는 상호작용으로 구성된 시스템이며 생태계는 다양한 생물군계(biome) 내 동·식물 군집에서 여러 가지 작용을 통해 생태계 기능을 수행한다(Chapin et al., 2012). 즉 생태계의 기능은 기후, 지질, 지리, 토양, 물, 에너지균형, 탄소, 영양순환, 생물종 등 지구 환경의 모든 시스템과 생존에 밀접한 관계를 갖고 있으며, 각각의 시스템끼리의 복잡한 상호작용을 갖고 있다. 따라서 생태계의 작용에 따른 기능을 분류하는 것은 복잡하고 모호한 면이 있지만 주된 기능을 중심으로 거시적으로 구분하여 서술하고자 한다.

(1) 생태계의 생산기능

생태계는 동·식물의 생존에 필수적인 자원을 만들어 냄으로써 생태계를 유지시킨다. 생태계의 유지에 필수적인 자원으로는 동·식물의 호흡에 필수적인 산소, 식물생장에 필수적인 영양성분, 먹이사슬을 구성하는 생물종, 생태계의 근간이 되는 토양 등을 들 수 있다.

전 우주 시스템에서 다른 행성과 다르게 지구에서 생태계가 갖춰질 수 있었던 주요한 원인은 대기 중 산소공급이라고 할 수 있다. 초기 지구에서 박테리아, 조류(algae), 플랑크톤, 식물 등 엽록체를 가지는 초기 생물체에서 광합성을 통해 산소를 만들어냈고 오랜 시간에 걸쳐 지구상에서 다른 생물도 출현할 수 있는 대기환경을 만들어낸 것이다. 지금까지도 인간을 비롯한 동·식물은 산소를 이용하는 호흡을 통해서 생존에 필요한 에너지를 생산한다. 현재 지구 대기에 존재하는 산소는 전체 대기부피의 20.9%을 차지하며(Chapin et al., 2012), 산소 생성의 주된 생태계는 해상 조류(algae)와 열대우림으로 알려져 있다.

또한 엽록체를 가지는 미생물과 식물종은 태양으로부터 빛을 받아 광합성을 함으로써 산소 뿐 아니라 기초적인 당 생산물을 만들어낸다. 이를 생태계 수준에서 보면, 모든 식물종의 생산을 일차생산(primary production)이라고 하며 서로 다른 식물종은 서로 다른 일차생산량을 나타낸다. 일차생산물은 먹이사슬에서 가장 하위단계의 생산 활동 결과물이 되며, 이는 상위 단계 종의 먹이가 된다. 이렇게 시작되는 먹이사슬 및 피라미드를 토대로 수많은 미생물, 식물, 초식동물, 육식동물 사이의 유기적인 관계가 형성된다. 즉 엽록체 생물을 통한 생산기능은 전 지구적인 식량 공급에 영향을 미치게 되며, 이는 동물 뿐 아니라 인간의 식량안보(food security)와 연결된다.

식물생태계의 생존에는 이산화탄소와 빛에너지 이외에도 식물체를 구성하기 위해 여러 가지 영양물질이 필요하며, 질소(Nitrogen), 인(Phosphorus), 황(Sulfur) 등으로 대표되는 영양물질은 주로 토양으로부터 공급받는다. 이 중 질소는 대부분 공기 중에 질소기체로 존재하기 때문에 질소화합물로 변형이 되어야 식물이 사용할 수 있는데, 물 속의 남조류(cyanobacteria), 조류(algae), 육상의 지의류(lichen), 콩류 뿌리에 서식하는 뿌리혹박테리아 등을 통해 고정이 된 후에야 식물이 사용할 수 있는 형태인 질소화합물로 변형된다. 특히 토양 속의 리조비움(Rhizobium)이라는 호기성 박테리아로 인해 고정되는 질소는 매년 약 1억 톤에 달한다고 알려져 있다(Schlesinger, 1991). 질소화합물 뿐 아니라 식물 생장에 중요한 인(P), 황(S), 주요 양이온 등이 토양 등 또한 시스템에서 공급되어 식물 뿌리를 통해 식물 내로 이동한다.

육상생태계의 동 · 식물이 살아가는 주요 바탕인 토양도 생태계를 통해 만들어지는 자원이다. 토양은 지구 표면에 매우 얇게 분포하지만 육상생태계를 구성하는 동식물의 생존에 필수적인 요소이자 생지화학적 순환의 토대가 된다. 토양의 생성은 기본적으로 모재(parent material)의 풍화작용을 통해 발생한다. 풍화작용을 통해 모재에서 떨어져 나온 다양한 크기의 토양 입자는 지형적인 요인으로 인해 쌓이기도 하고 이동하기도 한다. 마모되어 점점 미세해진 토양 입자는 다양한 유기물과 섞인 뒤 공극과 수분을 가지는 토양으로 형성되며, 이 과정에는 수백만 년 이상의 시간이 소요된다.

(2) 생태계의 순환 · 조절기능

1) 대기 및 에너지

전 지구상의 생명체, 대기, 해양, 육지, 빙하 환경의 구성요소들의 이동과 변형은 생지화학적 순환으로 설명할 수 있으며(Alexander et al., 1997), 이러한 순환을 통해서 지구의 기후, 생태계, 생물체가 긴밀히 연결되어 전 지구의 생태 시스템 간의 상호작용을 통해 물질의 순환과 조절작용이 이루어진다.

생태계의 여러 가지 순환 및 조절기능 중 대기 순환기능은 지구 표면에 고르지 못하게 도달하는 태양에너지 분포로 인한 에너지 차이를 상쇄한다. 지구는 타원형이고 자전축이 기울어져 있어, 태양에너지의 지표 도달 각도가 달라 상대적으로 더 평형하게 에너지를 받는 적도부분이 극지방에 비해 태양에너지를 더 많이 받게 된다. 이로 인해 지구는 대기의 수평적, 수직적 순환을 통해 에너지를 분산시킴으로서 열적 평형을 유지하려고 한다. 대기의 수평적 순환으로는 적도 기준 남·북반구 방향 0~30°에서의 무역풍, 30~60°에서의 편서풍, 60° 이상에서의 극동풍이 우세하며, 수직적으로는 적도 기준에서 해들리순환, 남·북반구 30°에서 페렐순환, 극지방에서 극순환이 우세하게 된다. 이러한 대기의 순환은 해수 표면의 순환에도 영향을 미치게 된다(Chapin et al., 2012).

지구상의 대기와 물은 지구로 유입되는 에너지를 조절하고 균형을 유지시키는 기능을 한다. 우선 대기 중의 이산화탄소를 비롯해 메탄가스(CH_4), 산화질소(N_2O)는 태양으로부터 지구로 유입된 에너지가 지표에서 반사될 때의 적외선 형태의 장파장 에너지를 재흡수하여 '온실효과'를 낸다. 이 온실효과를 통해 지구는 생물체가 살기 적정한 온도(현재 평균 14℃)를 유지하며, 이 효과 없이는 지구의 평균온도는 영하 19℃로 떨어질 것으로 추정하고 있다(IPCC, 2007). 하지만 지금은 과도한 이산화탄소 기체가 대기중에 방출되어 온실효과가 필요 이상으로 작용하게 됨으로써 탄소순환의 균형이 깨어져 전 지구적 기후의 이상 징후가 관찰되고 있다.

지표면의 70.8%을 구성하는 해수도 지구상의 에너지를 조절하는데, 유입된 태양에너지를 비열이 높은 물에 저장함으로써 많은 양의 에너지를 흡수하며, 해수의 수평적, 수직적 순환을 통해 에너지를 순환시켜 엔트로피를 낮추게 된다. 해수 뿐 아니라 육상에 부분적으로 존재하는 담수도 지역적 기후 조절기능을 수행하는데, 특히 건조한 지역에서 습지나 호소가 메마르는 경우 지역적 기후가 변화함으로써 사람들에게 악영향을 미친 사례가 보고되기도 했다. 즉, 습지나 호소, 연못 등의 내륙수는 해당 지역의 습도 등 기후를 조절하고, 비열이 높은 물의 특성을 통해 열적 시스템의 균형을 맞추는 기능을 수행한다.

2) 물

생태계를 통한 물의 순환과 그로 인한 재분배 기능은 산림, 하천, 습지 생태계를 통해 제공되는 필수적이고 중요한 생태계의 기능이다. 전 지구적으로 70.8%가 물로 구성되어 있지만, 대부분이 해수이고, 육지에 분포하는 담수 중에서도 빙하로 존재하는 부분을 제외하고 나면 인간과 육상 동식물이 사용할 수 있는 담수량은 전체 수자원의 0.77%에 불과하다(Shiklomanov, 1993). 따라서 육상생태계에서 담수의 순환은 생존과 연결되는 매우 중요한 생태계 기능이라고 할 수 있다. 생태계를 통한 물의 순환은 다양한 시스템에 필요한 수자원을 제공하고, 공급의 시기적 분배를 결정한다. 육상생태계의 물 순환은 우선 지표에 내리는 강수로부터 설명할 수 있다. 강수로 인해 육상에 떨어진 물은 식생이나 지표에 떨어져 지형에 따라 흐르거나 토양층에 스며들게 된다. 지표 위의 물길을 따라 흐르던 물은 식물의 증산, 지표면에서의 발산작용에 의해 다시 대기 중으로 돌아가기도 하고 연못, 저수지 등의 지형적으로 파인 곳에 저장되기도 한다. 내륙에 고인 물은 내륙수 생태계를 형성하기도 하며, 토양에 물을 저장시켜 유출수를 지연시킴으로써 육상생태계가 사용할 수 있는 수자원의 흐름 시간을 적정으로 유지하며, 우기동안 물을 고아 저장하고 건기에 물을 제공하는 자연적인 저수지 역할을 통해 인접한 하천의 수위를 유지시켜 수생태계를 유지하는 기능을 한다. 또한 토양에 의해 저장된 물은 토양의 수분을 유지하여 토양과 식물의 생태계를 유지할 수 있도록 하며, 일부는 대수층으로 스며들어 지하수를 형성하여 수백 년에 걸쳐 충전되거나 저지대에서 바다 쪽으로 흐르게 된다. 이렇게 지표를 따라 흐른 물과 지하에서 고인 물의 일부는 유역 하류로 흘러 큰 물길을 만나 이동하여 바다와 만나게 되며 바다에서의 증발작용을 통해 다시 비구름을 형성하여 강우를 유발함으로써 물의 순환을 형성한다.

3) 탄소

또 하나의 대표적인 생태계의 순환·조절기능은 탄소의 순환 및 저장기능이다. 지구상의 많은 구성요소가 탄소화합물을 기반으로 형성되어 있기 때문에 지구상의 개별 유기체는 전 지구적 탄소순환의 구성요소라고 할 수 있다. 지구상에서 탄소가 주로 분포하는 형태는 대기 중의 이산화탄소, 유기체를 구성하는 유기탄소화합물,

물 속의 용존 탄소 그리고 토양, 석회석, 석탄, 천연가스, 이탄, 석유 등의 매장된 유기물질 등으로 저장된 탄소화합물이다(Alexander et al., 1997). 이산화탄소, 산화질소, 메탄 등의 온실가스로 인해 기후변화 속도가 빨라지고 있어 최근에는 탄소를 저장할 수 있는 식생, 토양 등의 생태계 기능이 매우 중요시 되고 있다.

우선 식물은 대기중의 이산화탄소를 광합성을 통해 고정하는 역할을 하며, 대부분의 대기탄소 격리 및 탄소 저장기능은 산림지역에서 나타나는 것으로 알려져 있다(Falkowski et al., 2000). 탄소 순환의 원리는 생태계시스템 내에서 탄소의 흐름(Flux)과 저장량(Stock)으로 표현된다. 즉, 산림과 같은 생태계시스템이 탄소저장소로 작용하는지의 여부는 순일차생산량, 분해(종속영양호흡), 자연적 · 인위적 영향(경작, 수확, 산림생산물 소비 등), 지질계 및 수계로의 탄소 이동과 같은 주요흐름(Flux)을 거치고 난 탄소량이 양(positive)일 때 생태계 내에 저장되어 쌓이게 되는 것이다. 따라서 산림의 복원 등으로 순일차생산량을 증가시키고, 분해, 이동 등의 손실량을 줄이면 탄소저장량이 증가하게 된다. 산림은 육상생태계 시스템에서 탄소를 장기간에 걸쳐 저장할 수 있는 토지피복으로, 산림생태계는 전 지구의 육상에서 발생하는 순일차생산량(Net Primary Production, NPP)의 2/3 이상이 발생하며, 산림의 목질부와 토양에 탄소를 저장하여 장기간으로 축적할 수 있다. 산림생태계는 전 세계의 육상에 존재하는 유기탄소량 중 50%정도가 저장되어 있고, 그 중 산림지역에 존재하는 바이오매스는 전체 육상 바이오매스량의 80%를 차지한다. 전 세계적으로 산림 생태계의 탄소저장량(Stock)은 3,520~5,360억 Ton C으로 추정되고 있는데, IPCC(2007)도 주요 산림 생물군계(Biome)의 탄소저장량이 식생부에 3,370억, 토양부(지상 1m 이내)에 7,870억 Ton C으로 추정하였다.

또 다른 탄소 순환의 매체는 토양이다. 토양의 탄소 저장 및 순환기능은 식생에 비해 다소 덜 알려져 있으나, 토양이 단위면적당 저장할 수 있는 탄소저장 잠재량은 식물이 저장할 수 있는 탄소량의 1.8배, 질소량의 18배로 알려져 있다(Schlesinger, 1991). 특히 극지방에서 습지형태를 가지는 이탄지(peatland)는 온실가스의 주요한 저장고(Sink)이다. 이탄지는 전 세계 육지의 3~4%정도밖에 되지 않는 작은 면적을 가지고 있지만 540 GtC의 탄소가 저장되어 있는 곳으로 알려져 있으며(Immirizy and Maltby, 1992), 이는 전 세계의 탄소 저장량의 1.5%이자 육상의 식물과 토양에 저장된 탄소의 25~30%를 차지한다(Joosten and Clarke, 2002). 따라서 이탄지에서의 화재나 기후변화로 인해 이탄지의 얼음이 녹는 경우, 이탄지에 저장되어 있던 막대한 양의 이산화탄소가 방출될 것으로 알려져 있다(Page and Rieley, 1998). 그리고 토양의 탄소저장능력은 탄소 조절기능 뿐 아니라 식물의 생산력에도 영향을 미친다는 결과가 있다. 토양 내 탄소량을 5~15%까지 증가시키고, 토양공극과 특성을 유지하는 친환경적 경작공법을 이용하는 경우, 화석연료로 인한 탄소방출량을 저감할 뿐 아니라 작물생산량이 5~15% 증가한다고 보고되었다(Lal, 2004).

4) 물질 분해 및 순환

토양은 원생동물(protozoa), 작은 무척추동물, 지렁이, 균조류 등 수많은 미생물 유기체의 서식공간이자, 미생물을 통해 유기물을 순환시키는 작용을 하는 주된 시스템이다(Daily et al., 1997). 토양 속 미생물은 나무에서 떨어진 잎사귀나 죽은 동물의 사체를 분해하여 탄소를 대기 중으로 방출하거나 영양물질을 식물이나 미생물활동에 사용할 수 있도록 만든다. 물질을 분해하는 구성요소 중 곰팡이류(Fungi)는 전체 분해활동의 80~90%를 담당하는 주된 분해자이다. 또한 미생물류는 타 생물체에 치명적인 병원체, 병원균의 독성을 중화하기도 한다. 그리고 기본적으로 토양은 전기적 음성(negative)을 띠기 때문에, 양의 전기(positive)를 띠는 주요 염류(Ca2+, K+, Na+, NH4+, Mg2+)를 매우 효과적으로 운반하여 식물 등에 공급할 수 있다.

5) 정화 및 독성제거

전 지구 담수의 75% 이상이 산림으로 이루어진 유역을 통해 제공된다. 따라서 산림생태계는 전 지구의 인구가 살아가면서 물을 얻는 수문학적 유역으로서, 물을 공급하는 공간이자 유역 내 식생, 토양을 통해 물을 정화한다(MA, 2005c). 유역에 존재하는 식생은 주로 물리적으로 오염물질을 거르게 되며 토양층에서는 화학적으로 물 속의 오염물질, 박테리아, 기타 잔여물질을 제거함으로써 물을 정화하는 기능을 한다(Fujii et al., 2001). 따라서 산림 손실 및 산림질의 저하는 수질을 저하시킬 가능성이 매우 크며 산림이 유역 내 수자원을 보호하는데 중요한 역할을 한다는 사실 때문에 많은 국가들이 유역의 육상생태계 뿐만 아니라 수자원을 보호하기 위해 하천이나 호수, 인공적인 저수지 등을 둘러싼 지역을 보호 산림으로 지정하고 있다(MA, 2005). Revenga et al.(1998)에 따르면 전 세계의 주요 도시 105개 중 1/3이 산림으로 된 유역에서 물을 공급받는 것으로 확인되었지만, 전 세계의 주요 하천유역의 42%가 원래 유역에 존재했던 산림의 75% 이상을 손실한 것으로 알려져 있어 유역 내에서 인구밀도가 증가할수록 산림 파괴의 가능성이 커진다는 것을 확인하였으며, 이는 곧 자연적인 수정화기능의 저하로 이어진다고 지적하였다.

대기 중에서는 산소에 의해 유독기체의 정화작용이 이루어진다. 산소는 대기 중 유해한 일산화탄소(CO)를 산화시켜 안정적인 형태(CO_2)로 바꾸어 인간과 동식물의 생존을 위협하는 위험요소를 정화한다. 또한 성층권에서 산소는 태양에너지를 통한 화학반응을 통해 오존(O_3)을 형성하여 지구 대기 외부로부터 유입되는 유해한 자외선을 거르는 역할을 한다.

호수나 늪지 등 내륙수에 서식하는 식생은 자연적, 인위적 시스템으로부터 유입된 인(P)이나 질소(N) 등의 물질의 수중 영양분의 농도를 낮추는 역할을 한다. 인이나 질소의 경우, 식물의 생산작용, 농경지의 비료 등에서 강우 등으로 유출되는 비점오염원의 형태로 내륙수에 흘러들어가게 되는데, 이 농도가 일정 수준을 넘어설 경우 부영양화를 일으켜 수중 산소농도를 떨어뜨려 수생태계를 위협하게 된다. 또한 수생 식물은 영양분 외에도, 유해한 화학성분이나 공업용도로 이용되고 배출된 불순물이 섞인 폐수, 가정용도의 폐수를 정화한 사례가 다수 보고되었다. 따라서 내륙의 수생태계의 식생은 자연적, 수동적 정화기능을 가진다고 할 수 있다.

6) 시스템 방어

생태계는 자연적으로 외부 충격을 완화하고 피해를 저감할 수 있는 기능을 갖추고 있으며, 이를 통해 스스로의 시스템을 방어한다. 하지만 최근에 여러 형태로의 생태계 파괴로 인해 생태계가 가지는 시스템의 자기방어기능이 손실되고 있다고 보고되고 있다.

MA(2005b)에 따르면, 1100만㎢ 면적의 지표가 높은 토양부식에 노출되어 있으며, 이마저도 산림피복으로 인한 강우차단기능이 없다면 토양부식, 산사태, 홍수 등의 자연재해 발생률은 매우 높아질 것이라고 지적하였다. 실제로 산림이 제거된 지역의 토양 유실정도는 산림이 존재했을 때와 비교하여 10~20배 높게 나타났다(MA, 2005). 식생층은 강우가 토양표면에 직접적으로 떨어지는 것을 차단함으로써 지표에 강한 에너지가 가해지는 것을 막고(Brauman et al., 2007), 빗물이 지표로 닿아 흘러가는 유출시간을 지체함으로써 갑작스러운 유량 증가를 막아 홍수를 방지한다. Bradshaw et al.(2007)에 따르면, 자연 산림이 10% 감소할 때 홍수빈도가 4~28% 증가하고, 홍수지속기간이 4~8% 증가한다고 하였다. 최근에는 조림(afforestation)을 통해 홍수피해 저감효과를 확인하려는 연구가 계속되고 있는데, 인공조림지는 도로건설, 토양답압, 물길변화 등으로 인해 자연산림보다 효과가 떨어지는 것으로 나타나(Calder and Aylward, 2006), 자연산림의 보전이 시스템 방어에 효과적임을 증명하였다.

토양은 생태계 내 수분을 함유하여 시스템을 방어한다. 계절적으로 강우가 연중 내리는 지역이 있는가 하면, 특정 계절에 집중적으로 강우가 내리는 지역이 있는데, 토양은 비가 내렸을 때 토양 공극에 물을 흡착하여 비가 오지 않을 때에도 지속적으로 수분을 보유하여 식물의 생장을 위해 공급하거나 미생물의 활동을 가능하게 한다.

수생태계는 어류, 물새, 갈대류 등 여러 자원이 살아가는데 중요할 뿐 아니라 지역의 기후를 조절하고 홍수나 쓰나미와 같은 수재해 피해를 저감하는 완충지대(buffer)로 작용한다. 즉 연안 생태계의 지속적인 충격이나 갑작스러운 재해로 인한 피해를 완화할 수 있다. 열대지방 연안의 망그로브숲이 태풍과 쓰나미로부터 연안지역을 보호하는 사례는 다수 보고되었다.

(3) 생물다양성의 기능

지구의 생물계에서 가장 특징적인 점은 1000만 종 가량의 서로 다른 종으로 추산되는 '생물다양성'이며, 생물다양성은 생태계의 건강과 기능을 위해 필수적이다. 육상생태계 중 산림의 생물다양성은 구조적 다양성(산림면적, 자연 및 보호지역산림, 종 혼합, 영급구조), 구성적 다양성(전체 동식물상 및 종, 멸종위기종), 기능적 다양성(인간과 자연적 주요 활동들로 인한 영향)으로 구분할 수 있다. 근래 지구적 환경변화 중 특징적으로 대부분의 생태계에서 급격한 생물다양성의 저하가 관찰되고 있다(Soule, 1991).

생물다양성이 생태계의 기능에 기여하는지 여부는 생태계 내 '기능'을 수행하는 개체군의 다양성이 많을수록 좋다는 의견과, 기능의 최적 한계값을 내는 다양성의 한계점이 있다는 의견, 몇몇 종들만 기능의 수행에 주요한 역할을 한다는 의견 등 생태학자들 사이에서도 논쟁이 되어왔다. 하지만 생태계 내에서 생물다양성은 개체군 교란이나 환경적 변화, 우점종의 멸종 등 다양한 변수가 작용하는 계 내에서 같은 또는 유사한 기능을 수행하는 '보험'으로서 작용할 수 있기 때문에 매우 중요하다.

이 뿐만 아니라, 생물다양성은 생산성 향상에 기여한다고도 알려져 있는데, 한 시스템 내에서 단일 종만으로 구성된 환경의 생산량보다 다양한 종으로 구성된 환경에서의 생산량이 많다는 사실은 1872년 찰스 다윈의 목초속(genera) 실험에서도 확인되었다. 현재에도 많은 연구에서 종 다양성의 증진이 식물 군집 내 생태계 기능을 향상시키는데 도움을 준다고 보고되고 있다(Naeem and Li, 1997; Tilman, 1997). 즉, 서로 다른 종은 성장에 필요한 자원요소가 다르며, 이를 통해 서식환경의 다양한 자원요소를 효율적으로 사용함으로써 더 많은 생산성을 낼 수 있다는 것이다(Tilman et al., 1996). 그리고 종간 경쟁효과로 인해 같은 환경에 더 많은 종이 존재할수록 더 생산적인 종의 출현가능성이 높아진다(Tilman, 1997). 또한 한 종이 적절하게 정착해 살아가면, 그 종과 상호작용하는 종이 정착하기 쉬워지므로 상호보완적 공생관계를 통해 더 높은 생산 활동을 할 수 있는데 이를 생태학적 촉진효과(Faciliation effect)라고 한다(Hooper et al., 2005). 결과적으로 생태계가 복잡하고 생물다양성이 높을수록, 생물들 간의 다양한 조합으로 인한 생태계기능을 더욱 활성화할 수 있다(Tilman, 1997).

다양한 생물다양성은 생산력을 높이는데만 그치지 않고 생산력의 변동폭을 줄여줌으로써 안정적인 생태계를 뒷받침한다(Naeem et al., 1995). 비록 종의 다양성이 증가하면 개개종의 수의 변동폭은 커질 수 있지만 다양성은 전체 생태계 기능을 안정화하며, 외부로부터의 크고 작은 교란에 유연하게 반응할 수 있다. 즉, 현 시대에는 종다양성의 저하로 인해 생태계 안정성(stability) 유지라는 생태계 기능이 저하되고 있다. 안정성이라 함은 변동성(variability)이 적은 상태라고 할 수 있으며, 탄력성(resilience) 개념과 유사하게, 외부 충격을 받았을 때 내적인 변화를 적게 느끼면서 스스로 안정성을 회복할 수 있는 상태라고 할 수 있다. 따라서 이를 생태계 안정성이라고 적용하면, 종의 다양성이 저하될수록 외부의 상승충격 또는 하강충격(예를 들면 기후의 상승 또는 하강)에 안정화되기 어려워 시스템이 깨어지기 쉽다는 것이다.

그리고 생물은 생태계 내에서 상호작용을 통해 생존에 필수적인 기능을 교환한다. 전 세계의 주요 작물의 3/4은 동물에 의한 수분작용에 의존하고 있다고 알려져 있다. 꿀벌이 일반적으로 널리 알려진 수분매개동물이며, 이 밖에도 나방, 나비, 딱정벌레 등이 있다. 전 세계적으로 망고, 캐슈, 코코아 블루베리 등의 경작지역의 73%에서 꿀벌에 의해 수분활동이 이루어지며 19%는 파리, 6.5%는 박쥐, 5%는 말벌, 5%는 딱정벌레, 4%는 조류, 4%는 나비와 나방에 의해 이루어진다는 보고가 있다(Roubik, 1995). 또한 열대생태계에서 새의 수분활동으로 특정 식물이 우점하는 지역이 나타난 사례도 확인되었다. 반대로, 식물생태계가 수분매개동물을 위한 먹이나 은신처로 사용되는 경우도 있어, 식물과 수분매개동물의 생물다양성은 서로에게 큰 영향을 미치게 된다.

따라서 종의 멸종으로 대표되는 생물다양성의 저하는 개별 시스템의 균형을 깨뜨릴 뿐 아니라 집단, 개체군, 생태계, 경관, 전 지구적 단위에서의 유전적, 기능적, 생산적 손실을 초래한다(Naeem et al., 1999).

3. 생태계와 경제활동

인간의 존재와 각종 활동은 자연계 전반에 걸쳐 상호작용을 하며 영향을 주고 받고 있다. 인간은 생존에 필요한 본질적인 요소 충족을 위해 생태계시스템을 이용해 왔으며 생태시스템은 자연자원기반의 상당부분을 차지한다. 인간의 개발활동으로 인한 서식지 파괴는 생물종다양성에 영향을 끼치는 주요 원인으로 받아들여지고 있으며(Liu et al., 2003), 오늘날 급속도로 감소하는 생물다양성의 원인의 대부분은 토지개발, 남획, 외래종 도입, 환경오염, 기후변화로 인한 것이다. 18세기 중반으로 거슬러 올라가, 영국에서 시작된 산업혁명은 경제성장의 시대를 열었으며 대량생산과 소비로 인해 화석연료의 소비량이 급격히 증가하였다. 천연자원의 과도한 사용은 환경자원기반의 변화를 일으키며, 자연의 회복성에 위험요소가 되기 시작하였다. 이 장에서는 인간의 경제활동이 직·간접적으로 생태계와 생물다양성에 끼친 영향을 산업화, 도시화, 세계화로 인한 무역의 증대로 나누어보고 이로 인해 나타난 기후변화와 생물다양성 감소를 지표를 통해 알아보고자 한다.

(1) 산업화

산업혁명은 18세기 중반부터 19세기 초반까지 영국에서 시작된 기술 혁신과 이로 인해 일어난 사회, 경제 등의 변혁을 일컫는다. 산업혁명을 통해 1차 산업인 농업에 집중된 노동력과 자본이 근대적인 산업으로 다양화되었다. 면직물 산업의 대량생산이 산업혁명을 주도하였으며, 증기력, 제철 등과 함께 경제성장이 가속화 되어 1820년부터 1870년 사이에 세계의 1인당 GDP는 연간 0.5% 증가하였다. 이는 1950년에서 2008년까지 증가율인 2.2%에 비해 낮은 수준이지만, 1820년대 이전의 성장을 보면 당시 이뤄진 산업화가 혁명으로 일컬어지는 이유를 알 수 있다. 앵거스 메디슨(Angus Maddison)은 연 GDP 상승률을 1500~1700년에는 0.04%, 1700~1820년에는 0.07%대로 추정하였으며, 산업혁명 이후 세계의 경제성장은 몇 번의 위기를 제외하고는 상승하는 추세이다.

그림 1-2. 미국, 영국, 일본의 1인당 GDP 1870~2009년

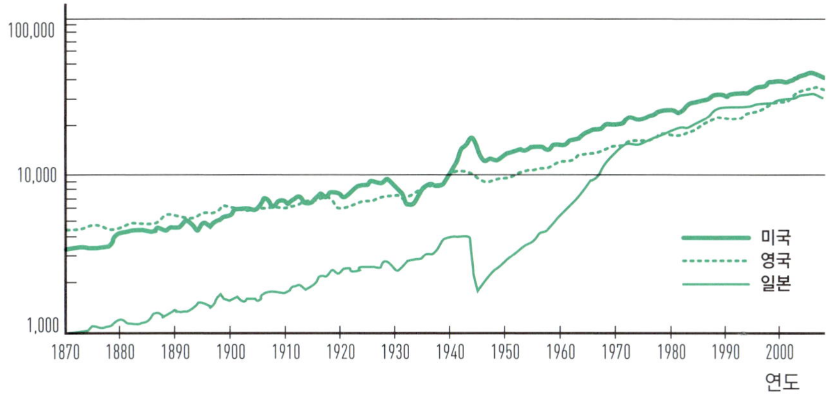

출처 : Meddison, 1995; Heston et al. 2011

그림 1-2는 미국, 영국, 일본의 1인당 GDP성장률을 보여준다. 산업혁명의 시발점인 영국은 1870년부터 2009년까지 연간 1.5%, 미국은 1.8%씩 성장하였다. 일본은 미국 소득의 1/4수준에 그쳤으나 세계2차 대전 이후 전후 재건 과정을 통해 연 5.9%대의 성장률을 기록하였다.

산업화의 특징 중 하나는 연료의 전환으로, 당시 주 연료인 석탄 채굴을 위해 탄광이 본격적으로 개발되기 시작하였다. 계속되는 채굴로 인해 탄광이 깊어져 지하수 배수를 위한 펌프 설비용 대기압증기기관이 이용되었다. 증기기관을 응용한 다양한 기계의 발명으로 공장의 대량생산이 가능해졌고, 소비력이 증가되었다. 가속화 된 산업혁명은 환경오염과 자연자원의 감소를 야기하였다. 기후변화에 관한 정부간 위원회(IPCC)의 제5차 평가보고서(AR5)에 따르면 2011년 기준, 대기 중의 CO_2의 농도는 391ppm으로 산업화가 시작된 1750년 이후 40% 증가하였다. 석탄을 비롯하여 석유를 대체할 지속 가능한 에너지가 현존하지 않는 현대에 이르기까지 누적된 화석연료의 사용으로 인해 이산화탄소 배출량이 급증하였다. 화석연료의 무분별한 채굴은 생물다양성 손실에 직접적인 영향을 줄 뿐만 아니라 채굴 지역과 주변의 도로 등 인프라 건설로 인한 자연 훼손이 넓은 지역에 걸쳐 이뤄졌다. 화석연료 채굴이 생물다양성에 주는 직접적인 영향으로는 지역 서식지 파괴와 분열, 시각 및 소음 오염이 있다. 또한 간접적으로 인간의 야생 영역으로 확장, 침입, 종과 병원균의 유입, 토양 침식, 수질 오염 등을 야기하였다. 뿐만 아니라 새로운 도로 건설로 인해 인간의 접

근성이 확대되어 벌채, 사냥, 삼림 남벌 등이 용이하게 되었다. 지상에서의 화석연료 개발이 해상 채굴과 수송으로 이어지는 경우, 육지뿐만 아니라 해양 환경에도 영향을 줄 수 있다. 다양한 수생생물이 서식하는 파푸아뉴기니의 경우, 석유 채굴로 인해 맹그로브 훼손과 그에 따른 생물다양성의 감소가 우려된다는 보고가 있다.

(2) 도시화

산업혁명이 불러온 산업화로 인해 농촌 인구의 대부분이 도시로 이주하여, 도시 인구의 폭발적인 증가가 시작되었다. 전 세계적으로 확대된 도시지역에 인구와 인프라가 집약되어 효율적인 경제발전을 촉진하였다. 하지만 도시화가 급속하게 진행됨에 따라 불평등, 범죄와 같은 사회적 문제를 비롯하여 자연환경에 악영향을 끼치게 되었다. 도시화는 자연서식처의 파편화와 고립화를 일으켜, 서식지 패치 간 이동을 방해하여 패치 내에 서식하는 개체수의 감소를 가져오게 된다(김명수, 2001). 또한, 도시 내 지역뿐만 아니라 도시외곽지역, 근교까지 영향을 넓혀가고 있다(Vimal et al., 2012).

그림 1-3. 세계인구 도시 거주 비율 변화 추이 1800~2050년

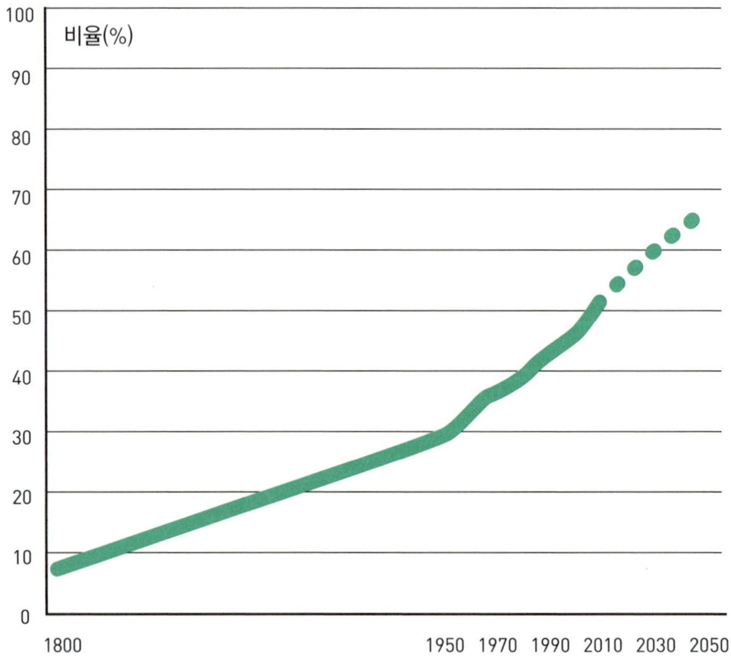

출처 : Newgeography, 2012

UN-HABITAT는 도시화와 환경 간의 관계를 위협 가능성이 큰 것으로 분류하며, 특히 자연재앙으로 인한 복원성 감소와 기후변화 부분은 지속 가능한 도시를 위협하는 주요한 요인으로 다루고 있다. 2050년에는 전 세계 인구의 70%가 도시에 거주하고, 아시아개발은행에 따르면 2030년에는 개발도상국의 도시 수가 3배 이상 증가할 것으로 예상된다. 새천년생태계평가(MA, 2005)에서는 도시의 면적이 전 세계의 3%에 달하지만, 경관의 구조가 변화함에 따라 생물다양성에 위협을 가하고 있다고 하였다(Hansen et al., 2005). 이처럼 도시의 조성 및 성장이 생물다양성의 형태에 영향을 미치게 되면서, 도시에서 서식할 수 있는 식물과 동물종에 대한 도시의 구조에 대한 관심이 집중되고 있다(Ingo Kowarik, 2011).

도시의 자원 소비량은 총 소비의 75%이며 쓰레기 배출량 또한 이와 비례한다. 독성 물질이 포함된 폐수, 고체 쓰레기뿐만 아니라 다이옥신, 메탄, 질소산화물이 포함된 온실가스의 80%가 도시에서 배출되고 있다. 특히 성장속도가 빠른 아시아 지역 개발도상국에 오염도가 심각한 도시들이 다수 있으며, 온실가스 배출량이 빠른 속도로 늘어 기후변화를 일으키는 주요 원인이 되고 있다. 대기오염의 특성상 오염원이 퍼지는 범위가 매우 넓다. 이를테면 도시에 전기를 공급하기 위해 운영되는 화력발전소가 발생시키는 오염물질은 주변 지역으로 퍼져 생물다양성이 풍부한 자연보호 지역에도 영향을 미친다. 뉴욕에서 쓰레기 소각으로 인해 발생한 오염 물질이 1,200km 거리에 있는 캐나다 국립공원에 영향을 준 사례가 있다(Desjardins et al., 2004).

도시의 대규모 소비로 인해 배출되는 폐기물의 심각성이 국제적으로 논의되고, 정부의 노력으로 인해 재활용 비율이 증가하고 있다. 하지만 도시화의 속도와 도시에 거주하는 인구가 기하급수적으로 증가하고 경제발전으로 인해 소비의 수준이 높아져 쓰레기의 절대적인 양은 늘어나고 있다. World Economic Forum(2011)는 2030년까지 매해 전 세계 인구의 60%가 중산층이 될 것으로 예상하고 있다. 개발도상국의 GDP가 상승하고, 국민들의 소비가 늘어나면서 배출되는 쓰레기의 양 또한 증가한다. 생활 고체 쓰레기를 처리하는데 있어 개발 및 자본비용이 가장 적게 드는 방식은 매립으로 알려져 있다(S.Renou, 2008). 우리나라의 경우 쓰레기 관리 정책을 통해 매립의 양을 매년 지속적으로 줄여 2009년부터 소각보다 적은 양을 매립하고 있다

(ECOREA, Ministry of Environment, 2011).

반면 개발도상국은 초기 인프라 비용 등을 고려하여 매립을 첫 번째 선택으로 두는 것이 현실이다. 쓰레기 토양 매립은 직·간접적으로 생물다양성에 악영향을 미친다. 직접적으로는 토양에 매립되는 폐기물의 방출이 큰 기인이 되어 매립지의 토양을 오염시키며, 침출수 및 우수의 유출로 인해 인근 지표수와 지하수가 오염된다. 개발도상국 도시화에 관한 다양한 연구중, Pauchard et al.(2006)은 개발도상국에서 도시개발에 따른 생물다양성의 피해 증가에 대한 인식, 지식의 부족에 의한 것임을 밝혔다. Jha et al.(2005)는 열대림 지역에서 서식지의 크기 감소, 파편화에 따른 생물종다양성의 감소를 인공영상 자료 및 GIS자료를 통하여 시계열적으로 분석하였다. 그 결과 도시화, 산업화에 따른 급속한 산림파편화로 인해 생물종 다양성의 감소라는 부정적인 관계임을 확인할 수 있었다.

도시에서 발생하는 빛공해 또한 생물다양성에 영향을 미친다. 도시에서 수백 킬로미터 떨어진 곳까지 조명으로 인해 새와 곤충이 죽거나, 이주 패턴에 영향을 받아 변화를 일으키기도 한다(Longcore and Rich, 2004). 또한 도시 인구증가는 도시 면적의 팽창을 일으키며, 주변의 생물다양성이 감소된다. 인간의 경제활동으로 인한 도시 및 주변지역의 급격한 생태계 감소는 결국 인간에게 피해로 돌아와 주민들의 깨끗한 물, 식량, 에너지 접근성이 위협받게 된다. 도시로의 인구 유입과 주민들의 삶의 질과 재산, 권리는 보호되어야 한다. 따라서 도시는 이러한 위협을 감지하고, 지속적인 발전과 주민들의 삶을 위해 티핑포인트가 되기 전에 생물다양성을 지키기 위한 자치적인 노력을 하고 있다. 한 가지 예로 서울시를 비롯한 대도시들이 도시 내 공원의 생태계 사이에 연결망(bridge)을 조성하여 도시 주변의 숲들을 연결하는 프로젝트를 진행하고 있다.

도시라는 지역에 대하여 새롭게 인식할 필요가 있다는 논의들이 대두되고 있다. 도시화가 앞으로도 지속적인 증가추세에 있기는 하지만, 도시는 인간을 위한 가장 일반적인 거주 지역으로 자리 잡은 것은 자명하다. 따라서 도시 내 생태계는 생물다양성을 유지하는데 점점 중요한 역할을 할 것으로 기대되며, 도시생태계 내의 생물다양성에 대한 일반적 개념, 유지 방안을 구축할 필요가 있다는 주장이 제기되고 있다(Sandstrom et al., 2006).

또한 도시라는 공간특성을 고려한 생물다양성에 접근방법으로 "사회-생태적 체계(Scio-ecological system)" 또는 "생물-문화적 다양성" 등 인간사회와 생물다양성과의 공존에 대한 논의들이 최근 들어 연구되고 있다(Nilon, 2011; Niemela, 2014).

표 1-2. 도시와 생물다양성의 상호관계

관계의 유형	주요 내용
도시민과 생물다양성	도시민들은 주변의 자연생태계에서 서비스를 제공받고 있다. 따라서 도시지역과 생물다양성의 상호관계를 다루는 것은 필수적인 일이다. 하지만 도시인구는 미래에 더 증가하게 될 것이며, 생물다양성 감소에 큰 영향을 끼칠 것이다.
도시환경에서 녹지, 생물다양성 역할	녹지와 생물다양성은 생태계서비스의 기본적인 요소로서, 기후, 수질, 열섬, 소음 등을 조절하는 역할을 한다. 생물다양성이 제공하는 생태계서비스를 확대, 유지하기 위해서 도시 내 녹지면적뿐만 아니라 녹지의 질을 확보하는 것이 중요하다.
도시지역의 긍정적인 측면	도시지역에 사는 생물종들에게 유전학적인 변화, 새로운 생물종으로의 진화 등 도시생태계에 적응한 사례들도 있다(Zerbe et al., 2003). 도시 내 생물종의 출현이 도시생태계의 건강성, 질을 평가하는 긍정적인 요소로서의 역할을 할 수도 있다(PTES, 2009).

출처: European Environment Agency, 2010. 10 Messages for 2010 Urban Ecosystems.

(3) 세계화

산업혁명 이후 대규모 생산을 통한 경제성장과 각 국가별로 특성화된 산업의 증진으로 새로운 산업들이 출현하여, 1870년대 이후 산업자본주의가 새로운 발전을 하였다. 비교우위에 따른 상호교역이 증대되었으며 19세기에는 국제무역이 높은 신장률을 보여, 1800~1913년 사이에 전세계 1인당 대외 무역량은 25배 증가하였다. 무역의 성장은 교통통신수단의 발달과 함께 이뤄졌으며, 19세기 영국과 서구유럽을 중심으로 해상무역이 증대되었다.

19세기 농업의 기계화를 통해 적은 인구로 효율적인 농산물 생산이 가능해지자 대규모 농업이 발달하였다. 미국은 총 경작지의 1/3에서 수출용 작물을 생산하고 있으며, 기계와 화학비료 사용으로 많은 인력 없이 경작을 하고 있다. 산업화 이후 반응성 질소 손실이 두 배 이상 늘었으며, 화학비료의 사용이 주요 원인 중 하나이다. 화학비료에는 질소와 인이 함유되어 있어 생물다양성 손실과 생태계 교란의 원인이 된다. 질소와 인 오염은 늪지, 해안, 건조지역에서 부영양화를 일으켜 저산소의 무생물 지역을 만든다. 또한 기후변화와 하층대기의 오존 농도 증가, 산림과 토양 질산화를 야기한다. 토양에 축적된 질소는 하천을 통해 하구로 운반되며, 바다로 유입되어 질소를 소비하는 식물 플랑크톤을 증가시킨다. 식물 플랑크톤은 많은 양의 산소를 흡수하면서 다른 바다 생물이 살 수 없게 되는 지역인 '데드 존'을 형성하며 이는 세계적으로 증가하는 추세다.

그림 1-4. 지역별 질소 축적량 변화 추이 1850~2100년

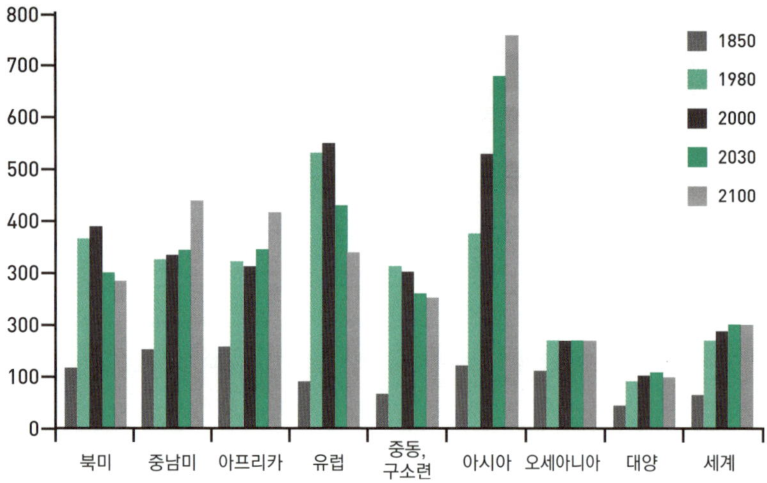

출처: International Nitrogen Initiative 2013.

그림 1-4는 1850년부터 지금까지의 질소 축적량과 2100년까지 예상 축적량을 RCP2.6 기후변화 완화 시나리오에 기반을 두어 추정한 것이다. 현재 1km^{2}당 질소 축적률이 가장 높은 지역은 아시아, 유럽, 북미 순이다. 세계 질소 축적률은 2030년까지 지속적으로 증가하고 있으며, 아시아 지역의 질소 축적률은 급격하게 증가할 것으로 전망된다. 반면 북미, 유럽, 중동에서는 감소할 것으로 예상된다.

대규모 소비와 무역을 위한 생태계 파괴는 수산업에서도 찾아볼 수 있다. 불법 어업을 비롯한 남획은 해양 생태계에 대한 주요 압력으로 작용하여 생물다양성 손실을 유발하고 있다. 이는 세계적으로 어업 생산량이 감소하고 있는 현상과 밀접하게 연관되어 있다. UNEP이 2012년 발간한 제5차 지구환경보고서(Global Environment Outlook 5)에 따르면 1950년대 초반 이후 2006년까지 40년 사이 어획량이 네 배 증가하였다. 반면 수산자원의 양은 1977년 대비 11% 감소되었다. 어획물의 영양단계 지표를 통해 수산 자원의 상황을 알 수 있다. 지금까지 영양단계가 높고 크기가 큰 대형 물고기를 우선적으로 소비해왔고, 그 결과 영양단계가 낮고 작은 물고기들이 현재 어획되는 물고기의 최대 크기가 1959년 대비 22%가 감소하였다. 또한 멸종된 133개의 어종 중 55%의 멸종 이유가 무분별한 포획에 의한 것이다. 어류자원은 바닷새의 감소에도 영향을 주어 Birdlife International(2013)이 발표한 바닷새 적색목록에 뚜렷한 감소추세를 보이고 있다. 단기간의 경제적 이익을 위한 남획 행위는 결과적으로 경제적 손실을 초래한다. TEEB(2009)에 따르면 해양 생물다양성이 손실됨에 따라 연간 500억 달러의 손해가 발생하고, 2,700만 개의 일자리가 직접적으로 타격을 받으며 10억 이상의 인구의 삶이 영향을 받았다.

그림 1-5. 해양영양단계 변화 1950~2005년

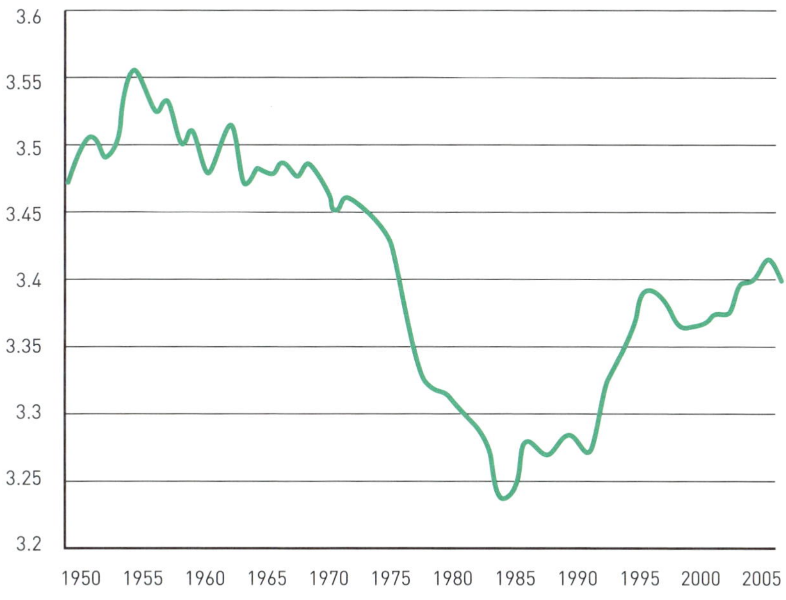

출처 : FAO 2009, BIP2004에서 재인용

그림 1-5는 2006년에 조사된 자료로서, 1950년에서 2005년까지 해양영양단계 지표의 변화 추이를 나타내고 있다. 해양영양지수는 어류, 특히 대형 어류가 남획되고 있는지 여부와 어업이 지속 가능하게 이뤄지고 있는지를 나타낸다. 평균 영양 수

준이란 먹이 그물을 따라 내려가는 어업의 정도를 나타낸 것이다. 영양수준은 1985년 경 증가한 것으로 보이는데, 이는 어획 지역의 확장으로 인한 것이다. 해양영양단계의 전반적인 하강은 어류의 양과 다양성의 감소를 의미한다.

산업과 자원의 세계화가 가속화됨에 따라 해상 무역에 의한 물동량이 증가하였다. 기술 증진과 수요의 증가로 선박의 크기가 대형화되고, 운항 횟수가 늘어남에 따라 이산화탄소 배출량이 늘어났다. 국제해사기구(2009)의 보고서에 따르면, 선박의 운항으로 인한 이산화탄소 배출량은 총 배출량의 3.3%를 차지하고 있으며, 이는 2007년 기준 독일 전체에서 배출되는 이산화탄소 양보다 많은 것으로 집계된다. 늘 위험성이 존재하는 해양기름유출사고는 사회적 비용과 함께 해양 생태계 파괴를 일으키며, 한번 손상된 생태계가 회복되는 데 오랜 시간과 비용이 소요된다. 기름유출이 해양생물들에게 미치는 영향은 유출 사고 초기의 직접적인 생물피해와 사고 후 수개월 또는 수십 년에 걸친 장기적인 피해로 나누어볼 수 있다. 직접적인 피해는 해안에 사는 생물들과 바닷새들은 기름과 접촉하거나 독성이 높은 수용성 성분을 섭취 후 폐사할 가능성이 높으며, 유류가 흘러간 조간대에 서식하는 생물은 해안방제 과정에서 발생하는 2차적인 영향으로 폐사하기도 한다. 그리고 조류를 포함한 생물이 기름에 포함된 독성에 노출되면 면역체계 이상을 일으켜 개체군이 감소하게 된다.

먼 바다를 넘나드는 선박은 해양 생태계에 외래종이 유입되는 매개체가 된다. 선박은 항해안정성 유지를 위해 선체에 평형수를 싣는다. 선박평형수는 출항 시 선박 내에 싣는 일정량의 해양수로, 선박이 운항 후 다른 해양에 평형수를 배출함으로써 다른 해양환경에 서식하던 생물이 침투되어 토착해양 생태계를 교란시킨다. 실례로 우리나라 해안에 지중해 담치가 유입되어 토종 홍합의 서식치가 잠식당하였다. 국제해사기구(IMO)는 평형수로 인한 환경 생태계 피해의 심각성을 인지하고 평형수 국제협약을 채택하여 2009년부터 발효하였다. 국가 간 교류의 증대로 인해 외래종 침입은 생물다양성을 저하시킬 수 있다. 침입외래종으로 인한 피해는 어류뿐만 아니라 토양 생태계에서도 일어난다. 침입외래종의 유입은 유전자, 종, 생태계에 돌이킬 수 없는 환경적, 사회·경제적 악영향을 끼친다. 미국, 영국, 호주, 남아프리카, 인도, 브라질의 작물, 목초, 산림은 해충유입으로 인해 매해 2,300억 달러에 이르는 경제적 손실과 무려 1,000억 달러를 초과하는 환경적 손해를 입는 것으로 밝혀졌다.

이들 6개 국가에서 외래종의 유입이 일으키는 손실은 1인당 한해 240억 달러이며 전 세계적 현상으로 환산하면 세계 경제의 5%에 해당하는 1조 4,000억 달러를 상회하는 수준이다(CBD, 2006).

(4) 기후변화

산업화, 도시화 그리고 세계화로 인한 무역의 증대는 기후변화와 생물다양성 감소에 영향을 미친다. 생물다양성의 감소는 기후변화의 지표가 되며, 동시에 생물다양성의 감소는 기후변화를 촉진시키는 매개역할을 한다. 이를 테면 탄소를 저장하는 식물성 플랑크톤의 개체수가 줄어들어 기후변화가 더 가속화되고 있다. 기후변화와 생물다양성은 서로 얽혀 상승작용과 악순환을 되풀이 하고 있다.

2013년에 발간된 IPCC 제5차 보고서에 따르면, 지난 100년간 지구 평균기온은 0.74℃ 상승하였으며(1906~2005년), 이산화탄소의 대기 중 농도는 2013년 기준 391ppm으로 산업화(1750년 기준) 이전의 280ppm보다 40% 이상 증가하였다. 2100년엔 970ppm으로 올라 이에 따른 기온 상승도 1990년 기준으로 1.4~5.6℃ 상승하고, 극지방의 빙하가 녹음으로써 해수면이 9~88cm 올라갈 것으로 예상하고 있다. 동아시아에서는 같은 기간에 지구 평균보다 높은 4.5~6.5℃ 상승될 것으로 예상된다.

최근 기후변화에 대한 생물다양성의 반응을 예측하는 연구들이 최근 급속도로 증가하였다(Bellard et al., 2012). IPCC에 의하면 기후변화는 생물 혹은 생태계가 적응하는 것보다 더 빠른 속도로 일어나고 있으며, 수목 등 이동속도가 늦은 생물에 심각한 영향을 미치고 있다고 알려져 있다. 특히 개체군 크기가 작고 고립되어 있는 식물종, 급격한 환경변화에 잘 적응하지 못하는 종, 종자확산 및 이동거리가 짧은 야생동식물종들이 기후변화에 더욱 취약하다고 알려져 있다. 또한 많은 연구들이 기후변화로 인하여 생물종의 분포와 풍부도가 이동하였으며, 생물계절학적인 변화, 생물종의 멸종이 발생하였음을 밝혀냈으며(Root et al., 2003; Thomas et al., 2004; Bellard et al., 2012), 전 지구적으로 기후변화가 생물다양성에 직접적으로 영향을 미치고 있다는 부정할 수 없는 증거들을 나타내고 있다(Pawson et al., 2013).

그림 1-6. 지구 표면 온도 변화 추이 1850~2012년

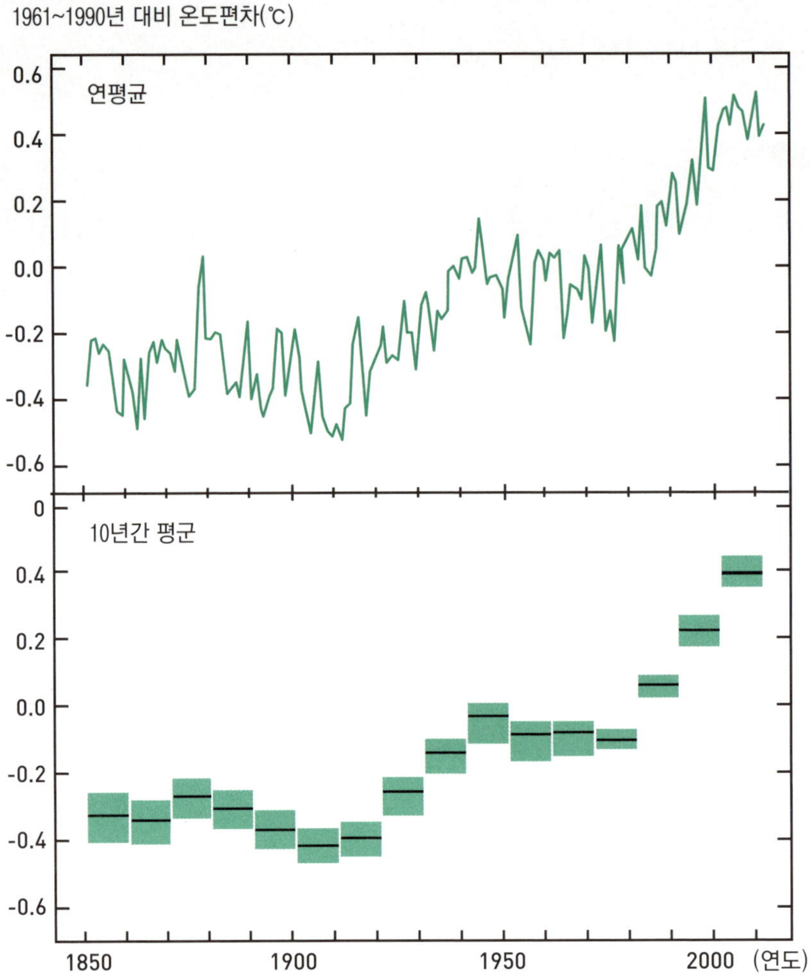

출처 : IPCC WG I 제5차 평가보고서

그림 1-6은 1850~2012년 지구표면의 온도 변화 추이를 1961~1990년 대비 편차로 나타낸 것이다. 1900년 이후 표면 온도가 상승하기 시작했으며, 1900년대 중반 이후로 급격한 상승이 진행되고 있음을 발견할 수 있다.

기후변화로 인한 지구표면 온도의 상승으로 육상과 해상생물은 자신에게 적합한 온도의 서식처를 찾아 이동한다. 이동의 제약이 없는 육상생물은 극지방 혹은 고지대를 찾아서 이동한다. 극지방 또는 산 정상에 다다르면 생물은 멸종 위기에 처하

게 된다. 미국 서남부의 바둑무늬나비는 수십 년간 북쪽으로 이동해왔으나 더 이상 서식처를 찾지 못하여 개체수가 감소하고 있다. 우리나라의 경우, 제주도 한라산의 구상나무 군락이 기후변화에 따라 고지로 계속 이동하고 있으며, 지구온난화가 지속적으로 진행되는 한 절멸의 위기에 놓일 수 있다(공우석 등, 2001). 제주도 한라산연구소(2014)에 따르면 기후변화로 인해 지난 15년간 구상나무의 58.6%가 고사한 것으로 나타났다.

또한 Zalakevicius et al.(2009)에 따르면 리투아니아의 특별 보호구역인 SPA에서 총 49종 중 17종이 기후변화의 영향으로 멸종위기에 처할 것으로 나타났다. Thomas et al.(2004)는 2050년 미래 기후변화 시나리오를 강, 중, 약의 세 가지 강도로 나타났을 때를 가정하여 생물종분포를 예측하고, 육지생태계에서의 생물종의 멸종률을 평가하였다. 연구결과 기후변화 정도가 클수록 멸종률이 높게 나타남을 알 수 있었다. Root et al.(2003)은 과거 10년 동안의 총 143개의 연구들로 메타 분석을 실시하여, 기후변화로 인하여 80% 이상의 생물종이 분포의 변화가 나타나고 있음을 확인하였다. 또한, 빠른 기후변화 속도와 서식지 파괴와 같은 다른 영향들이 생물종의 멸종, 절멸로 이끌어 갈 수도 있음을 시사하였다. Chen(2011)은 메타분석을 이용하여 10년마다 약 11m씩 높은 고도로 생물종의 분포가 이동하였음을 분석하여, 기후변화에 대한 육지생태계 생물종들의 반응이 기존에 생각했던 것보다 더욱 빠르게 일어나고 있음을 주장하였다.

이러한 많은 연구결과들을 바탕으로 기후변화에 대한 생물다양성 보전방법들이 필요함을 알 수 있으며(Hannah et al., 2002), 기후변화에 대응한 생물다양성 보전전략들이 실제로 다양한 방법으로 논의되고 있는 실정이다(Heller and Zavaleta, 2009).

표 1-3. 기후변화 대비 생물다양성 보전전략 관련 주요 연구주제

순위	보전전략	논문 수
1	연결성 증진	24
2	기후변화를 고려한 계획수립	19
3	위협요인 저감	17
4	기후변화에 따른 생물종의 물리적, 행동적, 개체수 변화 연구	15
	개체군을 보호하기 위한 실질적인 집중 관리	15
	인위적인 생물종의 이동(Translocation)	15
5	보호지역의 증가	13
6	더욱 정밀한 예측을 위하여 공간스케일, 모델링, 관리문제 조절	12
	범부처 및 지역간 협동을 통한 증진	12
7	기초 모니터링 프로그램의 유지 및 개선	11
	적응을 고려한 관리	11
	상대적으로 큰 규모의 보호지역을 보호 및 보호지역 면적 확대	11
8	보호지역에 완충지역 추가 설정 및 관리	10

출처: Heller and Zavaleta, 2009 수정

해수면의 온도상승은 극지역의의 빙하를 급속도로 녹이고 있다. IPCC 제5차 보고서에 따르면 북극 영구 동토층의 상부 온도는 1980년대 이후 3℃ 상승했으며, 계절적으로 겨울에 얼어붙는 토지면적은 7% 감소했다고 한다. 또한 대부분의 영구 동토까지 녹기 시작할 것이라고 예측했다. 생물다양성협약 사무국의 GBO-3(Global Biodiversity Outlook) 보고서에 따르면, 1980년부터 2009년까지 해빙이 급속히 작아지고 있으며, 2007년 9월에 가장 작아졌다. 당시 해빙의 넓이는 1979~2000년 사이 여름의 최소 넓이의 평균값보다 34% 작았다. 수온 상승은 북극곰의 영양상태를 악화시키고, 생식능력을 떨어뜨리고 있다. 영구 동토가 사라지면 서식처를 잃은 북극곰을 포함한 야생 생물은 더 큰 위기를 맞을 것이다. 남극에 서식하는 펭귄의 수 감소 속도가 증가하고 있다. 남반구 펭귄 10종이 2006년 적색위기동물 리스트에 올라 지구온난화가 지속된다면 모두 사라질 위험에 있다(Chivian et al., 2008).

해수면의 온도상승으로 해양생물은 극지방으로 이동하거나 깊은 심해 속으로 들어간다. 반면 이동이 불가능한 수많은 바다생물의 보고인 산호초는 해수면의 온도가 1도만 올라가도 백화현상을 일으키며 폐사하게 된다. 또한 해수 온도의 상승은

조류의 대발생을 일으켜 적조 현상이 나타나며 그로 인해 수생생물이 위기에 처한다. 또한 대기 중의 CO_2는 바다의 산성화를 초래하고, 해양생물에 많은 영향을 준다. 산성화된 바다에서는 조류 개체군이 감소하고, 생물의 미세골격 형성이 감소되면서 바다의 이산화탄소 저장능력이 낮아져 이산화탄소 농도가 줄어들지 않아 온난화의 악순환이 이어진다.

산호초와 망그로브가 있는 바다 전체의 1% 지역은 바다의 생물들이 식생 가능한 바다의 양분을 갖고 있다. 따라서 수온과 산성화에 민감한 산호초의 감소는 바다 생물다양성에 전방위적으로 영향을 미친다. 국제자연보호연맹(IUCN)은 멸종위기에 처한 동식물의 실태를 적색목록(Red List)으로 발표하고 있다. IUCN의 적색목록은 멸종위험도에 따라 종을 절멸종(Extinct), 자생지 절멸종(Extinct in the wild), 심각한 위기종(Critically endangered), 멸종위기종(Endangered), 취약종(Vulnerable), 위기근접종(Near threatened), 관심 필요종(Least concern), 자료 부족종(Data deficient)의 8개 범주로 구분하고 있다.

그림 1-7. 산호초, 조류, 포유류, 양서류의 적색목록지수 1980~2010년

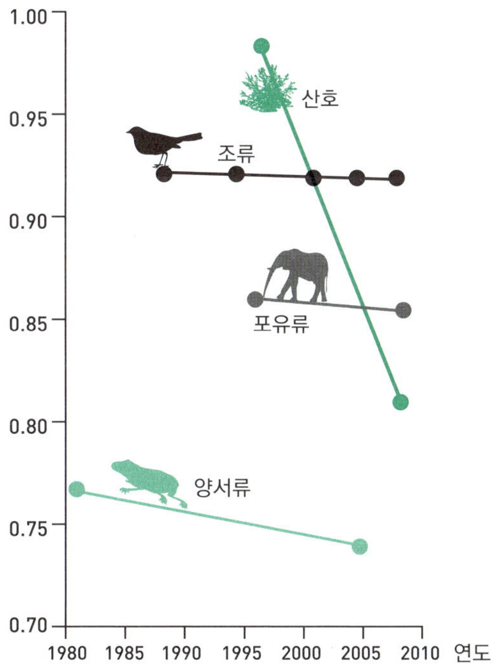

출처 : Global Biodiversity Outlook 3

그림 1-7은 분류학상 종별 개체 수 감소 상황의 변화 추이를 나타낸 것이다. 적색목록지수(RLI, Red List Index)는 멸종위기 상황 변화를 나타낸 지수이고, RLI가 1에 가까울수록 멸종 가능성이 적은 것이며, 0은 모든 해당 종이 멸종한 것을 나타낸다. 그림 1-7의 적색목록지수에 따르면 산호의 파괴가 가장 빠르게 진행되고 있으며, 평균적으로는 양서류의 멸종위기 위험이 가장 높은 것으로 나타났다.

CHAPTER

02

생물다양성 논의의 국제 동향

1. 주요 개념

(1) 생물다양성(Biodiversity)

1) 생물다양성의 정의

생물다양성 혹은 생물학적 다양성은 생물종뿐만 아니라 유전자, 생물군집, 생태계 그리고 경관의 범위까지 포함하며, 지구상의 생물이 다양하게 존재함에 가치를 둔 개념으로 생물다양성 협약, 국가 생물다양성 전략을 수립할 때 이용되고 있다. 국제적으로 1992년 리우데자네이루에서의 유엔환경개발회의에서 채택된 생물다양성 협약(Convention on Biological Diversity, CBD)에서 정의하고 있는 생물학적 다양성은 다음과 같다. "생물학적 다양성은 육상, 해양 그리고 또 다른 수생 생태계를 포함하는 모든 자연에 존재하는 살아있는 유기체 간의 다양성과 그들이 이루고 있는 생태적 복잡성을 의미"한다. 세계야생동물기금(World Wildlife Fund, WWF)(1989)은 "수백만의 식물, 동물, 미생물과 그들이 가지고 있는 유전자 그리고 살아있는 환경을 구축하는데 결정적인 도움을 주는 복잡한 생태계"로 정의하고 있다.

2) 생물다양성의 위계

생물다양성은 생물종이 살아가는 방식에 따라서 다양하게 구분될 수 있다. 크게 생물다양성의 위계에 따라서 유전자 다양성, 생물종 다양성, 생태계 다양성으로 구분하여 사용하고 있다. 유전자 다양성(Genetic diversity)은 종 내의 다양성으로 하나의 생물종 내에서 생식활동 또는 돌연변이 등으로 인하여 유전자의 구성에 변이가 일어나 개체 간 다른 유전자를 갖는 것을 의미한다. 유전자 다양성은 서로 다른 환경에서 서식하는 개체군 간에 일어나기도 한다. 생물종 다양성(Species diversity)은 지구에 살고 있는 다양한 생물 분류군인 포유류, 조류, 양서류, 파충류, 곤충류뿐만 아니라 미생물, 박테리아까지 포함하여 생태계를 구성하고 있는 생물종이 다양함을 의미한다. 생태계 다양성(Ecosystem diversity)은 생물종이 살고 있는 지역의 토양, 온도, 강수량 등 비생물적 환경까지 포함하여 산림, 하천, 초지 등으로 구분될 수 있는 생태계들의 다양성을 의미한다. 보전생물학에서는 생물군집을 포함하는 개념으로 "군집다양성(Community diversity)"이라고 하기도 한다. 생물군집에 초점을 맞추게 되면 생물군집에 일어나는 경쟁, 공생, 포식 등과 같은 생물군집의 역할도 포함한다.

최근에 생물다양성을 구분하는데 있어 경관·문화의 다양성까지 생물다양성 개념에 포함한 경관 다양성(Landscape diversity)도 논의되고 있다. 이는 생물다양성이 자연뿐만 아니라 인문, 사회측면의 다양한 요소와 상호 관련성을 가지면서 종합적으로 형성되기 때문에 경관·문화의 범위까지 확대하여 생물다양성의 개념을 도입하여야 한다는 것이다. 경관·문화의 훼손, 손실 등은 지금까지의 생물 서식 양상에 변화를 주는 동시에 생물의 서식지를 빼앗기도 하기 때문이다.

그림 2-1로 표현한 것 처럼 위에서부터 농촌, 산림, 하천 등 여러 가지 생태계로 이루어진 복합생태계를 포함하는 경관 다양성 그리고 산림, 하천, 농경지 등 생물종들과 토양, 지형, 물 등 비생물적 환경을 포함하고 있는 생태계 다양성, 산림생태계 내의 새, 토끼, 멧돼지, 다람쥐 등 생물종 다양성, 최종적으로 한 조류 종 내에서 각 개체별로 얼마나 유전자 구성이 다양한 지가 유전자 다양성을 의미한다. 이처럼 각 계층이 생물다양성을 이루는데 각기 다른 의미를 지니고 있다.

그림 2-1. 위계에 따른 생물다양성 구분

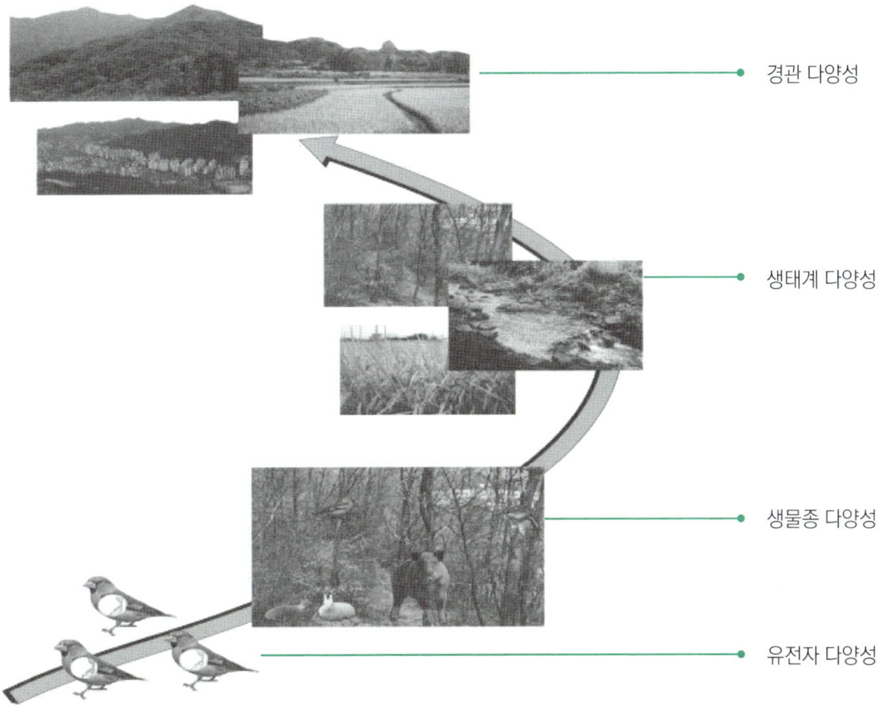

(2) 생태계서비스(Ecosystem Services)

생태계서비스와 상품에 대한 아이디어는 1950년대 Odum이 도입하였으며 그의 저서 '생태학의 기초(Fundamentals of Ecology, 1959)'에서 자연자산과 생태계의 일부로 인구를 표현하였다. 이러한 개념은 1960년대 후반과 1970년대에 자연의 기능에 대한 사회가치를 강조하기 시작하였고, 1970년대와 1980년대에는 생물다양성 보존을 위해 자연자산의 사회적 관계 및 경제적 의존성을 강조하기 시작하였다.

생태계서비스라는 용어는 Ehrlich and Ehrlich(1981)가 처음 사용하였으나 생태계서비스에 대한 주류적인 견해는 경관생태계 및 계획 측면에서 de Groot(1992)의 "자연의 기능(Function of Nature)"에 대한 접근방식을 기반으로, 1997년에 Daily의 저서 '자연의 서비스: 자연생태계에 대한 사회의존성(Nature's Services: Societal Dependence on Natural Ecosystems)과 지구 자연자산의 가치에 대한 Costanza et al.(1997) 등의 논문에서부터 대두되었다.

Costanza et al.(1997)은 인간이 생태계 기능으로부터 직접 또는 간접적으로 이끌어내는 편익을 생태계서비스로 정의하고 있으며, Daily(1997)는 인간생활 충족을 위해 요구되는 생물다양성과 재화의 생산을 유지하기 위한 자연생태계의 조건과 과정을 생태계서비스로 정의하고 있다. 또한 de Groot et al.(2002)은 인간의 필요를 충족시키기 위한 자연적 과정과 요소의 생산능력을 생태계서비스라 말하고 있다. 이후, 새천년생태계평가(Millennium Ecosystem Assessment, MA)[01], 생태계 및 생물다양성의 경제학(The Economics of Ecosystems and Biodiversity, TEEB)[02] 등을 통해 생태계서비스 및 그 가치에 대한 인식이 달라지기 시작하였다. MA의 중요한 특징은 생물다양성을 생태계서비스로 옮겼다는 것으로 이것은 인간 삶의 질 향상에 기여한다고 보고 있으며, 인간이 생태계로부터 얻는 혜택을 생태계서비스로 정의하고 있다. 또한 Boyd and Banzhaf(2007)는 인간이 생태계로부터 얻는 혜택이 아니라 인간복지를 가져다주도록 생태구성요소가 직접적으로 소비되거나 즐기는 것을 말하며 간접적인

01 MA는 유엔환경계획(UNEP) 주도하에 2001~2005년에 걸쳐 전 세계 1,300여 명의 연구자가 참여한 지구 생태계 진단 보고서로 4권의 부문별 보고서, 요약보고서, 평가방법론 설명서를 포함, 총 6권으로 구성되어 있으며 2005년 최종보고서가 발간되었음(안소은, 2013).

02 TEEB는 2007년 유엔환경계획(UNEP)과 G8 국가의 주도하에 이루어진 국제연구로 생태계서비스의 경제적 가치를 이해하고, 그 가치를 계산하기 위한 경제적 체계 제공을 목표로 2단계로 구성된 연구임. 1단계 보고서는 2010년 제10차 생물다양성 당사국총회에서 생태계 가치 평가와 정책에 반영하는 방향을 발표하였음(구미현 등, 2013).

과정과 기능은 생태계서비스가 아니라고 말하고 있으며, Fisher et al.(2009)는 인간이 직·간접적으로 소비하거나 이용하는 것으로 생태계구조와 과정은 중간서비스가 되고 여러 중간서비스 간의 상호작용으로 최종서비스를 생산하여 인간에게 혜택을 주며 혜택의 수혜자가 없으면 서비스가 아니라고 언급하고 있다.

즉, 생태계서비스의 개념은 1970년대 생태계의 사회적 의존을 강조한 생태계서비스로서의 가치 있는 생태계 기능에 대한 내용을 출판하기 시작하였다. 이때부터 1980년대까지를 생태계서비스 개념의 기원 및 태동기로 볼 수 있으며, 1990년대를 개념의 주류화 및 성장기로 볼 수 있다. 지속 가능한 사회 및 과학이 강조되면서 생태계서비스에 대한 연구가 활발해지기 시작하였다. 2000년대 들어서는 생태계서비스에 대한 적용이 확대되어 발전되는 시기로 볼 수 있다. 1990년대 연구된 내용을 바탕으로, 정량화와 가치 평가에 대한 연구가 진행되면서 국가 정책으로 생태계서비스가 정착되기 시작하였다.

그림 2-2. 생태계서비스의 현대역사에서 단계

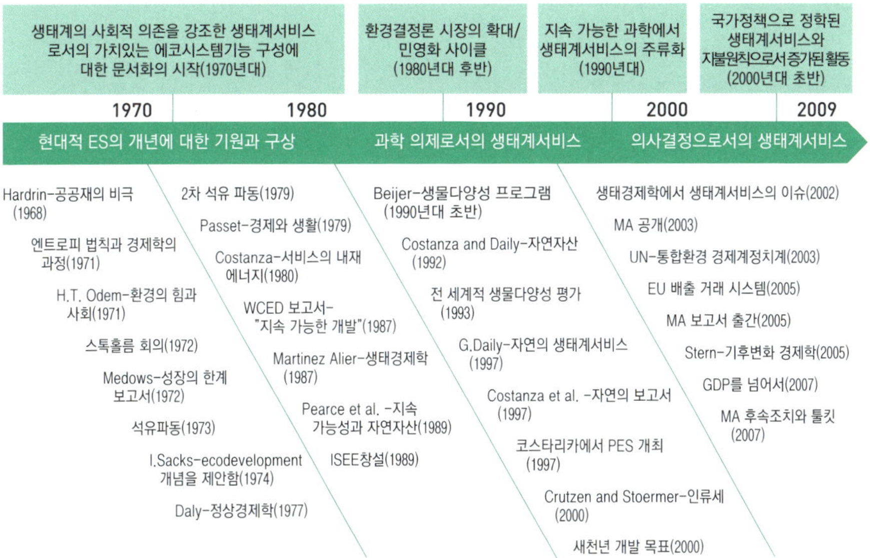

출처: Gómez-Baggethun et al. 2010 재구성

즉, 생태계서비스는 인간사회와 생태계를 연결하고 자연에 대한 인간의 의존성과 인간의 환경에 대한 영향이 증가하고 있음을 나타내기 위해 도입된 개념으로 표

2-1과 같이 다양하게 정의된다. Daily(1997)는 생태계와 생물종이 인간의 삶을 이루고 살아가게 하며, 삶을 충족시키는 것이라 하고 있고, Costanza et al.(1997)는 인간이 생태계 기능으로부터 직접 또는 간접적으로 얻는 혜택을 생태계서비스라 정의하고 있다. 한편 새천년생태계평가(MA, 2005)에서는 생태계서비스를 인간이 생태계로부터 얻는 혜택이라 말하고 있으며, Boyd and Banzhaf(2007)는 생태구성요소가 직접 소비되거나 즐겨 인간복지에 기여하는 것, Fisher et al.(2009)은 인간의 삶의 질 향상에 이용되는 생태계 측면을 생태계서비스라 각각 정의하였다.

표 2-1. 생태계서비스의 다양한 정의

구분	Daily(1997)	Constanza et al. (1997)	MA(2005)	Boyd and Banzhaf (2007)	Fisher et al (2009)
정의	생태계와 생물종이 인간의 삶을 이루고 살아가게 하고 충족시키는 것	인간이 생태계 기능으로부터 직접 또는 간접적으로 얻는 혜택	인간이 생태계로부터 얻는 혜택	생태구성요소가 직접 소비되거나 즐겨 인간복지에 기여하는 것	인간의 삶의 질 향상에 이용되는 생태계 측면(능동적 또는 수동적)
차이점	상태와 과정, 실제 생활지원기능	생태계 기능에서 나온 상품과 서비스, 인간에 의해 이용	대대적인 혜택	생태적 구성요소가 혜택을 만들도록 도움을 주는 것. 서비스와 혜택은 다름	인간에 의해 직간접으로 소비/이용되는 생태계 구조 및 과정과 기능

출처: Heller and Zavaleta, 2009 수정

다시 말해, 생태계서비스는 인간의 관점에서 자연자원의 이익을 평가하고 생태계의 가치를 기록하는 수단으로 생물다양성과 자연자원의 현명한 이용을 뒷받침하는 체계 개발에 중요한 기회이다(Costanza et al., 1997; De Groot et al., 2002; Abel et al., 2003; Chee, 2004; Groffman et al., 2004; Eamus et al., 2005; Kremen, 2005; MA, 2005; Farber et al., 2006).

생태계서비스의 개념적 체계에서 생물다양성과 생태계는 고유 가치를 가지고 있으며 사람들의 의사결정을 할 때 고유 가치와 인간 행복을 동시에 고려한다는 것을 인정하고 인간과 생태계 사이의 동적인 상호작용을 가정한다.

그림 2-3은 다양한 생태계와 그 생태계가 제공하는 생태계서비스를 보여주고

있다. 산림의 경우 식량, 목재, 담수 등의 공급서비스 뿐만 아니라 홍수조절, 탄소흡수, 지역기후 조절 등의 조절서비스, 레크리에이션과 미적 가치, 영적 가치 등의 문화 서비스도 공급하고 있다. 이는 산림 뿐만 아니라 다른 생태계에서도 마찬가지로 각각의 특성에 맞는 생태계서비스를 공급하고 있다.

그림 2-3. 다양한 생태계와 생태계서비스

출처: Millenium Ecosystem Assessment. 2005. A Toolkit for Understanding and Action.

생태계가 제공하는 서비스 및 기능을 평가하기 위한 시도는 Costanza et al.(1997)와 Daily(1997)가 대표적이다. Costanza et al.(1997)은 생태계서비스가 생태계의 기능으로부터 파생된다는 명시하에 기능에 기초한 17개 개별 서비스를 포함하는 분류체계를 제시하고 평가하였다.

de Groot et al.(2002)은 생태계서비스를 대신하여 '기능'이라는 용어를 사용하였으며, 생태계 기능을 생산기능(Production functions), 조절기능(Regulatory functions), 서식처기능(Habitat functions), 정보기능(Information functions)으로 범주화하고 23개의 개별 기능으로 분류하였다.

2000년대에 들어 유엔 주도로 백여 개 국가에서 저명한 과학자 1,300여명이 모여 2001년 6월부터 2005년 5월까지 생태계 변화와 인간 삶의 질을 연계하는 과학적 정보를 위하여 의사결정자의 요구를 충족시키도록 설계하기 위해 새천년생태계평가(Millennium Ecosystem Assessment, MA)를 수행하였으며, 새천년생태계평가는 누구나 이해할 수 있는 공통분모의 생태계서비스로서 생물다양성으로부터 제공되는 모든 제품과 서비스를 설명하기 위한 개념적 틀을 제공하였다. 지구전체 24개 생태계서비스 가운데 15개가 하락추세이며 미래의 인간복지에 부정적인 영향을 미칠 것이라고 예측하고 있다(MA, 2005). 새천년생태계평가(MA, 2005)에서는 인간이 생태계로부터 얻는 편익인 생태계서비스를 역할에 따라 공급 서비스(Provisioning service), 조절 서비스(Regulating service), 지원 서비스(Supporting service), 문화 서비스(Cultural service)로 구분하고 24개의 개별 서비스로 분류하였고, TEEB(2010)는 새천년생태계평가의 4개 범주 중 지원 서비스를 서식지 서비스(Habitat service)로 문화 서비스를 문화 및 어메니티 서비스(Cultural and amenity service)로 변경하고 하위에 개별 서비스 22개를 분류하였다(표 2-2).

표 2-2. 생태계서비스 분류체계 변화

Costanza et al.(1997)	de Groot et al.(2002)	MA(2005)	TEEB(2010)
	생산기능	공급 서비스	공급 서비스
식료품 생산	식량	식량	식량
물(수자원 공급)	물(수자원)공급	담수	물(수자원)
원료공급	원료	섬유질	원료
유전자원	유전자원	유전자원	유전자원
	의약품자원	생화학물질	의약품자원
	장식자원	장식물	장식자원
	조절기능	조절 서비스	조절 서비스
가스 조절	가스 조절	대기정화	대기정화
기후 조절	기후 조절	기후 조절	기후 조절
외부로부터의 교란 조절	외부로부터의 교란 조절	자연재해 조절	교란방지
물(수자원) 조절	물(수자원) 조절	물(수자원) 조절	유수량 조절
폐기물 처리	폐기물 처리	수질정화 및 폐기물 처리	폐기물 처리

Costanza et al.(1997)	de Groot et al.(2002)	MA(2005)	TEEB(2010)
침식방지 및 침전물 보유	토양유지	침식 조절	침식 조절
토양형성	토양형성	토양형성	토양비옥도의 유지
수분	수분	수분	수분
생물학적 조절	생물학적 조절	인간질병 조절	생물학적 조절
		해충조절	
	서식처기능	지원 서비스	서식지 서비스
영양분 순환	영양분 조절	영양분 순환	
	양성기능	일차적 생산	이주하는 종을 위한 서식지
		광합성	유전적 다양성의 유지
피난처(서식처)	동식물 서식처 제공		
	정보기능	문화 서비스	문화 및 어메니티 서비스
	경관미적 정보	경관미	경관미적 정보
휴양	휴양	휴양/생태관광	휴양/생태관광
문화	문화/예술정보	문화적 다양성	문화, 예술, 디자인에 대한 영감
	영적, 역사적 정보	영적, 종교적 가치	영적 경험
	과학/교육	교육적 가치	인지발달을 위한 정보

출처: Costanza et al. 1997; de Groot et al. 2002; MA 2005; TEEB 2010

최근 유럽환경청(European Environment Agency, EEA)은 UN 환경경제통합계정(System of Integrated Environmental and Economic Accounts, SEEA) 체계와 연계한 국제표준생태계서비스분류체계(Common International Classification of Ecosystem Services, CIES)를 발표하였다(Haines-Young and Potschin, 2013). CIES는 기존 분류체계를 기반으로 생태계서비스 규모에 초점을 두고 있으며, 생물적 및 비생물적 결합 과정을 제공하고 있다(Haines-Young and Potschin, 2013). CIES는 중간재를 계상하지 않음으로써 이중계산을 피하고 있으며, 간접적인 과정이나 기능은 생태계서비스에 포함하고 있지 않다(표 2-3).

표 2-3. CIES 생태계서비스 분류 및 기능

	부문	그룹
공급	영양	바이오매스
		물(수자원)
	원료	바이오매스, 섬유질
		물(수자원)
	에너지	바이오매스 기반 에너지원
		역학에너지
조절 및 유지	폐기물, 독성 물질 및 기타	생물에 의한 조정(mediation)
		생태계에 의한 조정
	유동 조정	질량 유동
		유체 유동
		가시/공기 흐름
	물리적, 화학적, 생물학적 조건의 조절 및 유지	라이프사이클(lifecycle) 유지, 서식지 및 유전자 풀(pool) 보호
		병해충 및 질병 조절
		토양 형성 및 구성
		물의 상태
		대기조성 및 기후 조절
문화	생태계 및 토양/해양경관과의 물리적 및 지적 상호작용(환경 설정)	물리적 및 경험의 상호작용
		지적 및 대표적인 상호작용
	생태계 및 토양/해양경관과의 영적, 상징적 및 기타 상호작용(환경 설정)	영적 그리고(또는) 상징
		기타 문화적 결과

출처: Haines-Young and Potschin, 2013.

대표적인 생태계서비스의 국제 분류체계인 MA(2005), TEEB(2010)와 CIES(2013)[03]는 넓은 범위에서 공급, 조절, 문화 서비스로 나눌 수 있으며, 내용적인 측면에서 큰 차이가 없다고 볼 수 있으나, 각각 다음과 같은 특징을 가지고 있다. MA는 생태계서비스에 관해 생태계 보전과 지속 가능한 이용을 위한 과학적 근거와 함께 최초로 정의를 내리면서 정책결정에 높은 영향력을 제시하고 있다. 그러나 중간 및 최종서비스 사이의 차이가 없어 환경계정(environmnetal accounting) 또는 자연

03 2013년 1월 기준 버전4가 완성되었으며, SEEA는 생태계서비스계정 시범사업을 진행 중에 있음(http://unstats.un.org/unsd/envaccounting/default.asp).

자산 가치 추정 시 중복계산 될 수 있는 단점이 있다. TEEB는 생태계의 최종서비스에 초점을 맞추어 중복계산(double counting)을 피할 수 있으나, 중간서비스에 관한 정의가 없고, MA, TEEB와 달리 CIES는 국민계정체계(System of National Accounts, SNA)과 연계하여 중간 및 최종서비스를 구분함으로써 중복계산을 피할 수 있다.

생태계서비스 분류체계에 관한 논의는 지속적으로 진행되고 있으며, 다수의 학술논문이 계속 발표되고 있다. Boyd and Banzhaf(2007)는 생태계로부터 받는 전체 혜택을 평가할 때 최종서비스와 중간 구성요소를 구분하여 중복계산(double counting)되지 않도록 제안하였고, Fisher et al.(2009)은 인간복지에 혜택을 주고 혜택의 수혜자가 있는 최종서비스(깨끗한 물 공급, 폭풍우 보호, 상시유량 확보)를 생태계서비스 분류하고 있으며, Wallace(2007)는 MA에서 조절서비스인 수질과 침식조절서비스를 인간에게 직접 제공되는 서비스 자체가 아닌 공급서비스인 음용수를 만들고 식량과 목재자원을 공급하는 과정으로 보고 있다.

인류사회의 발전을 위한 생태서비스 투입량에 따라 생태계 붕괴나 오염도 심각하여 사회발전을 저해하는 요인으로 대두되고 있음에 따라 생태학에 대한 인식제고가 절실한 상황이다. 또한 자연재해와 생태계 변화는 분명 연관이 있으나 생태계 변화에 따른 자연재해에 미치는 과학적 증거는 미흡한 상태로 해당지역의 근본적인 연구가 절실한 실정이다.

생태계서비스에 관한 연구가 진행되면 향후 재난 대비방안을 향상시킬 수 있으며, 정량적인 위험성 평가방법도 향상되어 생태계서비스를 이용한 보험시장도 가능해질 수 있다. 또한 생물다양성 측면에서 가치가 자연자원결정에 잘 설명되지 않고 경제용어로 나타내기 어렵기 때문에 인간관점에서 자연자원의 이익을 평가하고 생태계의 가치를 기록하는 수단으로 갈수록 더 촉진될 것이다.

(3) 생태경제학(Ecological Economics)

환경오염과 자원고갈 문제가 갈수록 심각해지고 있는 오늘날, 경제학은 새로운 접근법을 필요로 한다. 경제학이 자연환경을 경제의 일부로 고려하는 반면, 생태학은 경제를 자연의 일부로 간주한다. 경제학은 사회적 후생의 증대를 목표로 삼고 다른 생물과 자연환경은 목표의 실현에 활용되는 경제적 가치를 지닌 생산요소 혹은 소비대상으로 인식하지만, 생태학은 인간이 아닌 자연경관, 생태계, 생물군집, 생물종, 개체 등에 관심을 두고 있다. 따라서 생태경제학은 환경에 관련된 문제들에 대한 해답을 찾으면서, 지속 가능한 경제를 도모하기 위해서는 경제학과 생태학을 통합할 필요가 있다고 본다. 전통 경제학에서는 시장에서 거래되지 않는 재화, 예를 들어 자연환경을 경제적 의사결정 과정에 고려하는 것이 쉽지 않다. 그러나 생태경제학은 생태윤리와 철학을 바탕으로 하고 있기 때문에 이러한 관점의 접근을 가능하게 해준다.

전통 경제학은 소비자의 기호, 선호에 기반을 두고 기술적 진보, 생산요소의 대체 가능성을 통해 인간에게 필요한 자원의 공급이 무제한이라는 가정에 기초하고 있다. 그러나 생태학은 자원은 제한적이고 진화가 지배적 힘을 가지고 있다는 세계관을 가지고 있다. 최근 생태경제학을 선도하고 있는 Costanza와 Daly 등은 인간의 기호와 이해, 기술, 문화적 조직이 생태계에 의해 제공되는 기회 및 제약과 맞물려서 함께 진화하기 때문에 인간이 상위의 자연 체계 속에서 인간의 고유한 역할을 이해하면서 자연을 지속 가능하게 관리할 책임을 가지는 것으로 보고 있다(한면희, 2007; 이정전, 2001). 그림 2-4는 경제학, 생태학 그리고 생태경제학의 특징을 보여준다.

그림 2-4. 경제학, 생태학, 생태경제학의 이해

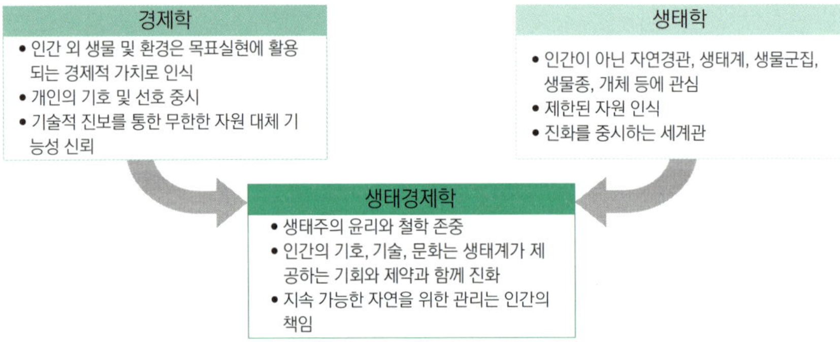

출처: 이정전, 2001; 한면희, 2007 재구성

1) 경제학은 의사결정의 학문

경제학은 희소한 자원을 효율적으로 사용하여 재화와 용역의 생산과 분배 그리고 소비를 통해 경제주체들의 효용을 극대화 하는 방법을 탐구하는 학문으로서 '희소한 자원의 효율적 배분을 위한 의사결정의 학문(the science of decision-making for efficient allocation of scarce resources)'이라고 정의할 수 있다. 우리말의 경제(經濟)는 한자의 경세제민(經世濟民)에서 왔다. 경세제민의 출처는 중국 사서삼경의 하나인 서경, 장자의 재물론 그리고 삼국시대 조조의 아들인 조비 등 여러 설이 있는데, '세사를 잘 다스려 도탄에 빠진 백성을 구함'이란 뜻을 갖고 있다. 영어에서 경제를 의미하는 'economy'는 그리스어로 '집'이란 뜻의 '오이코스(oikos)'와 '관리한다'는 뜻의 '노미아(nomia)'가 결합된 '오이코노미아(oikonomia)'에서 유래한다. 가계를 관리한다는 뜻인데 집안 살림이나 나라 살림이나 모두 주어진 자원을 효율적으로 사용하여 최대의 효용을 추구한다는 측면에서 많은 공통점을 갖고 있다 하겠다.

현대의 주류 경제학은 경제라는 시스템을 제3자의 입장에서 객관적으로 바라보고 분석하는 것에 더 가치를 두고 있다. 다시 말하면 경제학자가 경제/시장을 연구하는데 있어 주관적인 소망이나 목표가 결과에 영향을 끼치는 것을 금기시 하고 연구자의 개인적인 가치관이 배제된 채 현상을 분석하고 결론을 도출한다는 뜻이다. 하지만 생태경제학은 기존의 주류 경제학과는 약간 다르게 경제에 접근한다. 경제학자는 자신의 사고의 뿌리가 되는 윤리적, 철학적 기반이 무엇인지를 인지하고 있어야 한다는 것이다. 그래야만 경제 주체들의 의사결정의 동기(motivation)에 대한 이해의 폭을 넓힐 수 있고, 궁극적으로는 경제 정책의 기반을 더 공고히 할 수 있게 해준다.

세계 곳곳에서 볼 수 있는 양극화나 빈부격차의 심화는 단순히 경제 전체의 규모를 키우는 것으로는 해결이 난망하다. 불평등의 해소는 효율(efficiency)을 높이는 것만으로는 해결되지 않는다. 이것을 생태경제학의 측면에서 이야기 하자면 경제의 성장을 위해서는 그에 상응하는 비용이 필요하고, 이 비용은 생태계가 지불하는데, 생태계의 지불 능력에는 한계가 있어서, 지속적인 성장을 위해서는 생태계의 이러한 부담을 신속히 인지하고 해결하기 위한 결단력 있고 윤리적인 결정이 필요하다.

2) 생태경제학과 윤리

윤리의식은 경제 정책과 목표의 근본이다. 실제 정책결정 과정에서 정책을 입안할 때 주된 이유를 "돈을 더 많이 벌 수 있기 때문"이라고 주장하진 않는다. 모두 '형평', '자유', '안전' 또는 '사회 전체의 후생' 같은 사회적, 윤리적 가치들을 기준

삼아 정책을 입안하고 집행하는데 정책결정자들의 윤리관은 사회나 시대에 따라 다르다. 그렇기 때문에 "의사결정"의 학문인 경제학에 있어서 의사결정의 기반이 되는 윤리에 대해 이해를 하는 것이 중요하다.

윤리는 제도(institution)와 사회적 가치(social value)에 영향을 미친다. 사람들은 대부분 자신의 이익을 위해 움직이지만 이러한 행동 또한 그 사람이 속한 제도에 의해 한정되고 영향을 받는다. 돌려 말하자면 경제학의 핵심개념 중에 하나인 시장 또한 제도로 이해할 수 있고 시장은 사회에 있는 다른 제도들과 함께 움직인다. 사실 제도가 인간에게 영향을 미치지 않는 경우는 거의 없다고 할 수 있다. 기업도 제도의 일종이며 기업에 속한 사람들은 전부 의식적이든 무의식적이든 자신이 속한 제도에 영향을 받게 되어 있다. 요약하자면 사람은 자신이 속한 제도 속에서 여러 가지 규율과 법으로 행동에 제약을 받는다. 이러한 제약은 윤리적 의식에서부터 비롯되는 것이므로 윤리는 경제를 이해하기 위해 필요한 요소이다. 하지만 모든 법이나 규율이 반드시 사회적 가치에 부합하는 것은 아니다.

윤리에 대한 이해는 인간의 행동원리를 이해하는데 도움을 준다. 인간을 움직이는 것은 개인의 가치관이다. 하지만 호모 이코노미쿠스(homo economicus: 이성적인 판단에 의해 자신의 목적을 추구하는 합리적이고 이기적인 경제 주체)는 사람이 어째서 특정 행동을 하거나 안하는지를 무조건 설명해 주는 만능의 공식은 아니다. 경제학자들은 자신의 이익이 아닌 타인의 이익 혹은 사물에 중점을 둔 가치관들을 '이타주의(Altruism)'라 부른다. 이타적인 행동은 윤리성을 고려하지 않은 일반적 경제학 모델에서는 완벽히 설명되지 않는다.

3) 가치, 도덕과 윤리

일상생활에서 가치란 일반적으로 '경제적 가치'로 해석되고 경제적 가치는 보통 시장 가격을 의미한다. 하지만 생태경제학은 경제적 가치에서 더 나아가 사물이 갖는 다른 가치에도 관심을 갖고 이를 분석의 대상으로 삼고자 한다. 경제적 가치 이외에 생태경제학이 관심을 갖는 사물의 가치에는 기능적, 예술적 그리고 도덕적 가치가 있다.

기능적 가치는 어떤 도구가 주어진 역할을 충실히 해내는지에 대한 평가다. 도구적 가치라고도 하며 물건의 가치를 그 물건이 수행하도록 되어 있는 기능을 중심으로 판단하는 것이다. 예를 들어 옷이 있다면 이 옷이 입기 편한지 그리고 날씨나 외부 충격 등으로부터 몸을 보호하는 등 본래의 목적에 맞는지와 같은 유용성을 묻는 것이다.

예술적 가치는 사물의 미적인 가치다. 같은 용도, 같은 기능의 옷이라도 각각의 모양과 색깔, 재질을 가지고 있고, 더 아름답고 보기 좋은 옷이 있다. 이것을 예술적인 가치라 하며 옷이 본래 가지는 기능적인 면과는 관계없이 부가적으로 탄생한 가치다. 하지만 경우에 따라서는 부가적인 예술적 가치가 본래의 기능적 가치보다 더 중요하게 여겨지는 경우도 많으며 최근에는 그러한 경향이 더욱 강해지고 있다.

도덕적 가치란 어떻게 하면 선한 사람이 되고 선한 삶을 사는가에 대한 판단의 기준이 되는 가치다. 이는 선의, 올바른 행동 그리고 정의를 포함한다. 환경이나 자연에 대한 도덕적 가치라 함은 선한 인간이 자연에 대해 어떻게 행동하는 것이 바른가에 대해 생각하는 것이다. 도덕적 선의는 아마도 철학사에서 가장 오래된 질문 중의 하나일 것이다. 아리스토텔레스는 선의와 선한 행동을 통한 행복의 추구에 최고의 가치를 부여하고, 자연이란 행복의 추구를 위해 인간이 이용하는 수단으로 생각했다. 역설적이게도 도덕적 가치를 논하는 인간 중심주의의 서양 사상이 오늘날 생태계를 파괴하는 데 지대한 공헌을 한 것이다.

위에 언급한 가치들이 실제로 적용된 경우로는 적도지역의 열대림 보존 운동이 있다. 이 운동은 위에서 언급한 3가지 가치를 전부 언급한다. 다양한 수종으로 구성된 열대림은 단일종을 재배하는 플랜테이션이나 농장보다 많은 종의 동식물들의 서식처가 될 수 있다. 따라서 미래에 약품 연구용으로 사용하기 위해서도 열대림을 유지하는 게 기능적인 면에서 가치가 크다고 주장할 수 있다. 또한 열대림이 주는 그 밖의 다른 생태계서비스 자체로도 기능적인 가치를 가지고 있다. 열대림지대는 인간의 손이 닿지 않고 자연 그대로의 모습이 간직되어 있어 그로부터 아름다움을 느낄 수 있기 때문에 예술적 가치도 있다고 할 수 있다. 그리고 도덕적 가치 측면에서 보면 일부 기업의 상업적 이익을 위해 열대림을 훼손해서 그곳에서 살고 있는 사람들을 다른 지역으로 내몰고 동식물들의 서식지를 빼앗는 것은 잘못된 것이라고 말할 수도 있다.

4) 생태경제학은 지속 가능성의 학문

생태경제학(ecological economics)은 쉽게 말하면 경제학(economics)과 생태학(ecology)의 통합을 시도하는 학문으로서 생태계와 생태계가 제공하는 서비스를 경제학의 방법론을 사용하여 연구하는 경제학의 한 분야이다. 생태학도 경제학과 마찬가지로 그리스어의 오이코스에서 유래하였다. 차이가 있다면 경제학은 시장을 중심으로 한 경제 현상을 다루지만 생태학은 시장과 관계가 없더라도 지구라는 전체 시스템의 생존 및 유지와 관계된 자연생태계 전체를 경제활동의 이해당사자로 다룬다는 것이다. 산업혁명의 시작과 함께 생산과 인구가 급격히 증가하였고, 소비 또한 증가하였으나 이것은 자연환경의 훼손이라는 대가를 지불하게 했다. 현대 사회에서 성장은 경제정책의 가장 중요한 목표이다. 그러나 많은 생태경제학자들은 산업혁명 이후의 대량 생산 및 소비를 비판적인 시각으로 바라본다. 비록 맬더스류의 우울한 예언은 농업생산의 증가와 함께 피할 수 있었지만, 자연환경의 훼손이나 기후변화 같은 예기치 못했던 문제에 의해 우리는 새로운 재난에 직면해 있다.

생산과 소비를 위한 자연자원의 공급이 충분하고, 그 과정에서 발생하는 부산물 즉, 환경 오염물질들이 생태 순환의 일부로서 스스로 정화되는 경제를 '카우보이 경제(cowboy economy)'라 일컫는다. 이 경제 시스템 하에서는 자유 시장 및 최소한의 정부 규제가 신봉되어 장기적인 자원의 고갈에 대해 충분한 고려가 이루어지지 않았다. 이 말은 미국 개척시대에 카우보이가 초원을 가다가 들소를 사냥해서 먹을 만큼 먹고 나머지는 남겨 놓더라도, 그 잔해를 다른 동물, 예를 들어 코요테가 처리하고 또 그 나머지는 다른 조그만 벌레나 미생물이 처리하는 과정이 자연스럽게 진행되듯이 생산과 소비를 자연에 맞기면 된다는 비유에서 유래했다. 카우보이 경제에 대비가 되는 것은 케네스 보울딩(Kenneth Boulding)이 1966년에 명명한 "우주인 경제(spaceman economy)"이다. 우주인 경제란 지구는 우주선과 같은 폐쇄된 시스템으로 그 안에 있는 모든 것은 유한하므로 지속적인 재생산이 가능하도록 순환적인 생태계를 유지해야 한다는 것이다. 그렇지 않으면 이 폐쇄시스템은 지속이 불가능하다. 여기에서는 생산과 소비가 아니라 총자본량의 성질, 크기, 품질 등이 경제의 성패를 좌우한다. 생태경제학은 카우보이 경제보다는 우주인 경제의 개념을 채택한다고 할 수 있다.

현대의 주류 경제학이 기본적으로 가지고 있는 가정의 하나는 생산 요소 간의 대체가능성(substitutability)이다. 이 이론에 따르면 인간이 만든 자본은 자연자본을 대체할 수 있고, 그 역도 성립한다. 그러나 생명 부양과 같은 생태계의 기능은 대체가 불가능하다. 이것은 물질로 생명을 살 수 없는 것과 마찬가지이다. 크든 작든 생태계는 대체 불가능한 속성을 갖고 있다. 이 대체가능성의 개념은 지속 가능성의 판단에 있어서 대단히 중요한 요소의 하나이고, 대체가능성을 가정하고 있는 현대경제학은 지속 가능성을 분석하는 데 적절한 도구가 아니다. 즉, 인간의 경제활동은 자원과 재화를 지속적으로 소비하고 여기에 투입되는 대부분의 자원은 재생불가능할 뿐 아니라 대체가능성에 제한이 있기 때문에 지속적인 경제활동은 자원의 고갈과 함께 곧 그 한계에 부딪힐 것이라는 점이다.

만일 현대경제학이 지속 가능성을 분석하는 데 유용하지 않다면 생태경제학은 무엇을 제시할 수 있을 것인가? 지속 가능성이 처음으로 정치적인 문서로 표현되고 대중의 관심을 끈 계기는 브룬틀란드 보고서로 널리 알려진 'Our Common Future (United Nations, 1987)'의 발간이다. 이 보고서는 지속 가능성을 "미래 세대의 욕구를 충족할 수 있는 능력을 훼손하지 않고 현재 세대의 수요를 충족시키는 개발"이라고 정의하고 있다. 그리고 이 정의는 경제성장이라는 개념과는 다른 장기적인 경제 정책에 대한 대안을 제시하는 경제발전 개념의 모태가 되었다.

만일 생태경제학을 대표하는 개념을 꼽으라면 그것은 '지속 가능성(sustainability)'이 될 것이다. 즉, 생태경제학자는 지속 가능성을 장기적인 경제 정책의 주춧돌로 여길 것이다. 지속 가능성에 대한 정의에는 여러 가지가 있으나 그 중에서 대표적인 것에는 다음과 같은 것들이 있다.

i) 소비/효용의 유지 여부를 기준으로 하는 지속 가능성

경제학자들이 지속 가능성을 생각하는 자연스러운 방법은 소비자의 효용 혹은 소비 수준이 시간에 따라 어떻게 변하는가 하는 것이다. 이 정의에 따르면 시간이 지나도 효용이 감소하지 않고 유지되거나 증가하면 지속 가능하다고 생각한다. 현재 세대는 현재 세대의 소비와 비교하여 미래 세대의 소비 수준이 감소하지 않도록 적정 수준의 소비를 유지해야 한다.

ii) 생산능력의 유지를 기준으로 하는 지속 가능성

이 견해는 소비가 아닌 생산을 가능하게 하는 능력을 기준으로 한다. 현재 세대는 미래의 기술이나 선호에 대해 모르기 때문에 개별적인 자원이나 자본을 미래 세대에 물려주는 것이 아니라, 현재 세대가 생산하고 소비한 것만큼을 미래 세대도 생산하고 소비할 수 있도록 하면 된다는 견해이다. 하지만 얼마만큼을 물려 줘야 미래에 생산이 유지될 수 있을지 아는 것이 마땅치 않다는 한계가 있다.

iii) 자연자본의 유지 여부를 기준으로 하는 지속 가능성

생태경제학자의 입장에서 보자면 생산능력을 지속 가능성의 기준으로 보는 것은 만족스럽지 못하다. 생산의 기본 요소가 되는 자원을 잘 보존하여 미래 세대가 생산할 수 있는 능력을 훼손하지 않도록 하는 것이 지속 가능성의 판단 기준이 된다는 것이다. 인위적으로 생산이 불가능한 자연자본(natural capital)은 인간이 생산한 자본과는 본질적으로 다르게 취급되어야 한다는 것이다. 인간이 생산한 자본은 자연자본이 충분하면 생산할 수 있지만 그 역은 성립하지 않는다. 앞에서 얘기했듯이 현대경제학은 대체가능성을 가정하고 있지만 자연자본과 인공자본 간의 완벽한 대체는 불가능하다. 따라서 시간이 흘러도 자연자본이 감소하지 않아야 지속 가능하다고 할 수 있다.

iv) 자본의 수율 유지를 기준으로 하는 지속 가능성

'균형 상태의 경제(steady state economy)'란 투입과 산출이 균형을 이루는 경제를 말한다. 데일리(Daly, 2011)는 이것을 '포괄적 효율성 항등식(Comprehensive Efficiency Identity)'으로 명명하고 다음과 같이 표현하였다.

$$\frac{\text{인공자본으로부터의 서비스}}{\text{희생된 자연자본의 서비스}} = \frac{\text{인공자본으로부터의 서비스}}{\text{인공자본의 양}} \times \frac{\text{인공자본의 양}}{\text{투입원료}} \times \frac{\text{투입원료}}{\text{자연자본의 양}} \times \frac{\text{자연자본의 양}}{\text{희생된 자연자본의 서비스}}$$

이 견해에 따르면 경제에서 추구해야 할 것은 생산의 극대화가 아니라 자연자본과 인공자본을 모두 포함한 전체 자본으로부터 얻는 서비스의 극대화이다. 위 식에서 좌변은 희생된 자연자본의 서비스 단위당 얻을 수 있는 인공자본으로부터의 서비스를 의미한다. 인공자본은 오직 자연자본을 사용하여 얻어질 수 있기 때문이다. 우변의 첫 번째 항은 인공자본의 서비스효율성을 표시하고, 두 번째 항은 인공자본의 생산효율성을 표시하며, 세 번째 항은 자연자본을 사용하여 인공자본을 만드는 데 필요한 투입원료의 생산성을 나타내고, 네 번째 항은 자연자본의 재생산 효율성을 나타낸다.

v) 생태계 안정성과 회복력을 기준으로 하는 지속 가능성

생태계가 외부의 충격으로부터 스스로 회복하는 능력을 유지하고 있을 때 지속 가능하다고 하는 견해로서, 여기서 회복력이란 외부의 충격으로부터 스스로 회복하는 능력이라고 말할 수 있다. 우리는 생태계가 얼마나 회복력이 강한지 알지 못한다. 설혹 현재는 회복력이 충분하다고 할지라도 새로운 충격이나 지금까지와는 다른 충격에도 계속 회복력을 유지할 것인지에 대해서 판단하는 것은 어려운 일이다.

5) 지속 가능성의 측정

지속 가능성을 측정하는 것에는 여러 가지 다양한 방법이 동원된다. 모든 것에 가격을 매기는 것은 때때로 도덕적 위험을 수반하기도 한다. 예를 들어 많은 사람들이 자연 풍경이나 생명 부양 시스템과 같은 생태계의 가치를 매우 높이 평가한다. 하지만 생태계와 같은 자연자원의 가치를 화폐로 환산하는 것은 어렵고 때로는 많은 불확실성을 수반한다. 그러나 그렇다고 하지 않는다면 경제 개발을 위해 불필요하게 희생되는 자연자원을 외면하고 문제를 잠시 덮어 두는 것에 불과하다.

자연자원의 가치 평가에 대한 또 다른 비판은 신뢰할 만한 가격을 책정할 수 없다는 것이다. 아마 어쩌면 앞으로 영원히 그럴 지도 모른다. 그렇다고 지속 가능성을 측정할 때 실제 소비만을 기준으로 해야 할까? 지금까지의 개발이 지속 가능한 것이었을까? 무엇이 지속 가능한 것이고 지구의 미래가 지속 가능한가를 알기 위해서는 경제가 의존하는 중요한 자원의 지속 가능성을 알아야 하고, 대부분의 생태경제학자들에게 중요한 자원이란 다름아닌 자연자원이다. 그리고 이러한 자연자원의 가치에 대한 정보가 있어야만 앞에서 정의한 여러 가지 지속 가능성에 대해 측정하고 판단을 내릴 수 있는 것이다. 따라서 여러 가지 한계와 불확실성에도 불구하고 자연자원, 즉 생태계의 가치를 평가하려는 시도는 계속되어야 하고 그 정확성을 계속 높여가야 하는 것이다. 그 외에는 별다른 대안을 생각하기 어렵다.

2. 생물다양성협약

(1) 개요

생물다양성협약은 산업혁명 이후 생물종 감소와 생태계 파괴가 가속화되는 현상을 방지하고, 생물다양성 보전 필요성에 대해 국제적인 공감대를 형성하기 위해 1992년 유엔환경개발회의에서 채택되었다. 동 협약은 기후변화협약, 사막화방지협약과 더불어 리우 3대 범지구적 환경협약으로 알려져 있다. 생물다양성협약은 전문과 42개 조항, 2개 부속서로 구성되어 있으며, 생물다양성의 보전 및 생물자원의 지속 가능한 이용을 목적으로 한다. 기본원칙으로 국가는 자국의 자원을 개발할 수 있는 주권적 권리를 가지며, 그 관할지역 내의 활동으로 인해 다른 국가의 환경에 피해가 발생하지 않도록 할 책임을 가지고 있다고 명시하고 있다. 또한 생물자원 이용을 통해 창출되는 경제적인 이익을 공정하고 공평하게 분배하는 것을 원칙으로 한다. 생물다양성협약 전문의 내용은 생물다양성과 그 구성요소의 보전 및 지속 가능한 이용 의무, 유전자원에 대한 접근, 이용 및 이익에 관한 의무, 기술의 접근 및 기술이전에 관한 의무, 생명공학의 관리 및 그 이외의 배분 관련 의무를 포함하고 있다. 또한 환경영향평가의 도입을 유도하고 각종 개발 사업으로 인한 생물에 대한 악영향을 최소화하고 협약 당사국의 유전자원을 이용할 시 상호 합의된 조건과 사전 통보된 협의에 따르며, 더 나아가 이에 따른 기술접근성과 기술이전을 공정한 조건으로 각 당사국에 제공한다는 내용을 담고 있다.

생물다양성협약 당사국의 의무사항은 '국가생물다양성전략 및 이행계획(NBSAP: National Biodiversity Strategy and Action Plan)'을 포함하는 등 광범위하고 상세한 내용을 포괄하고 있다. 당사국은 침입한 외래종을 대체하기 위해 복원조치 및 보호지역을 설정하고 지속적인 모니터링과 평가를 해야 하며, 지역별로 전통적인 생물자원 이용지식을 수집하고 장려해야 한다. 또한 당사국은 생물자원의 올바른 이용을 위해 국가 정책의 통합을 유도하고 사회 경제적인 동기유발의 의무가 있다. 이외에도 당사국은 유전자원의 공평한 접근성과 이익분배를 위한 노력, 자금지원, 당사국총회에 보고서 제출 등의 의무사항이 있다. 각 당사국은 현장에서 생물다양성 보호 및 관련목표를 달성하기 위해 노력함으로써 협약을 이행해야 한다.

협약 내용을 이행하기 위해서 UNDP(United Nations Environment Programme)를 모체로 하는 협약사무국이 협약관련 행정사무와 당사국에서 위임받은 업무를 수행하고 있다. 재정장치로는 개발도상국들의 환경분야 투자 및 기술개발을 지원하기 위해 1990년에 설립된 지구환경기금(Global Environment Facility, GEF)를 활용하고 있다. 또한, 협약 이행을 점검하는 이행검토 점검반(Working Group on the Review of Implementation, WGRI), 제8조 j항(전통지식) 작업반(Working Group on Article 8(j)), 보호지역 작업반(Working Group on Protected Area)이 운영되고 있으며, 작업반외에도 과학적, 기술적 자문을 제공하는 과학기술자문 보조기구(SBSTTA, Subsidiary Body on Scientific, Technical and Technological Advice)가 운영되고 있다.

그림 2-5. 생물다양성협약 설립 배경 및 목적

설립배경

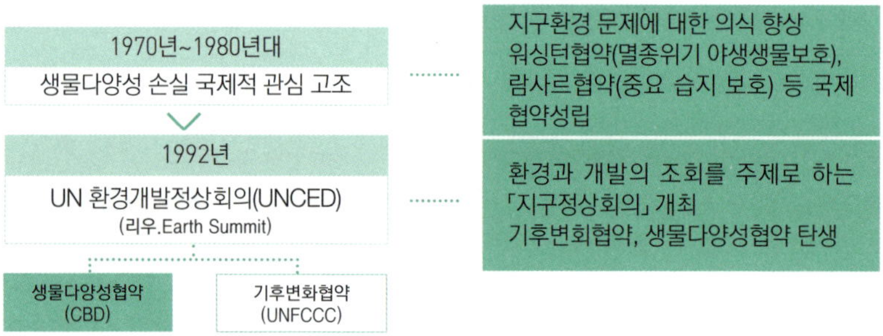

협약의 목적

- 생물다양성의 보전
- 생물다양성 구성요소의 지속 가능한 이용
- 유전자원 이용으로 발생하는 이익의 공정하고 공평한 분배

출처: 제 12차 생물다양성협약 당사국 총회 홈페이지

1) 당사국총회 및 주요 의정서

생물다양성협약의 최고의사결정기구인 당사국총회(COP, Conference of the Parties)는 1994년 바하마 나소에서 제1차 당사국총회가 열린 뒤 제3차 당사국총회이후 2년마다 꾸준히 열리고 있다. 당사국총회 개최국이 당사국총회 의장국이 되며, 총회 진행에 대한 전반적인 책임을 진다. 대한민국은 생물다양성협약의 154번째 회원국이며 2014년 10월에 강원도 평창에서 제12차 생물다양성협약 당사국총회를 개최한다. 생물다양성협약 당사국총회에서 채택된 주요 의정서로는 2010년 나고야 의정

서와 2000년 카르타헤나 의정서 등이 있다.

2) 나고야 의정서(Nagoya Protocol)

제10차 당사국총회에서 채택된 나고야 의정서(The Nagoya Protocol on Access to Genetic Resources and the Fair and Equitable Sharing of Benefits Arising from their Utilization to the Convention on Biological Diversity)는 유전자원에 대한 접근 및 이용으로부터 발생하는 이익의 공유에 관한 국제 규제와 이행체계를 다루고 있다. 2010년 10월 일본 나고야에서 192개 당사국 정부 대표와 관련 국제기구, 국제민간단체 대표 등 1만 6,000여 명이 참석한 가운데 제10차 생물다양성협약 당사국총회가 진행되었다. 기술을 보유한 선진국들과 생물자원을 보유한 개발도상국들 사이에 합의점을 찾지 못하다가 마지막 날 대한민국을 비롯해 EU, 브라질, 중국, 인도, 스위스, 아프리카 대표 말라위 등 주요 20여 개 당사국 정부 수석대표들이 참석한 비공식 고위급 회의에서 폐회를 2시간 남기고 합의에 성공하였다. 안건은 즉시 총회 전체회의에 상정돼 나고야 의정서로 채택되었다.

30개 조문과 2개 부속서로 이루어진 나고야 의정서는 '생물 유전자원을 이용하는 국가는 그 자원을 제공하는 국가에 사전 통보와 승인을 받아야 하며 유전자원의 이용으로 발생한 금전적, 비금전적 이익은 상호 합의된 계약조건에 따라 공유해야 한다'는 내용을 담고 있다. 2014년 7월 16일 우루과이가 의정서 50번째 국가로 비준함으로써 의정서가 2014년 10월 12일에 발효될 예정이다. 의정서 뿐만 아니라 나고야 회의는 중요한 전략 및 목표를 수립하는 계기가 되었다. 회의를 통해 채택된 생물다양성 전략계획은 자연과의 조화로운 삶에 중점을 두고 있으며 목표기간은 2011년부터 2020년까지이다. 전략의 비전은 2050년까지 생물다양성이 가치를 인정받고 보전과 복구가 이뤄져 지속 가능성이 증대되며 건강한 지구를 후손들에게 물려줌으로써 생물다양성의 혜택을 범지구적으로 제공하는 것이다.

또한 본 전략은 생물다양성의 손실을 방지하기 위해 효과적인 조치를 취하고, 2020년까지 생태계 및 생태계 복원력이 유지되도록 노력하며 이를 통해 생물다양성을 확보하여 인간의 삶의 질을 향상시키고 빈곤을 퇴치한다는 목적을 갖고 있다. '생물다양성전략계획 2011~2020(Strategic Plan for Biodiversity)'에 따라 당사국은 국가별 전략계획을 수립 및 검토하여 개정하여야 하며, 전략계획에 국가의 상황을 고려한 국가목표를 개발해야 한다는 내용이 포함되어 있다. 또한 당사국 총회에서 국가별 전략의 이행에 대한 검토보고서를 제출해야 한다.

생물다양성전략계획과 더불어 '아이치 생물다양성 목표(Aichi Biodiversity Targets)'가 나고야 회의에서 채택되었으며 다음과 같이 5가지 전략적 목표가 포함되어 있다. 1) 생물다양성 손실의 기본원인에 대한 대처와 노력을 주류화 하는 것, 2) 생물다양성의 위협이 되는 직접적인 원인들을 줄여나가고 지속 가능한 이용을 지원하는 것, 3) 생태계 다양성, 생물종 다양성, 유전자 다양성 보존을 통해 궁극적으로 생물다양성을 향상시키는 것, 4) 생물다양성과 생태계서비스로 인한 모든 이익을 증대시키는 것 그리고 5) 지식운영, 역량강화, 개방적인 계획수립을 통해 생물다양성 보존을 위한 방법들을 향상시키는 것이다. 아이치 생물다양성 목표는 전 지구의 육상면적의 17%와 해양면적의 10%가 보호되어야 한다는 등의 구체적인 목표 수치를 가지고 설정되어 있으며, 각 지역별 생태계 특성을 고려한 보호와 관리를 위한 국가별 수치를 협상하였다는 점에서 의의를 지닌다.

3) 카르타헤나 의정서(Cartagena Protocol)

나고야 의정서 외에도 역사적으로 중요한 여러 의정서가 채택되었는데, 그 중 하나가 1999년 콜롬비아 카르타헤나에서 개최된 제1차 특별당사국총회에서 논의가 시작되어 2000년 1월 29일에 체결되고 2003년 9월 11일에 발효된 카르타헤나 의정서다. 정식명칭은 '바이오안전성에 대한 카르타헤나 의정서'로 현대 바이오기술에 의한 유전자변형생물체(LMOs: Living Modified Organism)의 이용 안정성에 관한 것이다. 본 의정서는 2000년 1월 캐나다 몬트리올에서 개최된 특별당사국총회에서 생물다양성보존협약의 부속의정서로 채택되었다. 이 의정서의 의의는 유전자변형생물체의 국가 간 이동을 규제하는 최초의 국제협약이라는 점이다. 당사국들은 생물자원의 재생 불가능한 소비를 막고 지속 가능한 개발을 위한 유전자변형생물체의 이용 및 관리 조치를 위해 본 의정서를 채택하여 이행하고 있다.

의정서의 목적은 LMO가 국가 간에 이동할 때 생길 수 있는 위험과 환경과 인체에 미칠 수 있는 위해(危害)를 방지하는 것이다. 적용대상은 모든 LMO이나, 국가

간 협약이나 국제기구가 의약품으로 판단한 제품은 예외로 한다. 주요기관으로는 카르타헤나 의정서 정부 간 수시위원회와 집행사무국이 있다.

동 의정서는 LMO 수입 시 사전 통보하고 동의를 받는 절차, 사전예방원칙, 위해성 평가, 위해성 관리, LMO의 운반방법 · 저장 · 이용방법의 표시, 바이오안정성정보센터(Biosafety Clearing-House)의 운영 등에 대한 사항 등을 규정하고 있다. 비준국가는 2014년 6월 현재 일본 · 프랑스 · 스웨덴 · 스위스 등 167개국이다. 우리나라는 2007년 10월 3일에 의정서를 비준하였고 '유전자변형 생물체의 국가 간 이동에 대한 법률'이 2008년부터 시행되고 있다.

4) 생물다양성협약 프로그램

생물다양성협약 사무국은 숲생물다양성, 육 · 수상 생물다양성, 도서 생물다양성 등에 관한 다양한 프로그램을 진행하고 있다. 생물다양성협약 사무국은 국가들의 협상을 조율하는데 큰 역할을 하며, 생물다양성 관련 지식구축과 역량강화를 위해 '글로벌생물다양성전망(Global Biological Diversity Prospect)' 등의 간행물을 발행한다. 또한 사무국은 생물다양성 보존에 이바지하는 글로벌 환경시설이나 국가국립공원을 위한 자금을 매칭펀드를 통해 지원하고 있으며, 공여국과 수원국 간, 환경부와 재무부를 연결시켜 줌으로써 생물다양성협약 메커니즘 내에서 보호지역에 대한 자금 지원이 가능하도록 한다. 당사국의 협약이행을 활성화하기 위해 사무국은 회의를 진행하고 기술적인 전문성과 내용을 발표하며 생물다양성 관련 정보를 수집 · 배포하기 위해 공식문서와 보고서를 발표하는 역할을 맡고 있다.

(2) 생물다양성협약 고위급 패널의 메시지

1) 고위급패널(HLP)의 목적

생물다양성은 국제적으로 중요한 이슈이기 때문에 유엔환경프로그램(UNEP)의 산하의 생물다양성협약(Convention on Biological Diversity; CBD)을 통해 국제적 협의를 진행해 오고 있다. 이 협약은 관련 분야 전문가들이 COP-11에서부터 고위급 패널을 구성하여 CBD 총회에 재정확보에 관한 보고서를 제출하고 있다. 제2차 고위급 패널(이하 High Level Panel; HLP)도 2013년 구성되어서 '생물다양성협약

2011~2020' 이행을 위한 재원평가 문제를 연구하여 이에 관한 보고서를 2014년 10월 한국의 평창에서 개최되는 제12차 CBD 총회에 제출하도록 하였다. HLP는 다음과 같은 주요 목적으로 운영되고 있다.

① 아이치 생물다양성 목표를 충족시킴으로 인해 얻게 되는 편익을 평가하고, 생물다양성에 대한 투자와 정책 개발로 인한 직·간접적인 편익을 분석한다.
② 아이치 목표를 달성하기 위해 요구되는 여러 활동들을 수행하는데 필요한 비용을 평가하고, 제11차 CBD 총회(COP-11)에서 제안된 고위급 패널 보고서에서 제안된 후속작업을 고려한다.
③ 아이치 목표 달성을 위해 자원을 더 잘 이용하고, 더 많이 확보할 수 있도록 생물다양성 분야와 경제 전반적으로 그리고 가장 비용 효과적으로 편익을 보장하는 기회들을 찾는다.

2) 1차 HLP 보고서

HLP는 '생물다양성협약 2011~2020'의 이행을 위해 재원평가 연구를 시행하였으며, 제11차 CBD 총회에서 1차 연구결과 보고서를 발표하였다.

1차 HLP 보고서에 따르면 2020년까지 20개의 아이치 생물다양성 목표를 달성하기 위해서는 전 세계적으로 1,500억~4,400억 달러 비용이 필요한 것으로 추정된다. 향후 추가적인 연구를 통해 본 추정치에 대한 불확실성을 줄일 필요성이 있다. 또한 아이치 목표와 다른 목표들 사이의 연계성으로 인해 아이치 목표 달성을 위한 재원 투입과 이행 효과성이 다른 목표 달성에도 혜택을 미치는 시너지가 창출될 것이다. HLP는 아이치 목표를 이행함으로써 얻는 혜택이 비용보다 크며, 최대한의 시너지를 위해 일관성 있는 정치, 기관 제도, 각국의 정치적 의지가 필요하다는 것을 강조하였다. 한편, 2014년 평창에서 개최되는 제12차 CBD 총회에 대비하여, HLP 2차 작업이 진행됐으며, 이는 1차 HLP 보고서의 연구결과를 바탕으로 지역별 사례와 목표 달성을 위한 비용과 편익에 대한 분석, 다른 정책과의 시너지를 강조한 상향식(bottom-up approach) 접근 방법을 포함하고 있다.

3) 2차 HLP 보고서 주요 메시지

2차 HLP 보고서의 주요 메시지는 아래와 같다.

① 아이치 목표(Aichi Target)의 달성은 세계 경제에 상당한 이익을 창출한다.

생물다양성은 전 세계 생태계와 생태계가 가지고 있는 가치를 뒷받침하는데 필수적인 역할을 한다. 다양한 연구결과에 따르면 모든 생태계가 제공하는 제공, 조절, 문화, 지원 서비스들의 주요 가치들과 생물다양성 보전과 지속 가능한 이용에 의한 혜택이 비용보다 더 크다.

② 생물다양성은 지속 가능한 발전에 기여한다.

식량 보안, 식수 보안, 생계와 재해 리스트 저감과 관련하여 생물다양성과 생태계 보전은 지속 가능한 발전 목표를 달성하는데 중요한 역할을 하며, 자연자본에 대한 투자와 아이치 목표 달성은 지속 가능한 발전으로 인한 큰 혜택을 가져다 줄 것이다. 아이치 목표는 빈곤 감소, 장기 식량 안보, 보건, 기후변화 감축, 기후변화 회복력 및 적응을 포함하는 모든 지속 가능한 발전 부문에 연관이 있다. 또한, 그린 인프라, 지역 생계, 일자리 창출, 국가 및 세계 경제와도 연결되어 있다. 이런 점에서 생물다양성 보전과 지속 가능한 이용은 지속 가능한 발전에서 환경 부문에만 제한되어 있는 것이 아니라 모든 발전 부문과 연관이 있다.
아이치 목표 달성을 위한 지출과 활동들은 Post-2015 지속 가능한 발전 의제와 관련된 지속 가능한 발전 목표를 달성하기 위한 더 큰 개념의 투자라고 인식되어야 한다. 생물다양성은 생물다양성 관련 목표와 지표를 포함하여 지속 가능한 발전 목표의 주요부문으로 통합되어야 한다. 또한, 전 세계 생태계를 지원하는 시스템으로 생태계와 천연자원 보전 목표에도 통합되어 중심이 되어야 한다.
자연자본은 개발도상국 경제의 평균 36%를 차지하며 극빈곤 국가 GDP의 반 이상을 차지한다. 자연중심의 투자는 녹색경제의 필수적인 부분이 될 것이다.

지속 가능한 농업은 기술 개발과 함께 수입 증가로 이어질 것이다. 보호구역을 지정하는 것은 관광 비지니스에게 새로운 기회를 가져다 줄 것이다. 또한, 외래종을 방지하고 관련 복원 활동은 노동집약적이며 숙련, 미숙련 노동자들의 일자리를 창출할 것이다.

③ 생물다양성은 기후변화 감축(Mitigation), 적응(Adaptation)과 회복(Resilience)에 기여한다.

생물다양성과 생태계에 투자하는 것은 국가와 지역의 취약성을 효과적으로 줄여주며 지역, 국가에서 기후관련 영향에 대한 복원력을 향상시킨다. 또한, 감축목표 달성을 포함한 기후 감축 및 적응에 크게 기여할 수 있다.
해안 보호, 강유역 보호, 농업 생물다양성 유지 및 개선과 관련된 투자는 지역공동체들이 기후변화에 적응하고 피해와 손실을 최소화하는데 중요한 역할을 할 것이다.

④ 생물다양성과 생태계에 대한 투자는 취약계층이 식량 안보, 경제 기회, 웰빙과 관련하여 의존하는 생태계서비스 제공을 강화한다.

전 세계 빈곤층의 70%인 8억 7천만 인구는 농촌지역에 살고 있으며 다수는 식량제공, 깨끗한 식수, 약초 및 필수품을 포함하여 생존과 생계를 위해 생물다양성에 직접적으로 의존하고 있다. 전 세계 빈촌층과 취약층에게 자연자본은 선택권을 제공해주는 주요 자산이다. 개발도상국 농촌 지역의 경제와 고용에서 토지와 관련된 사항이 큰 부분을 차지하고 있다. 자연자본은 소기업 창업과 같은 다양한 생계 옵션을 제공한다. 이는 경제위기 시 빈곤층에게 생명줄과 같은 역할을 할 수 있다. 생물다양성은 농촌과 해안지역의 빈곤층에게 농업과 자연 중심의 생계에 단백질을 제공하고 농장 수입을 다원화 할 수 있는 사회안전망을 제공한다. 또한 소규모 농장의 호황과 불황을 상쇄시키는 역할을 할 수 있다. 원주민, 지역공동체, 토지 운영자들이 생태계서비스 가치를 고려하도록 지원하는 제도들은 보전을 위한 인센티브를 강화할 것이고 아이치 목표를 달성하는데 기여할 것이다.

⑤ 생물다양성은 보험가치(insurance value)를 제공한다.

생물다양성에 대한 투자는 불확실하고 가속화되는 미래의 변화에 대해 보험가치를 제공하고 미래의 개발 옵션을 유지하고 개선할 수 있도록 한다. 오늘의 투자는 현재와 미래 세대들이 미래에 지불해야 하는 비용을 줄여줄 것이다. 보험가치는 리스크 감축과 개발 기회를 뜻하며, 생물다양성이 생태계 변화에 미치는 중요한 영향인 회복력과 밀접하게 연결되어 있다.

브라질 리오자네이루 산악지역 영구보전구역(APP) 보전의 경제적 가치

2011년 1월 브라질 리오자네이루 산악지역은 폭우로 인해 심각한 피해를 경험하였다. 미래에 비슷한 재해로 인한 피해를 막기 위해 브라질 환경부는 독일 환경부의 지원을 받아 리오자네이루의 Campo Grande와 Bonsucesso의 APP지역(영구보전지역, Area of Permanent Preservation)과 2011년 재해로 인해 발생한 피해 비용을 분석을 하였다. APP지역은 하천주변의 하변구역(riparian area)을 포함하며, 해당 지역이 개발되지 않으면 2011년에 발생한 재해를 기준으로는 직접적인 경제적 손실이 발생하지 않는다.

Campo Grande 지역의 경우 APP 대부분이 파괴되거나 황폐화된 반면 Bonsucesso 지역의 경우 대부분 농업을 목적으로 사용되었다. 분석결과 Campo Grande지역의 경우 2011년 재해로 인한 피해가 약 5,527만~1억 8,492만 달러, Bonsucesso 지역의 경우 812만~2,612만 달러로 추정되었다. 반면, APP 지역관리 비용은 Campo Grande 지역의 경우 335만~922만 달러, Bonsucesso 지역의 경우 312만~842만 달러로 추정되었다.

	Campo Grande		Bonsucesso	
	최저	최고	최저	최고
2011년 재해로 인한 피해	55,273	184,922	8,123	26,162
APP 지역관리 비용	3,347	9,219	3,121	8,415

단위: 1,000 달러

위 사례분석은 인간 활동으로 인한 재해 피해 비용 변화와 APP지역과 같은 보전구역 확대로 재해 피해를 줄일 수 있다는 것을 시사한다.

⑥ 분야별 정책 사이의 시너지 개선, 정책 절충과 조정은 아이치 목표의 효과적인 시행과 효율적인 재정지원을 위한 선결과제이다.

정책 조정 및 융합, 인센티브 및 비즈니스 전략은 지속 가능한 사회로 향한 비용 효과적인 개발전략을 수립하는데 기여한다. 개선된 정책 조정은 재원 절감과 공동 지원하는 기회를 갖게 한다. 생물다양성을 보다 넓은 정책 아젠다 속으로 주류화시키는 것은 보다 효율적인 정책수립 과정과 공동지원을 위한 중요한 기회를 제공해준다. 농업, 임업, 어업, 양식업을 포함하는 여러 부문에서의 지속 가능한 생물다양성 이용과 생물다양성 보전 간에 긍정적, 부정적 연관성과 관련된 공통된 인식을 가질 수 있도록 하는 노력이 지속 가능한 발전을 위한 균형을 찾는데 필요하다. 생물다양성 보전과 지속 가능한 이용을 포괄하는 과학정책 공통영역 개발은 지속 가능한 발전을 위한 거버넌스 시스템을 구축하는데 중요하다.

⑦ 모든 국가들은 전담기구와 제도, 직접적인 보전과 지속 가능한 이용, 인센티브와 경제 제도에 투자해야 한다.

일관성 있고 잘 기획된 기관, 합리적인 정책과 효과적인 정책제도를 개발하고 운영하는 것은 효과적이고 효율적인 생물다양성 재정지원 시스템 구축을 위한 전제조건이다. 적절한 기관제도 및 결정 과정 부재와 부족한 재원은 목표 달성을 방해한다. 효과적인 활동은 전 세계 뿐만 아니라 지역 단위의 모든 관련 이해관계자가 참여하는 일관성 있는 정책, 개선된 기관, 강화된 거버넌스를 필요로 할 것이다. 국가는 인센티브와 시장 도구, 기술에 투자해야 하며 생물다양성 손실의 원인에 대해 고심해야 한다. 생물다양성의 지속 가능한 이용과 보전을 위한 원주민과 지역 공동체의 지식과 기여를 존중하고 참여시키는 것이 필요하며 여기에는 토지 소유 및 대여 권리를 명확히 하고, 기획단계에서 주민의 참여를 높여야 한다.

⑧ 적절한 정책과 재정제도를 계획하고 시행하는 것은 생물다양성 손실을 막기 위해 필요하다.

목표 달성에 필요한 비용은 혁신적인 금융상품과 인센티브 개발과 더불어 공공재정의 효율적인 사용을 필요로 한다. 현실적인 제약, 거래와 우선 과제들을 고려할 때 아이치 목표를 달성하기 위한 활동은 상당한 투자를 요구한다. 이런 점에서 정부 출연을 통해 마련된 재원은 더 나은 재정계획을 통해 사용되어야 한다. 또한, 생물다양성 목표 달성에 따른 혜택을 인식하면서 더 나은 인센티브를 제공하고 민간부문을 최대한 포함시켜야 한다. 잘못된 인센티브와 지속 불가능한 관행을 없애고 적절한 토지 이용, 해양 기획, 녹색 재정정책을 통해 많은 것을 얻을 수 있다. 정부는 생물다양성이 제공하는 많은 혜택에 대한 인식을 제고하고, 경제 효율성, 시장 접근, 수입 다원화, 재정 개혁, 민간부문 투자를 촉진하여 재원 이동을 지원하는 정책 결정을 내려야 한다. 또한, 명확하고 일관적인 메시지를 소비자, 생산자, 투자자 그리고 정책결정자에게 전달해야 한다.

⑨ 생물다양성 보전과 지속 가능한 이용에 따른 금전적(monetary), 비금전적(non-monetary) 편익은 관련 비용보다 훨씬 높다.

모든 지역과 아이치 목표와 관련하여 생물다양성 보전과 지속 가능한 이용의 혜택은 투자비용보다 훨씬 크다는 것이 밝혀졌다. 고위급패널 1차 보고서에 기초한 생물다양성 보전을 위한 총 투자 수요는 인구당 20~60달러 사이로 추정되었다. 이는 세계 GDP의 2% 수준이다. 인구당 900달러 지역과 국가단위에서의 사례들은 고위급패널 1차 보고서에서 추정한 전 세계 재원 수요를 뒷받침한다. 하지만 요구되는 투자로 인해 발생하는 다양한 혜택들을 고려할 때 요구되는 재원 중 작은 부분만 생물다양성 전담 예산에서 지원되어야 할 것으로 보인다. 생물다양성 전용 지출은 전 세계 재원 수요의 18% 수준밖에 안 되는 것으로 추정된다. 또한, 투자금의 25%는 기후관련 활동과 다른 생태계서비스에 투자에서 지원받게 된다. 지출의 대부분은(57% 수준으로 추정) 오염 조절, 외래종 침투 조절, 주요 부문의 지속 가능성 촉진을 통한 보다 넓은 지속 가능성에 대한 지원이다. 이는 생물다양성 전용 예산에서 작은 투자금만이 필요하다는 것을 의미한다.

⑩ 재정 공백(financing gap)을 메우기 위해 상당한 생물다양성에 대한 투자 증가가 필요하다.

세계, 지역, 국가 레벨에서의 재원 관련 추정치는 현재 배정된 재원과 필요한 재원 사이의 큰 공백을 나타낸다. 이는 모든 아이치 목표들에 해당한다. 기존의 생물다양성을 위한 지출을 조정하고 부문별 통합을 통해 재정 공백을 없앨 수 있다. 대부분의 재원 투입은 다양한 목표들을 달성할 수 있도록 해주며 생물다양성 이슈들이 기존의 예산에서 주류화되는 것을 요구한다. 또한, 보다 많은 생물다양성 활동 전담 재원조정이 필요하다.

3. 주요 환경협약

우리가 생존하고 있는 지구생태계는 대기, 물, 토양, 동식물 그리고 미생물 등의 미묘한 균형으로 이루어져 있으며, 인간은 이러한 생태계의 균형 속에서 생활하고 있다. 18세기 영국의 산업혁명 이후 대량생산, 대량소비, 인구의 급속한 증가가 시작되었으며, 증가하는 인구와 늘어난 일인당 소비를 지탱하기 위한 자원 및 토지의 개발이 진행되어 왔다. 환경과 생태계 균형을 고려하지 않은 대규모의 급속한 개발은 환경오염과 자원고갈, 생태계 파괴라는 범지구적인 문제를 우리에게 던져 주었다. 범지구적 환경 문제의 대두와 더불어 지구는 무한하지 않은, 폐쇄되고 제한된 생태계라는 자각이 일어났고 지구생태계의 지속 가능성이 인류생존의 지속 가능성과 직결되어 있음을 깨닫게 되었다. 우리가 살고 있는 지구는 우주의 수많은 별들 속에서도 생명의 생존과 진화에 필요한 비슷한 조건을 가진 다른 별을 찾아보기 어려울 만큼 대단히 독특하고 소중한 별이다. 지구생태계의 균형은 대기의 구성, 온실효과의 존재, 호흡과 광합성에 의한 이산화탄소와 산소의 상호 교환, 성층권 오존층에 의한 자외선 차단 등 대단히 미묘하고 놀라운 메커니즘에 의해 유지되고 있다. 그러나 이러한 균형이 인간의 대규모 경제활동 및 인구증가로 인해 위협을 받고 있으며, 우리가 직면한 대표적인 지구환경 문제인 기후변화, 사막화, 습지훼손, 야생동식물의 멸종에 대처하기 위해 만들어진 대표적인 국제협약에 대해 알아보고자 한다.

(1) 기후변화협약(UNFCCC)

기후변화협약(United Nations Framework Convention on Climate Change, UNFCCC)은 1992년 6월 브라질 리우데자네이루에서 개최된 리오 세계 정상 환경회의에서 채택되었으며, 지구온난화에 따른 이상 기후현상을 예방하기 위한 전 세계 국가들의 동참 선언의 성격을 가지고 있다. 회의국 178개국 중 우리나라를 포함한 154개국이 서명하였으며, 1994년 3월 21일 공식적으로 발효가 되었다. 2014년 현재 195개국이 참여를 하고 있다.

기후변화협약의 목적은 기후변화로 인한 부정적 효과가 인류의 공통 관심사임을 인식하고 기후체계가 위험한 인위적 간섭을 받지 않는 수준으로 대기 중 온실가스 농도를 안정시키는 것을 목적으로 한다.

이에 대한 기본 원칙은 다음과 같다. 첫째, 지구온난화 방지를 위해서 모든 가입국 혹은 당사국이 공동의 그러나 차별화된 책임(common but differentiated responsibilities)을 부여 받는다. 둘째, 기후변화에 취약한 개발도상국과 이 협약에 따라 불균형적이며 지나친 부담을 지게 되는 당사자의 특수한 필요와 상황이 충분히 고려되어야 한다. 셋째, 모든 당사국이 기후시스템과 기후변화에 대한 과학적 불확실성에도 불구하고 기후변화의 원인을 예견·방지·최소화하고 그 부정적 효과를 완화하기 위한 '예방적 조치(precautionary measures)'를 취해야 하며, 기후변화를 다루는 정책과 조치는 비용효과적이어야 한다. 넷째, 모든 당사국은 지속 가능한 개발을 보장받을 권리가 있으며 기후변화에 대한 정책과 조치는 각 당사국의 특수한 상황을 반영해야 한다.

협약에 관련된 의무사항으로는 모든 당사자들이 공통적이면서도 선진국과 개발도상국 간의 차별화된 온실가스 감축부담에 관한 의무를 부담하도록 하는 것이다. 공통적인 의무사항으로는 다음과 같은 내용들이 있다. 첫째, 당사국들은 비교 가능한 방법을 사용하여 모든 온실가스 배출원에 의한 인위적 배출과 흡수원에 대한 제거에 대한 국가통계를 작성하여 정기적으로 갱신·공표하며 당사국총회에 제출하여야 한다. 둘째, 당사국들은 기후변화를 완화하기 위해 이행하는 조치와 국가계획을 공표하고 정기적으로 갱신하여야 하며, 기후변화에 관한 교육, 훈련, 홍보를 강화하고 이 과정에 비정부기구 등의 광범위한 참여를 장려해야 한다. 한편, 부속서 I 당사국은 온실가스 배출량을 1990년 수준으로 감축하기 위하여 노력토록 규정하고 있으나 강제성은 없다. 부속서 II 당사국은 기후변화의 부정적 효과에 특히 취약한 개발도상국이 이에 적응하는데 소요되는 비용을 지원하고 개발도상국인 당사국이 기후변화협약의 규정을 이행할 수 있도록 기술 및 노하우 이전과 이에 필요한 자금을 지원하기위한 실질적인 조치를 취해야 한다.

기후변화협약은 당사국총회, 당사국과 비당사국 등으로 구성되며, 이에 대한 상세한 내용은 다음과 같다. 먼저, 당사국총회(Conference of the Parties, COP)는 기후변화협약에 관한 최고의사결정기구이며, 협약에 따른 당사국의 의무사항과 제도적 장치를 정기적으로 검토하고 당사국이 채택한 조치에 관한 정보의 교환을 촉진하는 역할을 한다. 당사국총회는 매년 개최되며 총회가 필요하다고 인정하는 때에는 당사국의 서면요청에 따라 특별 회기를 개최한다. 기후변화협약에 참여하고 있는 국가들 중 협약에 가입하고 비준한 국가들은 당사국(party)으로 분류되며, 비준하지 않고 옵저버로 활동하는 국가들은 비당사국(non-party)으로 분류된다. 이 당사국들은 또 세 그룹으로 나눠질 수 있는데 1992년 당시 OECD 가입국(우리나라와 멕시코는 제외, 비부속서 I 국가에 포함)과 시장경제전환국가(economies in transition, the EIT Parties)가 포함된 부속서 I 당사국과, 부속서 I 당사국에서 EIT 국가를 제외한 OECD 국가들이 포함된 부속서 II 당사국, 기후변화협약에 참여하고 비준한 개발도상국들이 포함된 비부속서 I 당사국이다. 특히 부속서 II 당사국은 개발도상국에 대한 재정 및 기술이전의 의무를 가지고 있다.

사무국(Secretariate)은 당사국총회와 협약의 내용에 의거하여 설치되는 보조기구의 회의 준비와 이에 필요한 지원을 제공, 당사국총회의의 전반적인 지침에 따라 효과적인 기능 수행에 필요한 행정적 · 계약적 약정을 체결하는 기능을 수행한다. 그 외에 당사국총회를 지원하기 위한 부속기구로는 협약에 의해 규정된 2개의 부속기구[04]가 있으며, 규정에 따라 부가적으로 더 설치할 수 있다.

표 2-4. 기후변화협약 당사국 분류

당사국(Party)	부속서 I 당사국 (Annex I Parties)	1992년 OECD 가입국(우리나와 멕시코는 제외), 시장경제전환국가
	부속서 II 당사국 (Annex II Parties)	시장경제전환국가를 제외한 OECD 가입국
	비부속서 I 당사국 (Non-Annex I Parties)	협약에 비준한 개발도상국(우리나라와 멕시코 포함)
비당사국(Non-Party)	기후변화협약에 가입하지 않은 국가	

한편, 당사국들의 온실가스 감축 노력을 객관적으로 평가받기 위해 온실가스 통계량, 온실가스 저감 정책의 현황 및 향후 계획 등을 담은 국가보고서를 제출토록

04 과학기술자문기구(Subsidary Body for Scientific and Technological Advice, SBSTA): 온실가스 배출목록 방법론, 국가보고서, 구성지침 등 협약의 과학기술적 측면에 대한 자문을 제공.

이행자문부속기구(Subsidary Body for Implementation, SBI): 재정기술 지원 방안 등 협약의 이행과 관련된 문제에 대한 권고안을 만들어 당사국 총회의 요청이 있을 경우 다른 부속기구에 전달을 담당.

되어 있다(제4조 1항). 국가보고서는 당사국총회가 정한 지침과 방법론에 따라 작성된 온실가스의 배출원과 흡수원에 대한 통계를 포함하여야 하며, 그 외에도 온실가스 관련 정책 및 연구, 기후변화의 영향 등에 관한 내용도 포함한다. 선진국들은 협약 발효 후 6개월 이내에 제1차 국가보고서를 제출토록 되어 있으며, 개발도상국들은 협약 발효 후 3년 이내에 또는 선진국의 재정·기술지원이 충분히 이루어진 후에 국가보고서를 제출토록 되어 있다.

기후변화협약을 통해 제시된 대표적 의정서인 교토의정서(Kyoto protocol)는 온실가스 감축의무 국가 명시, 감축량 제시, 감축방법 제시 등 실제 기후변화방지의 이행에 필요한 사항을 포함하고 있으며, 제3차 당사국총회에서 채택되었다. 교토의정서에서 규정하고 있는 온실가스는 6종류(CO_2, CH_4, N_2O, HFCs, PFCs, SF_6)이며, 교토의정서 하의 온실가스 의무 감축국가(Annex B)는 기후변화협약 부속서 I 국가 중 터키와 벨라루스를 제외한 38개 국가와 EU가 해당된다. 주요 내용으로는 부속서 I 국가들의 온실가스 배출량을 1차 의무이행기간(2008~2012년) 동안 1990년 대비 평균 5.2% 감축과 국가별 차별적인 감축 목표 부여, 시장원리에 입각한 새로운 온실가스 감축수단(CDM, JI, ET) 도입, 국가 간의 연합을 통한 공동 감축목표 달성 허용 등이 있다.

(2) 사막화방지협약

사막화방지협약의 공식명칭은 '심각한 한발 또는 사막화를 겪는 아프리카 지역 국가 등 일부 국가들의 사막화를 방지하기 위한 협약(United Nations Convention to Combat Desertification in Those Countries Experiencing Serious Drought and/or Desertification, Particularly in Africa)'이며 1994년 6월에 협약이 채택되었고, 그 해 12월에 발효되었다. 가입국은 2014년 현재 195개국이며 우리나라는 1999년 10월 협약에 서명을 하고 그 해 11월 15일부터 국내에서 발효되었다.

사막화방지협약의 목적은 사막화 및 한발의 위험이 높은 국가에서 사막화를 방지하고 한발피해를 완화하며, 피해지역에서 지속 가능한 개발을 달성하는데 기여하는 것이다. 본 협약의 원칙은 다음과 같다. 첫째, 사막화/한발피해 완화를 위한 프로그램 시행에 관한 의사결정과정에 있어서 지역사회 참여를 보장한다. 둘째, 국가적 및 지방적 수준에서의 실천을 용이하게 하기 위한 여건 창출을 보장한다. 셋째, 소지역적, 지역적, 국제적 수준에서의 협력과 조정을 증진하며, 필요한 곳에 자원을 집중한다. 넷째, 정부, 지역사회, 민간기구 및 토지소유자 등의 모든 차원에서 상호협력을 증진한다. 다섯째, 피해개발도상국, 특히 극빈개발도상국의 필요와 상황을 고려한다.

협약과 관련된 의무는 크게 당사국의 의무와 선진국의 의무로 나뉜다. 먼저 당사국은 다음과 같은 의무를 갖는다. 첫째, 사막화 및 한발 과정을 다룸에 있어서 종합적인 접근방법을 채택한다. 둘째, 빈곤퇴치전략을 사막화방지 및 한발피해완화 노력에 통합시켜야 한다. 셋째, 피해당사국 간의 협력을 증진시켜야 하며, 지역적 및 국제적 협력을 강화한다. 넷째, 피해개발도상국들의 피해 완화를 위한 재정지원에 있어서 재정체계와 협정을 활용한다. 다섯째, 피해개발도상국들은 협약 이행을 위하여 원조 받을 자격을 갖는다. 여섯째, 피해당사국은 자국의 여건과 능력에 따라 적절한 자원을 할당한다. 일곱째, 피해당사국은 사막화방지 및 한발피해완화를 위한 전략 및 우선순위를 수립한다. 선진국의 의무는 다음과 같다. 첫째, 피해국, 특히 아프리카와 극빈개발도상국의 사막화방지 및 한발피해완화 노력에 적극 지원한다. 둘째, 실질적 규모의 자금 및 기타 형태의 원조를 제공한다. 셋째, 지구환경금융(Global Environment Facility, GEF)을 통한 추가적 새로운 재원동원을 촉진한다. 넷째, 피해개발도상국의 사막화 방지기술 접근 장려 및 접근을 촉진한다.

협약과 관련된 재원의 경우, 선진국은 실천 계획 이행을 위한 실질적 재정지원 및 신규지원을 실시하며, 피해국은 능력 범위 내에서 재원을 동원한다. 그 외에 사용가능한 모든 재원 및 재정체계의 활용, 기타 자발적 재정지원을 활용한다. 또한 재정체계에 대해서는 당사국의 재정체계의 운영가능성을 증진하고 UN 및 다자간 재정기구 내의 메커니즘을 통해 재정지원을 장려하며, 피해개발도상국은 국가조정메커니즘(National Coordinating Mechanism)을 구성하고, 현존 재정체계 운용 효율화를 위한 글로벌 메커니즘(Global Mechanism)을 수립한다. 본 협약은 피해개발도상국 중에서 아프리카의 피해당사국에게 우선순위를 부여한다.

사막화방지협약은 당사국 총회, 사무국, 과학기술위원회로 구성되며, 각 구성원의 역할을 다음과 같다. 당사국 총회(Conference of the Parties, COP)는 이 협약의 최고 기관으로 협약의 효과적인 이행을 위해 필요한 결정을 한다. 사무국(Secretariat)

은 당사국총회의 회의 및 협약에 의하여 설치된 부속기구의 회의를 준비하고 지원한다. 과학기술위원회는 당사국총회에 사막화방지 및 한발피해완화와 관련된 과학기술적 정보 및 자문을 제공한다.

(3) 람사르(Ramsar) 협약

1971년 2월 이란의 람사르에서 채택되었고 1975년 발효된 이 협약은 람사르 협약(Ramsar Convention)으로 널리 알려져 있지만, 정식 명칭은 '물새 서식지로서 특히 국제적으로 중요한 습지에 관한 협약(Convention on Wetlands of International Importance especially as Waterfowl Habitat)'이고, 현재 협약의 명칭은 습지에 관한 협약(Convention on Wetlands)으로 표기하고 있다. 이 협약은 주로 물새의 서식지로서의 습지 보전과 현명한 이용에 대한 본래의 중요성을 반영하고 있다.

람사르 협약의 조항들은 자연자원의 보전과 지속 가능한 이용에 대해 전 세계적으로 맺어진 최초의 정부 간 조약이지만 최근의 다른 협약들과 비교하면 간단하고 일반적이다. 2014년 9월 기준으로 168개의 당사국 혹은 회원국이 가입되어 있으며 우리나라는 1994년 7월에 가입하였다. 약 2억 867만ha에 달하는 2,186개 이상의 습지가 국제적으로 중요한 습지 목록에 포함되어 있으며, 이는 프랑스, 독일, 스페인, 이탈리아 그리고 스위스를 합친 면적보다 더 크다. 람사르 협약의 목적은 습지의 점진적 침식과 손실을 막는 것이다. 습지는 경제적, 문화적, 과학적 및 여가적으로 큰 가치를 가진 자원이며, 이러한 가치를 가진 습지가 손실되면 회복될 수 없다고 인식하고 있다.

람사르 습지의 기본적인 선정 기준은 특이한 생물지리학적 특성을 가졌거나 희귀동식물종의 서식지인 경우 또는 특히 물새서식지로서의 중요성을 가진 습지이며, 보다 상세한 기준은 다음과 같이 구성된다(국제습지센터[05]). 제1범주는 대표적 또는 특이한 습지에 관한 기준으로 특정 생물지리학적인 지역의 특성을 잘 나타내고 있는 자연 또는 그것에 가까운 상태의 습지, 주요 하천 또는 유역으로 자연 기능에 있어서 수문학적, 생물학적, 생태학적으로 중요한 역할을 하고, 특히 국경 부근에 위치한 습지, 특정의 생물지리학적 지역에서 특히 희귀하거나 특이한 전형적 형태를 가진 습

05 국제습지센터. http://www.wetland.go.kr/home/info/info02001l.jsp

지 등이 속한다. 제2범주는 동식물에 근거한 일반적 범주로서 희귀, 취약 또는 생존력이 약하여 멸종 위험이 있는 동식물종 또는 아종(subspecies)이 집단으로 서식하거나 이들 종의 개체 수가 상당수 서식하고 있는 습지, 동식물종의 특징 때문에 그 지역이 유전적 생태적 다양성을 유지하는데 있어서 특별한 가치가 있는 습지, 지역 고유의 동식물종 또는 군집 서식지로 특별한 가치를 지닌 습지 등이 속한다. 제3범주는 물새에 근거한 특별한 범주로서, 20,000마리 이상의 물새가 정기적으로 서식하는 습지, 어느 물새의 종 또는 아종의 전체가 전 세계 서식수의 1% 이상이 정기적으로 서식하고 있는 습지가 속한다.

습지는 주요 생태과정을 유지하고, 습지의 풍부한 식물상 및 동물상, 또한 습지가 전반적으로 지역사회나 인간사회에 제공하는 이로움 때문에 중요하다. 이런 이유로 협약의 광범위한 목적은 습지 보전과 현명한 이용을 보장하는 것이다. 협약에 가입한 국가들은 다음과 같은 네 가지 주요 의무를 수용한다. 첫째, 협약 당사국은 가입 시 자국 영역 내에 1곳 이상의 적절한 습지를 지정하여 국제적으로 중요한 습지목록(List of Wetlands of International Importance, 람사르 습지목록)에 의무적으로 등록해야 하며, 지속적으로 영토 내 적절한 습지를 지정하여야 한다. 또한 당사국은 지속적인 지정을 위해 자격이 있는 지역을 선별하기 위한 특별한 범주와 지침을 개발해야 하며, 람사르 목록 내 등재되어 있는 습지가 어떠한 영향이나 이유로 변화가 진행 중이거나 일어날 것이 예상되면 사무국에 보고하여야 한다. 둘째, 협약 하에서 당사국은 습지 보전을 위한 고려사항을 당사국의 국토이용계획에 포함시켜야 하는 일반적인 의무가 있다. 또한 당사국은 국가 영토 내 습지의 현명한 이용을 최대한으로 증진시키기 위해 이 계획을 체계화하고 이행할 의무를 맡는다. 당사국총회는 현명한 이용을 지속 가능한 이용과 같은 뜻으로 해석하고 이를 달성하기 위한 지침 승인서를 승인한다. 셋째, 당사국은 습지가 람사르 목록에 포함되었는지의 여부와는 상관없이 습지 내에 자연보호구역을 설정하고, 습지 조사 및 관리, 감독분야에 대한 인력양성 교육을 강화한다. 넷째, 당사국은 협약의 이행과 관련하여 다른 당사국들과 상의하며 특히 접경지 습지, 공유수면 및 공유하는 생물종에 관하여 다른 당사국들과 상의한다.

본 협약의 의무 규정 준수와 관련해서는 다음과 같이 다루어지고 있다. 람사르 협약은 강제성을 띈 규제제도가 아니며, 조약 이행 위반 또는 조약 불이행에 대한 형벌 제재도 없다. 하지만 그 조항들은 정식 조약을 구성한다는 점에서 국제법으로서의 구속력이 있다고 볼 수 있다. 전체적인 체계는 상식적이고 공정하게 공유된 투명한 책임에 대한 기대에 기초하고 있기에 이러한 기대에 부응하지 못할 경우에는 정치 및 외교적 불편함을 초래할 수 있다. 따라서 일부 국가에서는 그들 고유의 사법제도에서 직접적 영향을 가질 수 있도록 국제적 람사르 의무이행을 국내법 또는 정책에 반영하고 있다.

또한 람사르 협약은 삼주체제(Three Pillars)라는 구체적인 목표를 설정하고 이를 통해 습지 보전 및 현명한 이용에 대한 의무를 이행하고자 한다. 1996년 호주에서 열린 제6차 당사국총회에서는 혁신전략계획(innovative strategic plan) 1997-2002를 채택하였고, 이 계획의 성공에 힘입어 2002년 스페인 발렌시아에서 열린 제8차 당사국총회에서 2003-2008 계획을 채택함으로써 3년간의 협의와 기안들을 완결하였다. 그리고 당사국들은 현재 세 번째인 2009-2015 전략 계획을 실행하고 있다. 세 번째 전략계획을 통해 당사국들은 삼주체제(광범위한 행동과 과정을 통해 인간의 안녕에 기여하기 위한 습지의 현명한 이용, 세계적으로 중요한 습지목록(람사르 습지목록), 국제협력)를 통해 습지 보전 및 현명한 이용에 대한 의무를 이행할 계획이다.

람사르 협약은 당사국총회, 상임위원회, 사무국, 기타부속기구로 구성된다. 당사국총회(Conference of the Contracting Parties, COP)는 협약의 정책 결정 기구이다. 매 3년마다 모여 이전 3년간에 대한 국가보고서를 제출 받고 다음 3년에 대한 활동프로그램과 예산안을 승인, 현재 진행중이거나 새로 나타나는 환경 문제에 대한 지침을 고찰한다. 상임위원회(Standing Committee)는 회기 사이의 집행기구로서, 당사국총회에서 결정된 범위 내에서의 당사국의 의사를 대표한다. 사무국(Secretariat)은 협약 활동을 조정한다. 주요 역할은 국제적으로 중요한 습지 목록 관리 및 습지 데이터베이스 변화 관리, 당사국총회, 상임위원회 등의 회의의 개최를 도우며, 당사국들에 대하여 람사르 전략계획의 이행관련 행정, 과학 및 기술지원을 제공한다. 기타부속기구에는 당사국총회, 상임위원회, 사무국에 과학·기술 관련 사항에 대한 길잡이 역할을 수행하는 과학기술검토패널(Scientific and Technical Review Panel, STRP), 당사국 내 협약 이행을 담당할 정부 기관인 행정당국(Administrative Authority)이 있다.

(4) 멸종위기에 처한 야생 동식물의 국제거래에 관한 협약 (CITES: Convention on International Trade in Endangered Species of Wild Fauna and Flora)

협약의 공식명칭은 '멸종위기에 처한 야생 동식물의 국제거래에 관한 협약(CITES: Convention on International Trade in Endangered Species of Wild Founa and Flora, 이하 CITES)'이다. CITES는 수출입국 간 협력 하에 멸종위기에 처한 야생동식물의 불법 또는 과도한 국제거래를 일정한 절차를 거쳐 규제함으로써 무질서한 채취 및 포획을 억제하고 이들 야생동식물을 보호하고자 하는 목적을 가진다. 동 협약은 81개국 참여 하에 1973년 2월 채택, 1975년 7월 발효되었다.

CITES는 1,000여종의 협약대상 동식물을 규제 정도에 따라 3개의 부속서에 나누어 지정하고 거래 관련 수출 · 수입 증명서 발급요건을 규정하고 있다. 당사국은 수출입허가부서, 수출입허가확인부서(세관 등), 단속부서(세관, 경찰 등)로 협약을 운용해야 한다. CITES는 코뿔소 · 호랑이 등 현재 멸종위기에 처해 있어 특별히 엄격한 규제를 요하는 야생동식물 및 그 파생품은 부속서1에 규정하여 수출국의 관리당국에 수출허가서 발급 시 수입허가서를 확인하도록 요구하고 있으며, 사향노루, 곰 등 현재 멸종위기에는 처해 있지 않으나 엄격한 규제를 요하는 야생동식물 및 그 파생품은 부속서2에 규정하여 수출관리당국의 수출허가서 발급을 요구하고 있다. 부속서3은 개별 당사국이 자국 내 동식물 중 국제거래규제를 위하여 타 당사국의 협력이 필요하다고 판단한 종에 대해 규정하며 동 요청국가와의 거래 시 부속서2에 준하는 제한을 가하고 있다.

CITES는 발효 이후 상당기간 큰 관심을 받지 못하였으나 최근 환경보호 문제에 대한 전 세계적인 관심증대와 함께 중요성이 부각되고 있다. 특히 1992년 6월 리우회의에서 생물다양성협약이 채택되어 유전자원 및 종의 보호에 대한 인식이 제고됨으로써 동 협약에 대한 관심이 높아졌다. 협약 당사국총회는 최근 협약의 이행능력을 제고하기 위하여 협약 비가입국 및 불이행국가에 대한 각종 제재조치를 결의하였으며, 우리나라는 협약에 1993년 7월 가입하여 1993년 10월 발효되었다. 우리나라는 '자연환경 보전법', '조수 및 수렵에 관한 법률', '약사법' 등 개정을 통하여 대상종의 수출입 승인허가, 불법 포획금지, 호골 · 서각 등의 수입 및 유통을 금지하는 등

CITES의 국내적 이행을 위해 노력하고 있다.

부속서에 관련된 규제 야생동식물은 대략 5,000 종의 동물과 29,000 종의 식물이 포함되며, 이를 크게 세 가지 범주로 나누어 멸종위기에 처한 동식물, 교역을 규제하지 않으면 멸종할 위험이 있는 동식물, 각국이 교역에 의한 규제를 위해 국제협력을 요구하는 동식물로 분류하고 있다. 부속서1은 코뿔소와 고릴라, 안경곰, 사자, 호랑이, 용설난, 코끼리 등 멸종위기에 처한 557종을 선정, 상업목적을 위한 국제거래를 금지하고 학술연구목적으로 거래할 때는 양국 정부에서 발행하는 수출입 허가증 제시를 의무화하고 있다. 우리나라의 황새, 따오기, 흑두루미, 두루미, 재두루미, 산양, 수달, 반달가슴곰, 쇠고래 등이 해당된다. 부속서2는 국제거래를 엄격히 규제하지 않을 경우 멸종될 위험이 높은 북극곰, 하마, 왕뱀, 카멜레온 등 262종을 지정, 상업목적의 국제거래에 수출국 정부의 수출허가증 제출을 규정하고 있다. 대한민국의 참수리, 독수리, 새매, 고래목, 사향노루, 제주도의 한란 등이 해당된다. 부속서3은 당사국이 자국 내 특정 동식물을 지정해 국제거래를 규제한다. 인도살모사, 네팔양귀비 등 241종이 있다.

CITES의 당사국총회는 3년에 한 번씩 개최되며 멸종위기 정도에 따른 야생동식물의 무역거래 규제 방침을 결정한다. 당사국총회 개최국이 당사국 총회 의장국이 되며, 총회에 대한 전반적인 책임을 수반한다. 최근 당사국총회는 제16차 회의를 태국 방콕에서 2013년에 개최하였으며, 제15차 회의는 카타르 도하에서 2010년에 개최되었다. 제17차 당사국총회는 남아프리카공화국이 개최국으로 지정되었다. CITES 위원회는 동물 위원회(Animals Committee), 식물 위원회(Plants Committee), 상임 위원회(Standing Committee)로 구성되어 있으며, 당사국총회가 열리지 않는 해에 번갈아 가며 열리는데 상임 위원회의 경우 당사국총회에도 소집된다.

CITES 사무국은 유엔환경계획(UNEP: United Nations Environmental Programme)에서 운영을 총괄하고 있으며 스위스 제네바에 위치하고 있다. 사무국은 멸종위기 동식물 관리 모니터링 툴을 자체 개발하여 동식물별, 지역별 관리 상태에 대한 평가를 진행하는 프로그램 등을 운영하고 있으며 당사국의 협약이행을 활성화하기 위한 회의를 조직하고 기술적인 전문성과 내용을 발표하며 멸종위기 동식물 관련 정보를 수집·배포하는 공식문서와 보고서를 발표하는 역할을 맡고 있다.

CHAPTER

03

생물다양성과 생태계서비스의 가치 평가

1. 생물다양성과 생태계서비스의 정량화 방법

(1) 개요

앞에서 살펴본 것처럼 생물다양성과 생태계서비스가 우리에게 주는 혜택은 매우 다양하다. 이 혜택들을 보다 정확히 알기 위하여 정량화가 필요하며, 생물다양성과 생태계서비스가 정량화 된다면 실제 사례에 적용하는데 아래 네 가지와 같은 많은 이점들이 있다.

첫째, 생물다양성과 생태계서비스는 시간에 따라 변하기 때문에, 미래시점(t+1)에서의 생물다양성과 생태계서비스가 현재시점(t)에서의 상태와 다른지 또는 다르지 않은지를 판단하는데 도움이 될 것이다. 우리나라 산림을 예로 들어 설명하면, 지금까지 도시화로 인하여 많은 산림들이 파편화가 되었다. 그런데 이 때, 과거 산림에 살고 있는 생물들이 얼마나 줄었는지 그리고 만약 산림이 그대로 존재했을 때와 파괴되었을 때 시간에 따라 산림생태계가 주는 다양한 혜택 중 어떤 혜택들이 감소 또는 증가하였는지를 안다면 흥미로울 것이다.

그림 3-1. 경기도 용인시 토지피복의 시계열적 변화

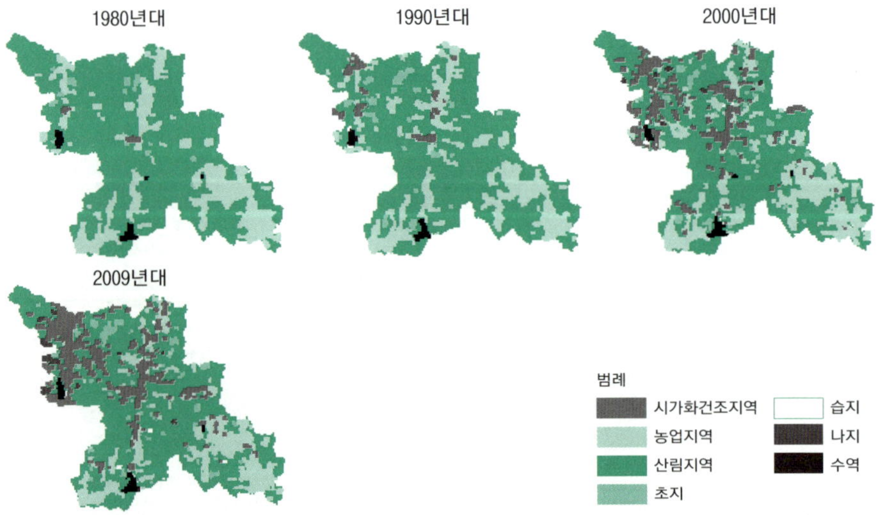

구체적인 사례로 그림 3-1을 보면, 우리나라에서 최근에 개발이 빠르게 진행된 용인시의 경우에 최근 30년 동안에 토지피복의 변화가 급격하게 일어났다. 여기서 토지피복 면적, 시가화 면적 비율, 산림면적 비율 등 다양한 수치들로 하여금 시간에 따른 변화를 평가할 수 있다. 그리고 만약 산림의 생물서식처, 대기정화 기능과 같은 산림생태계의 기능이 정량화되어 평가된다면 30년 동안에 생태계의 기능이 주는 어떠한 혜택들이 얼마나 줄어들었는지 평가할 수 있을 것이다.

둘째, 2개 이상의 상이한 생태계 또는 지역을 비교하고, 이들의 생물다양성과 생태계서비스가 얼마나 다르거나 혹은 비슷한지를 알 수 있다. 같은 면적을 가진 산림이라도 그 지역이 도시 내부인지 보호지역 내부인지에 따라서 매우 다른 생물종 구성과 환경을 가지기 때문이다.

셋째, 앞으로 토지관리 및 개발에 대하여 다양한 대안을 마련하고, 각 대안에 따라 생물다양성 및 생태계서비스가 어떤 차이를 보이는지 정량적으로 평가할 수 있을 것이다. 생물다양성 및 생태계서비스를 정량화 하게 되면 종간 경쟁, 양분의 이동 등과 같은 생태학적 과정, 생태적 건강성 및 회복력 등 미래 위협에 대한 대응대책 마련을 위한 기초데이터 구축과 인간이 자연을 통하여 받고 있는 혜택의 경로를 묘사하는 데에도 도움이 될 것이다.

넷째, 정량화는 생물다양성과 생태계서비스가 어느 정도의 경제적 가치를 지니는지 확인하는데 있어, 선결조건이 될 것이다. 앞에서 소개된 다양한 생태계의 기능에 중요한 역할을 하는 생물다양성과 생태계 기능에 의한 다양한 혜택들의 양이 어느 정도인지 파악이 된다면 화폐 및 비화폐적 가치 평가 등을 통하여 경제적인 의미를 이끌어 낼 수 있을 것이다.

지난 수년간 생물다양성과 생태계서비스를 정량화하는 많은 연구들이 진행되었다. 하지만 아직 생태계가 주는 혜택인 생태계서비스를 정량화하는 데에는 해결해야 할 과제들이 상당히 많이 존재하며, 생물다양성을 정량화함으로써 생태계의 특성을 평가하기에는 각 생물종에 대한 지식의 부족, 생태계 구조 및 흐름에 대한 이해 등 다양한 어려움에 직면해 있다. 따라서 이 책에서는 많은 한계점들을 가지고 있지만, 현재까지 생물다양성과 생태계서비스를 정량화하기 위하여 어떤 노력들이 있어왔는지를 서술한다.

(2) 생물다양성 정량화 방법

앞서 생물다양성의 개념에서 언급했듯이, 생물다양성은 위계에 따라 유전자 다양성, 생물종 다양성, 생태계 다양성, 경관다양성으로 구분될 수 있다. 그리고 생물다양성을 정량화하는 방법도 이 위계에 따라 계산방법이 다르다.

1) 유전자 다양성

유전자 다양성을 이해하기 위해서는 한 개체군에서 얼마나 다양한 유전자조합이 있는지를 판단해야 할 것이다. 하지만 그 전에 특정 개체를 어떠한 생물종 집단에 포함시킬 것인가가 함께 고민되어야 한다. 즉, 어떤 집단에서 유래하였는지를 알아보는 것과 동일한 개념이다.

이를 알아보기 위하여 Paetkau et al.(2005)가 처음 시도한 Assignment test가 있다. Assignment test는 어떠한 개체가 어떤 개체군이나 생물종 집단에 속해 있는지를 판단하는 것이다. 이는 간단하게 주어진 개체가 가진 대립유전자의 빈도가 어떠한 개체군의 유전자구성과 얼마나 유사한지를 가지고 평가한다.

좀 더 구체적으로 유래를 찾고 싶은 개체의 유전자형이 호모형, 헤테로형일 때, 발생할 수 있는 유전자형은 다음 그림 3-2와 같이 우도를 계산하여 알아낼 수 있다.

그림 3-2. Assignment test 방법(Paetkau et al., 2005 수정)

유래를 찾고 싶은 개체(1)의 유전자형

유전자열 A　　유전자열 B

A_1A_1　　B_1B_2

유래후보집단에 있어 각 대립 유전자의 빈도

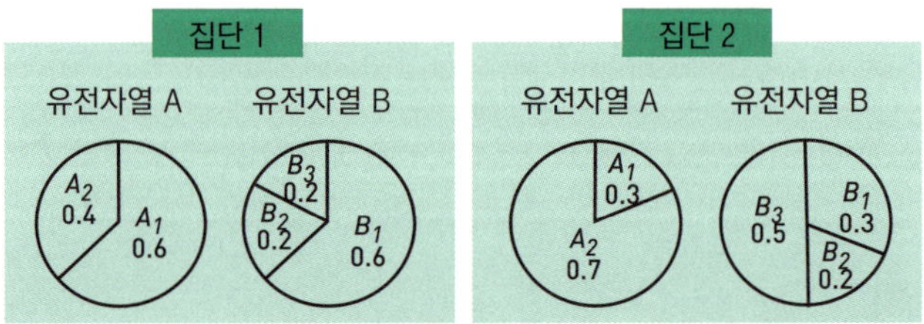

	집단 1	집단 2
A_1A_1 가 발생하는 우도(p_i^2)	0.6 x 0.6 = 0.36	0.3 x 0.3 = 0.09
B_1B_2 가 발행하는 우도($2p_ip_j$)	2 x 0.6 x 0.2 = 0.24	2 x 0.3 x 0.2 = 0.12
멀티 로커스 유전자형 $A_1A_1B_1B_2$ 이 발생하는 우도	0.36 x 0.24 = 0.0864	0.09 x 0.12 = 0.0108

⇒ 개체(1)은 집단 2보다, 집단 1에서 유래할 가능성이 더 높다.

- 유전자형이 호모형 일 경우: p_i^2
- 유전자형이 헤테로형 일 경우: $2p_ip_j$

여기서 p_i는 유래후보 집단(Reference population)에서의 대립 유전자의 빈도이다. 이 값을 각 유전자 자리마다 산출하여, 곱함으로써 유래를 찾고 싶은 개체의 멀티 로커스 유전자형이 각 유래후보 집단에서 발생하는 우도를 산출한다. 그림 3-2에서처럼 $A_1A_1B_1B_2$를 가진 개체의 유래집단을 파악하기 위하여 집단 1, 2에서의 A_1A_1과 B_1B_2가 발생할 우도를 계산한다. 그결과 유래를 알고자하는 개체(1)은 집단 1에 유래할 확률이 0.0864로 집단 2의 확률보다 높으므로 개체(1)은 집단 1에서 유래할 가능성이 더 높다고 할 수 있다. 또한 유래를 찾고 싶은 개체가 가지는 대립 유전자가 유래후보 집단에서 관찰이 안 되는 경우에는 유래후보 집단 내에 존재하는 모든 대립 유전자 샘플링이 안 되어 있다는 가능성도 고려해서, 그 집단에서의 대립 유전자의 빈도를 임의로 설정하여 계산한다. Assignment test를 그룹 단위로 실행하는 것과 유사한 방법이다. 즉, 같은 집단에 유래하는 것은 알지만 유래집단을 모르는 복수의 샘플의 기원을 추정할 때에도 유용하다.

$$L = \frac{m!}{m_1!m_2!\cdots m_k!} \times p_1^{m1} p_2^{m2} \cdots p_k^{mk}$$

위 식에서 m_1, m_2 … m_k는 각자 대립유전자 1, 대립유전자 2 …, 대립유전자 k의 총 합계를 나타낸다. 이배체 생물 10개체에 대한 유전자형이 결정된 경우 m=20이고, 그 중 각 대립유전자가 몇 개씩 관찰되는 가를 계산하여 m_1, m_2 …, m_k의 값이 결정된다. 그리고 p_1, p_2 …, p_k는 유래후보 집단에서 각 대립유전자의 빈도를 나타낸다. 이 두 값을 각각 곱하여 유래집단을 알아낸다.

위의 식에서는 개체를 구별하지 않았지만, 개체를 구별하는 경우 m=10이되고, m_1, m_2 …, m_k는 같은 유전자형을 나타내는 개체의 수가 된다. 또한 p_1, p_2 …, p_k는 각 유전자형이 유래후보 집단에서 발생하는 우도를 나타내고, 유전자형이 호모일 경우에는 p_i^2, 헤테로일 경우에는 $2p_ip_j$로 계산한다.

Paetkau et al.(1995) 이후, 우도의 계산과정에 있어서 베이즈 추정(Bayes' theorem)을 사용하는 방법(Rannala and Mountain, 1997: Baudouin et al., 2004) 또는

유래를 찾고 싶은 개체와 유래후보 집단 간의 유전적 거리를 계산하는 방법(Cornuet et al., 1999) 등도 제안되고 있다(Piry et al., 2004; Manel et al., 2005).

또한 유전자 다양성을 직접적으로 측정하는 것 외에 유전자 다양성을 확보하기 위해서 생물종의 생활사를 이용한 분석방법이 있다. 유전자 구성이 주로 생식을 통하여 변화하기 때문에 한 개체군 내에서 일어나는 특성들을 정량화할 필요가 있다.

모든 생물종들마다 생식주기 및 번식능력이 다르다. 그러므로 유전자 다양성을 유지 및 증진할 수 있는 능력이 다르다고도 할 수 있다. 생물종들의 생존곡선은 생존율에 따라서 몇 가지 형태로 구분될 수 있으며, 크게 볼록형(Convex type), 오목형(Concave type), 대각선형(Diagonal straight-line type)으로 구분된다. 볼록형에 해당되는 대표적인 예가 사람이다(그림 3-3의 A). 볼록형은 수명이 다할 때 까지도 사망률이 적다. 그리고 사람뿐만 아니라 대형동물도 볼록형에 포함된다. 오목형은 유생 및 성장기에 사망률이 높은 생물들로 일부 작은 조류, 참나무 등이 있다(그림 3-3의 C). 마지막으로 대각선형은 모든 연령에서 사망률이 일정한 것이 특징이다. 히드라나 갈매기 등이 대각선형에 포함된다(그림 3-3의 B). 그리고 완전변태를 하는 곤충의 경우에는 생활사 단계별로 생존율이 다르기 때문에, 그래프가 계단형(Stair step type)의 모습을 보인다(그림 3-3의 D).

그림 3-3. 생물종의 연령별 생존곡선 유형

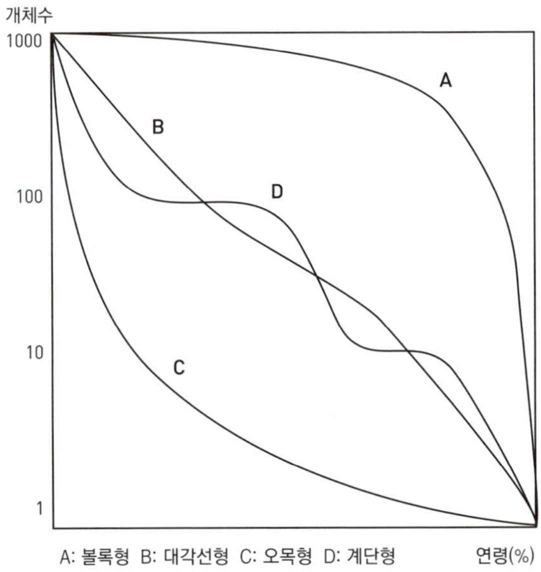

공간적인 측면에서 한정된 생태계 내에서 살 수 있는 생물체의 수를 뜻하는 생태계의 수용능력(Carrying capacity)도 개체를 조절하는데 역할을 한다. 즉, 한 생태계 내에는 제한된 자원이 존재하므로 이에 대한 경쟁이 증가하며, 기생, 포식 및 피식과 같은 관계에 의해 먹이그물처럼 복잡한 관계도 형성된다.

이처럼 생물종은 제한된 생태계 내에서 다른 생물종들과 상호작용하며 살아야하기 때문에 다양한 생존전략들을 가지고 있다. 크게 두 분류로 나누어 좋지 않은 환경에서 조기생식, 빠른 발달, 짧은 수명, 다산, 작은 몸체, 높은 대사율을 선택하여 내적증가율을 크게 하려는 종을 r선택종이라고 하고, 적은 생산력, 긴 수명, 큰 몸체, 늦은 발달의 특성을 가져 환경수용능력을 크게 하려는 종을 K선택종이라고 한다(MacArthur and Wilson, 1967)(표 3-1).

표 3-1. r선택종과 K선택종의 특징

구분	r선택종	K선택종
기후	다양하며 예측이 어려움	균일하며 예상 가능함
종간, 종내 경쟁	다양하나 심하지 않음	일반적으로 치열함
개체군 생장곡선	J자형 생장곡선	S자형 생장곡선
생존	어릴 때 높은 사망률, 이후에는 높은 생존율	특정 연령까지 사망률이 낮거나 전체 사망률이 일정함
수명	보통 1년 이하	보통 1년 이상
선택경향	빠른 발달, 작은 몸체, 높은 개체군 증가율, 한번 생식	늦은 발달, 생식 지연, 큰 몸체, 반복 생식
선호방향	생식	효율
예시	곤충	대형 포유류, 조류

출처: Dash, 1993. Fundamentals of Ecology 재구성

2) 생물종 다양성

생물종 다양성은 현재 종 구성을 평가하거나 종간에 일어나는 경쟁을 정량화하는 것이 일반적이다. 종 구성을 평가하는 지수의 경우 생물종뿐만이 아닌 지형, 경관 등 다양한 대상의 다양도, 풍부도 등을 평가하는데 이용된다(Turner et al., 2001; Beier and Brost, 2012).

현재 종 구성을 정량화 하는 방법은 어떤 가치를 높게 평가하느냐에 따라서 서로 다른 지수가 적용된다. 해당 지역의 총 종수에 중요도를 두고 있는 종풍부도(Species richness)가 있다. 종풍부도 지수로는 Margalef지수, Menhinick지수, Chao지수가 있다. Margalef지수는 각 종의 개체수에 따라서 종풍부도가 선형이 아닌, 대략의 로그함수를 그리며 증가함을 주장하였다. Menhinick지수에서는 총 개체수의 제곱근 값에 따라 조절됨이 제안되었다(Clifford and Stephenson, 1975).

그리고 얼마나 다양한 종들이 고르게 존재하는지에 초점을 둔 종균등도(Species evenness) 그리고 종풍부도와 종균등도를 조합하여 종다양성을 평가하는 종다양도(Species diversity)가 있다. 종다양도는 크게 풍부한 종과 희귀성을 지닌 종 어느 것에 비중을 두느냐에 따라서 Simpson 다양도 지수와 Shannon 다양도 지수로 나눠질 수 있다. Simpson 다양도 지수는 최고의 풍부성을 지닌 종을 희귀종보다 중요하게 고려하는 방법이다. Simpson 다양도 지수에서는 한 생물종이 우점하고 있는 경우, 표 3-3에서 D_s값이 0에 가까운 값이 나오게 된다. 따라서 1에 가까운 값이 더 다양한 종이 골고루 존재하고 있음을 의미한다. 그리고 Shannon 다양도 지수는 풍부성을 지닌 종보다 희귀성을 지닌 종을 더 중요하게 고려하는 방법으로, 생물군집 및 다양한 다양도 정량화에 가장 많이 쓰이는 방법이다. Shannon 다양도 지수를 평가할 때, 일반적으로 p_i는 i번째 종의 개체수를 군집 내 모든 다른 종들의 개체수의 합으로 나눈 것이다(표 3-3). 동물은 개체수로 할 수 있으나, 식물의 경우 생물량, 잎의 피도, 줄기 기저면적 등을 측정한다. p_i를 측정하는 또 다른 방법으로 i번째 종의 상대적 밀도를 전체 종의 밀도의 합으로 나누는 방법도 있다. 이는 단위면적 또는 단위부피당으로 나타낼 때 이용된다. 구체적인 예시로 설명하면, 표 3-2에서처럼, 만약 총 개체수가 100으로 모두 동일한 세 가지 군집이 있다고 할 때, 군집 1의 경우에는 다양한 생물종이 골고루 서식하고 있어 Simpson, Shannon 다양도 지수 모두 높은 값을 가진다. 하지만 군집 2의 경우에는 A, B, C 종만이 풍부하게 나타나고 있으며, 군집 3은 희귀하지만 많은 생물종이 적은 개체수로 생존하고 있다. 따라서 풍부한 종을 중요하게 여기는 Simpson 다양도 지수에서는 군집 2가 군집 3보다 높은 값이 나타나나, 상대적으로 희귀한 종에 의미를 두는 Shannon 다양도 지수의 경우에는 군집 2보다 군집 3이 더 높은 값을 가지는 것을 알 수 있다.

표 3-2. Simpson 및 Shannon 다양도 지수의 비교 사례

구분 \ 생물종	A	B	C	D	E	F	G	H	I	J	합계	Simpsom	Shannon
군집 1	10	9	11	10	8	12	10	11	10	9	100	0.91	2.30
군집 2	35	34	31	0	0	0	0	0	0	0	100	0.67	1.10
군집 3	72	6	3	3	1	3	4	3	2	3	100	0.48	1.18

이 외에도 생물학적으로 의미가 있는 다양도를 두 생물종 간에 일어나는 상호작용이 일어날 가능성으로 계산한 Hurlbert 지수(Hurlbert, 1971)가 있다. 또한 생물다양성 지수에서 생물종의 우점도에 기초하여 생물종 개체수를 가중하는 방법을 연구한 시도도 있었다(Hill, 1973). 표 3-3의 H_a에서 a의 값이 어떤 크기를 갖느냐에 따라 다른 값을 가질 수 있다. 만약 a가 작다면 희귀종이 많음을 나타내고, a가 크다면 일반종이 많음을 의미한다. 구체적으로 a가 0일 때는 H_0=S, a가 1이면 Shannon지수의 지수함수값을 가지고(H_1=exp(H')), a가 2이면 Simpson지수의 역수값을 가진다(H_2=1/D_S). 그리고 Kempton(1979)에 따르면 a가 0과 0.5사이에서 가장 실제 데이터를 잘 반영한다고 한다.

종균등도의 경우에는 Shannon, Simpson의 다양도 지수와 밀접한 관계를 가지며 계산된다. 또한, 균등도의 경우 각 종별로 한 개체씩 존재할 때(p_i=p_j=1/S), 가장 높은 값을 가지게 되는데 Carmargo et al.(1993)에서는 이러한 이상적인 편차를 직접적으로 반영한 공식을 개발하였다. Smith and Wilson(1996)은 다양한 균등도 지수를 검토하고, 균등도 지수가 가지는 중심적인 특성으로 평가하는 방법을 개발하였다. 이들이 발견한 두 가지 중심적인 특성은 균등도 지수가 0~1의 값을 가진다는 것과 측정단위들이 독립성을 가진다는 점이다. 이 특성에 초점을 맞추어 균등도 지수를 개발하였다(표 3-3).

표 3-3. 생물종 다양성의 정량화 방법

지수종류		계산 방법	변수설명
종풍부도	Margalef지수	$R_{ma} = \frac{S-1}{\ln(n)}$	S: 종의 수 n: 총 개체수
	Menhinick지수	$R_{me} = \frac{S}{\sqrt{n}}$	
	Chao지수	$R_{Chao} = S + S_1^2/(2S_2)$	S: 종의 수 S_1: 한 지역에서만 출현한 종의 수 S_2: 두 지역 모두에서 출현한 종의 수
종다양도	Simpson지수	$D_s = 1 - \frac{\sum n_i(n_i-1)}{N(N-1)}$	n_i: 각 종의 개체수 N: 총 개체수
	Shannon지수	$(p_i = n_i/N)$ $H' = -\sum p_i \ln(p_i)$	n_i: i번 째 종의 개체수 N: 전체 종의 개체수 p_i: 전체 출현종 중 i번째 종이 차지하는 비율(확률)
	Hurlbert지수	$D_H = \left[\frac{N}{N-1}\right]\left[1 - \sum_i \left(\frac{n_i}{N}\right)^2\right]$	N: 총 개체수 n_i: i 번째 종의 개체수
	Hill의 개체수 가중법	$H_\alpha = \left[\sum p_i^\alpha\right]^{1/(1-\alpha)}$	p_i: 전체 출현종 중 i번째 종이 차지하는 비율 α: 가중치
종균등도	Shannon 균등도지수	$E_{Sh} = H'/\ln(S)$	H': Shannon 다양도 지수 S : 종의 수
	Simpson 균등도지수	$E_{Si} = \frac{D_s}{S}$	D_s: Simpson 다양도 지수 S: 종의 수
	Carmargo지수	$E_c = 1 - \sum \lvert p_i - p_j \rvert / S$	S: 종의 수 p_i: 전체 출현종 중 i번째 종이 차지하는 비율
	Smith Wilson지수	$E_{Sm} = 1 - \frac{2}{\pi} arctan\left[\frac{1}{S}\sum\left\{(\ln(n_i) - \sum \ln(n_i)/S)^2\right\}\right]$ S: 종의 수 n_i: i 번째 종의 개체수	

출처: 김재근 등 2004. 생태조사방법론 및 Magurran and McGill, 2011. Biological Diversity: frontiers in measurement and assessment 참고

그리고 다양도뿐만 아니라 다양한 군집들의 유사도를 파악하여 서식처와 생물종 구성과의 관계를 파악하는 방법도 있다. 이러한 유사도를 나타내기 위하여 유사도 지수를 산출해야 하는데, 유사도 지수에는 Jaccard, SΦrensen의 유사도 지수와 백분율

유사도가 있다. Jaccard, SΦrensen의 유사도 지수는 해당 군집 내 출현 종의 유무만을 가지고 계산하며, 백분율의 경우에는 출현종의 종수까지도 고려하여 유사도 지수를 구할 수 있다. 표 3-4에서처럼 서로 다른 군집 A와 B가 있을 때, 각 군집 내에서 서식하는 종 수와 공통적으로 서식하는 종 수를 고려하여 구할 수 있다. 이 때, Jaccard, SΦrensen의 유사도 지수 모두 두 군집에서 공통적으로 서식하는 종이 많을수록 유사도 지수 값은 커지게 된다. 그리고 백분율 유사도의 경우에는 출현한 종이 같더라도 개체수가 다른 경우에 유사도를 다르게 평가할 수 있다는 점에서 착안하여 각 p_i, q_i를 각 군집에서 출현하는 전체 생물종의 개체수에 대한 i종의 개체수의 백분율을 구하여 계산하였다. 백분율 유사도 값인 C_P가 클수록 유사도 지수가 높다고 할 수 있다.

표 3-4. 생물군집 간 유사도 지수

<table>
<tr><th>유사도 지수 종류</th><th>계산 방법</th><th>변수설명</th></tr>
<tr><td>Jaccard
유사도 지수</td><td>$C_J = \frac{2W}{(A+B-W)}$</td><td rowspan="2">A: 군집 A의 종 수
B: 군집 B의 종 수
W: 두 군집에서 공통되는 종 수</td></tr>
<tr><td>Sφrensen 유사도 지수</td><td>$C_S = \frac{2W}{(A+B)}$</td></tr>
<tr><td rowspan="2">백분율 유사도</td><td>$p_i = \frac{x_A}{N_A} \quad q_i = \frac{x_B}{N_B}$</td><td rowspan="2">$p_i$ = 군집 A에 출현한 i종의 백분율
q_i = 군집 b에 출현한 i종의 백분율
x_A= 군집 A에 출현한 종 i의 개체수
x_B = 군집 B에 출현한 종 i의 개체수
N_A = 군집 A에 출현한 모든 종의 개체수
N_B = 군집 A에 출현한 모든 종의 개체수</td></tr>
<tr><td>$C_P = \sum[p_i\text{와 } q_i\text{중에 낮은 값}]$
또는
$C_P = 1 - \frac{\sum\lvert p_i - q_i\rvert}{2}$</td></tr>
</table>

출처: 김재근 등, 2004. 생태조사방법론 정리

또한 생물종 다양성을 지리적 수준에 따라서 다르게 볼 필요가 있다. 왜냐하면 각 생태계 내 생물종의 구성이 다르며, 지역의 범위를 어느 규모로 한정하느냐에 따라서 생물종 다양성이 다르게 평가될 수 있기 때문이다. 지리적 수준에서 생물종 다양성을 파악하는 것은 보호지역을 선정하는 데에도 도움이 될 수 있다. 만약 어떤 환경계획가가 생물다양성을 보호하기 위하여 보호지역을 설정하고자 한다면, 실제 실행과정에서는 예산, 사유지 등 다양한 제한요인이 발생한다. 따라서 이 때, 최적의 대안을 선택하기 위해서 여러 생태계가 포함된 넓은 지역을 확보할 수 있는지 아니면 제한된 일부 지역만을 보전해야 하는 것인지를 결정할 필요가 생긴다.

지역규모에 따라서 생물종 다양성을 표현하는 방법으로 가장 단순하게 하나의 생태계 혹은 군집 내에서 관찰되는 종의 수를 파악하는 방법이 있다. 이를 알파다양성(α diversity)이라고도 한다. 알파다양성보다 더 넓은 영역에서 종수를 파악하는 것은 베타다양성(β diversity)이라고 한다. 베타다양성은 대륙과 같은 넓은 범위에서 사용되기도 한다. 그리고 이 두 다양성 지수를 이용하여 넓은 범위에 종 구성의 변이가 어느 정도인지를 표현하는 감마다양성(γ diversity)이 있다.

그림 3-4로 설명하면, 만약 충분한 재원이 확보되었다면 전체 지역의 종 다양성인 베타다양성이 높은 '지역(나)'가 선택될 가능성이 높다. 하지만 지역 내에서 한 개의 생태계만을 선택해야 한다면 한 생태계 내 가장 많은 종을 가진, 즉, 알파다양성이 높은 '지역(가)' 중 가장 종 수가 많은 네모모양의 생태계를 선택하는 것이 효과적일 것이다. 그리고 '지역(다)'의 경우 각 생태계 별로 각기 완전히 다른 특성을 보이고 있으나 지역(가), (나)에 비해서 보전 우선순위가 떨어 질 수 있다.

그림 3-4. 지리적 수준에 따른 생물종 다양성 정량화 척도

	α다양성	ß다양성	γ다양성
지역 (가)	7	8	1.14
지역 (나)	5	10	2.00
지역 (다)	3	9	3.00

출처: Primack, 2008에서 수정

3) 생태계 다양성

생태계 다양성은 생물의 군집 사이에어 일어나는 경쟁, 포식 등을 포함하며, 생태계를 구성하는 비생물적 요소인 물질들을 포함하는 개념이다. 따라서 생태계 다양성 확보는 생태계의 기능을 유지한다는 측면에서 매우 중요하게 다뤄져야 할 과제이다. 지구 전체규모에서 보았을 때, 육지의 주요 물 공급원은 바다이고, 태양에너지로 인해 증발한 해수가 바람을 타고, 육지로 넓게 퍼져 비가 되어 내린다. 육지에서는 물의 증발 또는 식물로부터의 증산작용에 의해 대기로 이동과 동시에, 하천을 통해 바다로 돌아간다. 이처럼 대규모의 수문학적 프로세스로 생태계가 연결되어 있다는 것은 누구나 인정할 것이다.

좀 더 작은 규모에서 살펴보면 산림지역에서 흐르는 계곡 및 하천은 주변의 산림의 낙엽 등 유기물들이 공급되고, 이 유기물이 하천생태계를 유지하는 데 중요한 역할을 한다. 한 가지 사례로 미국 노스캐롤라이나 주의 계류에서 진행된 실험에 따르면, 산림에서의 낙엽 공급을 4년 동안 차단한 결과, 하천의 무척추동물의 생체량이 1/6수준까지 감소하는 것으로 나타났다(Wallace et al., 1999). 반대로 해양 또는 하천으로부터 육지까지의 물질의 이동도 지역에 따라 중요할 수 있다. 특히, 도서지방의 경우 주변이 바다로 둘러싸여 있어, 바다로부터 해조류나 동물의 시체, 바다새의 배설물 등의 유기물이 육지의 생산성에 기여하는 경우가 있다. 강수량이 적은 섬이라면 더욱 바다로부터의 유기물이 공헌하는 정도가 크다. 한 예로 멕시코의 바하 칼리포르니아 주의 외딴 섬에서는, 해안선부터 수백 미터 내부까지 바다 유래의 유기물로 인한 영향이 있는 것으로 나타났다(Polis and Hurd, 1996). 이처럼 산림, 하천, 바다 등 다양한 생태계 사이에서 일어나는 작용들로 인하여 전체 생태계가 유지되고 있는 만큼 생태계 다양성을 이해하는 것은 중요하다.

또한 생태계 다양성은 다양한 생물종들이 구성되어 있는 먹이사슬에 유지되기도 한다. 좀 더 구체적으로 설명하면, 서로 다른 식생을 가진 2개의 생태계가 있다고 하자. 이 두 생태계의 1차 생산량은 서로 관련성이 없다. 하지만 이를 먹는 초식동물과 초식동물을 먹는 육식동물은 두 생태계 모두에서 생산되는 먹이를 먹는다. 따라서 이러한 포식자들의 개체수, 행동패턴 등이 안정화에 들어간다면 결과적으로 그 먹이나 1차 생산자인 식생의 변동도 안정화 되고, 2개의 생태계 전체가 안정화 되었다고 볼 수 있다.

따라서 이 때 포식자들이 각각의 생태계에 의존하는 정도를 정량화함으로써 이 관계를 확인할 수 있다(McCann et al., 2005). 그림 3-5에서처럼 최상위 포식자의 밀도와 서로 다른 식생 기반 생태계 A, B와의 결합의 정도에 따라서 오른쪽 그래프와 같이 나타낼 수 있다. 우선 상위 포식자의 최저 밀도가 높을수록 이들의 안정화 정도가 높다고 볼 수 있다. 그리고 식생과의 결합정도가 0.5인 경우에 생태계 A, B 양쪽에 의존하고 있는 정도가 같다고(먹이를 균등하게 먹고 있다고) 볼 수 있다.

그림 3-5. 최상위 포식자의 최저밀도와 생태계와의 결합의 강도의 관계(McCann et al., 2005 수정)

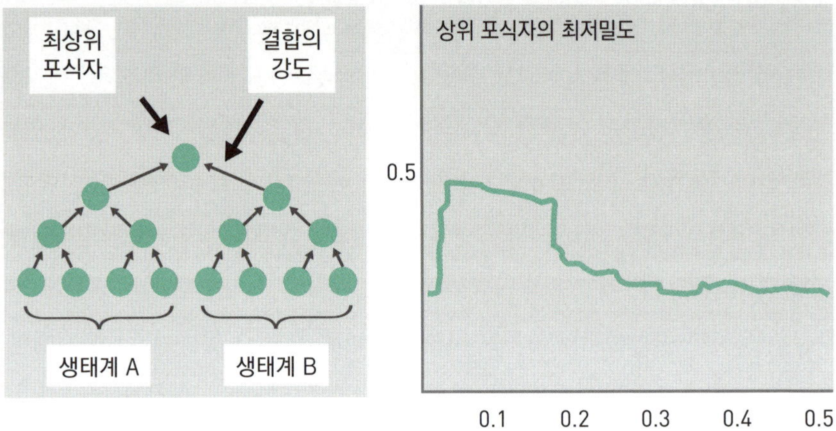

4) 경관다양성

경관다양성은 주로 경관생태학에서 논의가 이루어졌다. 경관생태학에서는 경관의 패턴과 생태적 과정에서 일어나는 상호관계를 파악하고자 경관다양성을 정량화하는 연구들이 많이 진행되었다. 경관다양성을 정량화하기 전에 우선 경관의 분류기준의 성립, 축척 및 패치의 정의가 이루어져야 한다. 왜냐하면 경관다양성은 경관이라는 것을 어떻게 정의하느냐에 따라서 다르게 평가될 수 있기 때문이다. 예를 들어, 우리나라 전 국토를 대상으로 공간분석을 할 때는 토지이용을 산림, 농경지, 시가화지역 등 대분류로 분류를 하고, 격자의 크기도 1km 이상으로 크게 설정해야 한다. 하지만 만약 서울시 어느 한 동을 대상으로 한다면, 토지이용뿐만 아니라 건물의 크기 및 배치까지도 포함해야 할 수도 있다. 격자크기 또한 10m 등 대축척으로 정의를 해야 한다.

경관을 정량화하는 데에는 매우 다양한 방법들이 사용된다. 그 중 널리 사용되는 방법으로 경관 요소들이 존재하는 정도만을 측정하는 비공간적 방법과 경관 요소들의 공간 분포를 분석하는 방법 그리고 경관패치의 형태 및 위치에 기반한 방법을 알아보고자 한다.

경관 요소들이 해당 경관 내에서 차지하고 있는 정도는 간단하게 점유율로 계산할 수 있다. 점유율은 각 경관 요소들이 전체 지역에서 차지하고 있는 면적 비율(p_i)이다. 따라서 각 경관 요소들의 격자수를 전체 경관의 총 격자수로 나누어 계산한다. 그리고 생물종 다양성과 마찬가지로 전체 경관 내에 패치들의 풍부도, 다양도, 균등도를 파악하는 방법이 있다(O' Neill et al., 1988). 예를 들면, 5개의 패치가 있다고 했을 때, 모두 동일하게 20%씩 차지하고 있는 지 아니면 한 패치가 90%를 차지하고 나머지 네 개의 패치는 2.5%씩 차지하고 있는지에 관한 것이다. 이 외에도 경관 요소들이 얼마나 연결이 잘 되어 있는지를 연결성 분석을 통하여 알 수 있다. 연결성 분석에서는 연결성 지수가 높을수록 경관 요소들의 연결성이 높음을 의미한다. 지수들의 구체적인 계산방법은 표 3-5와 같다. 이러한 경관다양성의 비공간적인 분석은 상대적인 양 또는 비율만을 측정하여 공간적인 상태에 대한 정보를 정량화하지는 못하지만, 경관 패치가 어느 정도 차지하고 있는지, 전체 경관에 어떻게 영향을 끼치고 있는지를 쉽게 가늠할 수 있다는 장점이 있다.

표 3-5. 경관다양성의 비공간적 정량화 방법

지수 종류	계산 방법	변수설명
풍부도	$R=\frac{S}{S_{max}}\times 100$	S: 현재 경관 패턴의 개수 S_{max}: 가능한 경관 패턴의 최대값[06]
다양도	$H'=-\sum_{i=1}^{S}p_i\ln(p_i)$	p_i: 패턴 i가 점유한 비율 S: 현재 경관 패턴의 개수
균등도	$E=H'/\ln S$	H': 다양도 S: 현재 경관 패턴의 개수
연결성 지수	$\gamma=\frac{L}{L_{max}}=\frac{L}{3(V-2)}$	L: 네트워크에서의 연결통로의 개수 V: 네트워크에서 결절점의 개수

출처: Turner et al., 2001. Landscape ecology in theory and practice 수정

그러나 경관의 비공간적 정량화 방법은 전체 경관에서 피복들이 결집이 되어 있는 것인지, 산발적으로 분포하고 있는 지에 대한 정보는 얻기가 어렵다. 이 문제는 인접성, 접촉성 등을 분석하여 피복들의 공간분포를 분석함으로써 해결 가능하다. 경관

06 임의의 값이나 반드시 비슷한 경관에서 나타난 패턴의 최대값에 기반해야 함.

의 공간분포는 보통 격자망으로 구성된 자료에 기반하고 있다. 그리고 각 격자들이 가지고 있는 정보들을 행렬로 인식하여 계산할 수 있다. 표 3-6에서 인접성(Adjacency)의 경우, 임의의 피복 정보를 가진 격자 i와 j가 서로 인접할 확률을 구한다(Turner et al. 2001). 접촉성은 임의로 피복 종류를 선택한 후에 이 피복이 대상 피복에 속할 확률로, 확률이 높다면 그 경관 피복의 접촉성이 높음을 의미한다. 이 두 가지 방법은 상대적으로 미세한 척도에서 경관 구조가 결집 또는 산재 정도를 판단하는 데 유용하다.

표 3-6. 경관다양성의 공간적 정량화 방법

지수 종류	계산 방법	변수설명
인접성	$q_{ij} = \frac{n_{ij}}{n_i}$	n_i: 피복 종류 i의 격자 개수 n_{ij}: 피복 종류 i가 j와 인접하는 경우의 수
접촉성	$C = \frac{\sum_{i=1}^{s}\sum_{j=1}^{s}(p_{i,j})\ln(p_{i,j})}{2\ln(s)}$	$p_{i,j}$: 임의의 2개 격자들이 각각 피복 종류 i와 j에 속할 확률 s: 총 피복 종류

출처: Turner et al. 2001. Landscape ecology in theory and practice 정리

경관패치의 크기, 둘레길이, 수, 모양, 밀도 등에 따라 정량화 하는 방법도 있다. 분석하고자 하는 경관의 패치들의 면적(Area)과 둘레길이(Perimeter)를 계산함으로써 패치들의 평균 크기, 표준편차 등을 계산할 수 있다. 둘레길이 대비 면적비율(P/A)을 계산함으로써 패치 형태의 복잡한 정도도 계산가능하다. P/A가 높다면 경관패치의 형태가 복잡하거나 길쭉함을 의미하고, P/A가 낮으면 형태가 단순함을 의미한다. 또한 패치의 면적을 고려하여 근접성을 계산하는 방법도 있다.

(3) 생태계서비스 정량화 방법

생물다양성, 생태계 구성요소와 과정 그리고 서비스 간의 양적 관계는 여전히 미지의 분야(de Groot et al., 2010)로서 앞으로 해결해야 할 주요한 과제이다. 생태계 구성요소와 과정 및 생태계서비스 간의 관계를 정량화하기 위한 많은 연구들이 현재 진행 중에 있으며, 그 예로 RUBICODE-project(Rationalising Biodiversity Conservation in Dynamic Ecosystems)를 들 수 있다. 이 사업은 유럽에서 2006년 9월부터 2009년 8월까지 17개 국가의 전문가들이 참여 하에 진행된 생물다양성 손실을 줄이기 위한 정책기

반을 제공하는 연구사업(www.rubicode.net)이며, 서비스 공급단위(SPU)의 개념을 도입하여 생태계 특성과 서비스 간의 관계를 살펴보는 시도를 하였다(de Groot et al., 2010).

하지만 생태계가 가진 복잡성과 다양성으로 인해 그 가치를 통일된 방식으로 평가하기 어렵다고 생태계와 생물다양성의 경제학(TEEB) 보고서는 밝히고 있다. 즉, 생태계서비스에는 경제적 가치뿐만 아니라 사회적, 문화 · 심미적인 가치까지 포함하고 있으므로 생태계서비스를 정량화하기 위해서는 다양한 자료들이 필요하다. 특히 구체적인 수치로 밝힐 수 없는 생태계서비스의 경우에는 지표와 같은 대체수단으로 나타낼 수 있는 방법이 있다.

표 3-7은 생태계서비스의 유형별 특성을 고려하여 정량화하는 방법에 대한 예시를 작성한 표이다. 생태계서비스 중 수자원 함양, 탄소흡수량 등의 내용은 정량화를 통하여 직접적인 생태계서비스의 양의 추정이 가능하지만 미적 가치, 유전자 풀 등과 같은 내용은 직접적인 생태계서비스의 양을 추정할 수 없다. 이 경우 지표를 통하여 간접적으로 그 양 혹은 변화량을 추정해야 한다. 또한 지표는 상태지표와 성과지표로 나누어 볼 수 있는데 상태지표는 생태계서비스의 양을 나타내고, 성과지표는 지속 가능한 방식으로 공급 또는 사용되는 생태계서비스의 양을 표 3-7과 같이 나타내고 있다(de Groot et al., 2010).

표 3-7. 생태계서비스 유형별 정량화 방법 예시

구분	생태계서비스 내용과 예시	생태적 과정과 기능 (서비스를 공급하는 요소)	상태지표 (생태계서비스의 양)	성과지표 (지속 가능하게 공급 / 사용된 생태계서비스의 양)
공급서비스(providing services)				
1	음식	먹을 수 있는 식물과 동물의 존재	전체 또는 평균 저장량(kg/ha)	순생산력 (kcal/ha/year)
2	물	저수지의 존재	물의 총량(m^3/ha)	최대물저장량 (m^3/ha/year)
3	섬유, 연료, 다른 원료 물질	생물종의 존재 또는 무생물적 구성요소 (목재, 연료 또는 원료 물질의 잠재적 사용을 가진)	바이오매스총량 (kg/ha)	순생산력 (kg/ha/year)
4	유전물질: 식물 병원체에 저장하는 유전자	(잠재적으로) 유용한 유전물질을 가진 생물종의 존재	전체 '유전자은행' 가치 (예, 생물종 &아종의 수)	최대 산출량

구분	생태계서비스 내용과 예시	생태적 과정과 기능 (서비스를 공급하는 요소)	상태지표 (생태계서비스의 양)	성과지표 (지속 가능하게 공급 / 사용된 생태계서비스의 양)
5	생화학적 생산물과 약효가 있는 자원	생물종 또는 무생물 구성요소 (잠재적으로 유용한 화학물질 및 약용을 가진)	추출할 수 있는 유용한 물질의 총량(kg/ha)	최대산출량 (양/면적/시간당)
6	관상용 생물종과 자원	생물종의 존재 또는 관상용 무생물자원	바이오매스총량 (kg/ha)	최대산출량
		조절서비스(regulating services)		
7	공기 정화 조절(예, 집진능)	대기로부터 에어로졸과 화학물질을 추출하는 생태계의 수용력	잎면적지수, 질소고정 등	에어로졸 또는 추출된 화학물질의 양-공기질에 영향
8	기후 조절	토지피복과 생물매개 과정을 통한 지역과 지구기후에 대한 생태계의 영향	온실가스 조정: 토지피복 특징 등	온실가스양(고정 또는 추출된) → 기후변수에 대한 영향
9	자연재해완화	자연재해를 약화시키는 숲의 역할(예, 홍수 피해로부터 보호)	물의 저장능(㎥당)	홍수위험 감소, 사회기반시설 손상 방지
10	물 조절	물의 흡수와 배출에서의 숲의 역할	토양수분보유능 또는 지표에서 수분보유능	물 보유 양과 수문학의 영향
11	폐기물 처리	유기물질의 제거 또는 분해에서 생물과 무생물적 과정의 역할	탈질소작용(kg N/ha/y): 식물과 토양에서의 고정	지속 가능성에 기초하여 재사용 또는 고정하는 화학물질의 최대 양
12	침식보호	토양유지에서의 식생과 생물의 역할	뿌리기반 식생피복	보유한 토양의 양 또는 포획된 퇴적물
13	토양형성과 재생	토양형성과 재생에서 자연적 과정의 역할	생물교란(bio-turbation)	(재)생성된 표토층의 양(ha/y)
14	식물의 수분	꽃가루매개자의 양과 효율성	수분 종의 수와 영향	농작물의 자연수분 의존
15	생물학적 조절	영양관계를 통한 해충개체조절	질병조절 생물종의 수와 영향	인간질병과 가축질병의 감소 등
		서식지 또는 지원서비스(habitat or supporting services)		
16	서식처	번식, 먹이를 제공하는 생태계의 중요성 또는 이주종의 휴식 서식처	이주종과 개체(상업적 가치를 가진)의 수	다른 생태계의 의존성(또는 경제성)

구분	생태계서비스 내용과 예시	생태적 과정과 기능 (서비스를 공급하는 요소)	상태지표 (생태계서비스의 양)	성과지표 (지속 가능하게 공급 / 사용된 생태계서비스의 양)
17	유전자풀 보호	생태적 균형과 진화적 과정의 유지	자연 생물다양성 (특히 고유생물종); 서식지 온전성	생태적 가치 (예. 실제와 잠재적 생물다양성의 가치 차이)
문화 및 어메니티서비스(cultural & amenity services)				
18	미적 가치: 자연풍경의 감상	경관의 심미적 질 (구조적 다양성, 푸르름, 평온 등에 기초)	인지된 경관형태의 수/면적	미적가치표현, 예: 자연지역경계에 있는 주거 수
19	휴양: 관광 또는 여가활동의 기회	매력적인 야생 경관형태	인지된 경관과 야생형태의 수/면적	사람과 실제 사용하는 물품의 최대 지속 가능한 수
20	문화, 예술, 디자인을 위한 영감	인간예술을 위해 경관형태 또는 생물종이 가지는 영감가치	영감가치를 가진 경관형태 또는 생물종의 수/면적	생태계를 사용하여 영감을 얻는 책과 그림 수
21	문화유산과 고유성; 장소와 부속품	경관형태와 생물종의 문화적 중요성	문화적으로 중요한 경관형태와 생물종의 수/면적	문화유산과 고유성을 위해 숲을 이용하는 사람의 수
22	영적, 종교적 영감	영적, 종교적 가치를 가진 경관 형태 또는 생물종	영적 가치를 가진 경관형태 또는 생물종의 존재	생태계를 영적 또는 종교적으로 중요하게 여기는 사람의 수
23	공식적, 비공식적 교육과 훈련을 위한 교육과 과학의 기회	특별한 교육형태와 과학적 가치/흥미	특별한 교육형태와 과학적 가치/흥미의 존재	수업방문의 수, 과학 연구의 수 등

출처: de Groot et al., 2010 재구성

사실 아직 생태계서비스의 정량화에 대한 연구는 미흡한 실정이다. 위에서 살펴본 de Groot et al.(2010)의 연구에서 제시하고 있는 정량화 방법을 보아도 직접적인 양을 제시하는 생태계서비스 항목이 있는 반면, 대체지표로 제안하고 있는 항목도 다수 존재하고 있다.

국내에서 생태계서비스에 대한 대부분의 연구 또한 정량화가 가능한 항목에 대해 주로 이루어지고 있으며, 구미현(2014)은 아래와 같이 생태계서비스의 정량화를 제안하였다. 이 책에서는 앞서 살펴본 de Groot et al.,(2010)의 연구 내용을 포함할 뿐만 아니라, 한국의 실정에 맞는 정량화 방법론을 제시하고자 한다.

1) 공급 서비스(Provisioning services)

자연생태계가 생물학적 유전자원의 다양성을 통해 인간에게 영향을 미치는 공급 서비스로 식량, 섬유, 생화학물질, 천연약재 및 의약품, 장식용 자원, 담수 등을 통해 얻을 수 있는 서비스이다.

i) 식량(food)

오늘날 대부분의 식품은 재배된 식물과 가축에 의해 파생되지만, 세계적으로 인간의 먹이의 상당한 부분은 여전히 야생 식물과 동물에서 비롯된다. 자연 생태계는 고기, 생선, 닭에서 야채, 버섯, 과일에 이르기까지 식용 동식물의 거의 제한이 없는 원천이다. 부분적으로 또는 일시적으로 식량 생산을 위해 사용되는 산림, 초지, 수생태계 등은 이외의, 거의 모든 부분을 차지하는 다른 기능으로도 유지되어야 하며 일정 시간 안에 회복되어야 한다.

식량은 농산물 생산량으로 산출할 수 있으며, 기초지자체 작물별 단위면적당 생산자료를 이용하여서 아래 식과 같이 산출할 수 있다.

$$\text{식량생산량} = \frac{\text{대상지내 농경지의 면적}}{\text{지자체 전체 농경지의 면적}} \times \text{식량작물1단위면적당 연간생산량}$$

또는

$$\text{식량생산량} = \sum (\text{대상지내 작물별 농경지의 면적} \times \text{작물별 단위면적당 연간생산량})$$

ii) 섬유, 연료, 다른 원료물질(fiber, fuel, other raw materials)

섬유는 목재, 황마, 대마, 실크 등이다. 연료는 목재 연료 등을 말하고 있으며, 또한 연료물질의 잠재적 사용을 가진 다른 원료물질 등을 제공한다. 이에 대한 상태지표는 바이오매스 총량(kg/ha)이며, 성과지표는 최대물저장량(m^3/ha/year)이다. 바이오매스는 어느 시점에서 임의의 공간 내에 존재하는 특정 생물체의 양을 중량 또는 에너지량으로 나타낸 것으로, 생물량 또는 생물체량이라고도 한다(Schroeder et al., 1997; 김현, 2009). 식물현존량은 녹지자연도 등급별 식물현존량 및 연간 순생산량 산정방식을 사용할 수 있다(표 3-8)(김지영 등, 2002).

표 3-8. 녹지자연도에 의한 식물현존량과 순생산량 산정계수

녹지자연도 등급		식물현존량(ton/㎢)		순생산량(ton/㎢·yr)
1	시가지조성지	510	0.4	230
2	경작지	1,680	1.4	920
3	과수원	2,480	2.1	940
4	2차초원(Ⅰ)	1,490	1.3	890
5	2차초원(Ⅱ)	2,320	2.0	730
6	조림지	6,660	5.6	1,200
7	2차림(Ⅰ)	6,070	5.1	570
8	2차림(Ⅱ)	7,000	5.9	540
9	자연림	118,400	100.0	840
10	고산자연초원	11,900	10.1	1,800

출처: National census of vegetation, Office of environment, Japan, 1976 재구성

iii) 유전자원(genetic resources)

과거 야생에서 수집되었던 많은 생물자원은 현재 재배 식물과 가축에서 얻을 수 있다. 그러나 많은 중요한 작물들은 야생의 유전자 지원 없이는 상업적인 상태를 유지할 수 없다. 이러한 품종의 생산성이나 맛을 유지하기 위해 또는 해충 및 질병, 특정 환경조건에 대한 저항을 위해, 야생 친척과 원시의 유전 자료는 필수적으로 남아있어야 한다. 이러한 입력은 야생과 재배 품종 간의 단순한 상호번식에서 생명공학 및 유전자공학 연구를 통한 유전자원의 복잡한 조작에 이르기까지 다양하다(Oldfield, 1984). 유전자원의 상태지표는 전체 유전자은행의 가치(생물종의 수 등)이고 이에 대한 성과지표는 최대 산출량이 될 수 있다.

우리나라에서는 이를 위해 생태자연도 등급을 고려할 수 있다. 생태·자연도는 「자연환경보전법」 제2조에 따라 산, 하천, 내륙습지, 호소, 농지, 도시 등에 대한 자연환경을 생태적 가치, 자연성, 경관적 가치 등에 따라 1등급부터 3등급 그리고 별도관리지역으로 등급화한 지도를 말한다. 녹지의 자연성뿐만 아니라 자연환경에 대한 생태·자원·경관적 가치를 판단할 수 있는 통합적 지표의 의미를 가진다고 볼 수 있다. 환경부장관은 동법 제34조에 따라 토지이용 및 개발계획의 수립이나 시행에 활용하기 위해 전국의 자연

환경조사 결과에 기초하여 생태자연도 등급별 특성을 적시하고 있다(표 3-9).

표 3-9. 생태자연도 등급별 특성

등급	특성
1등급	가. 「야생생물 보호 및 관리에 관한 법률」 제2조제2호에 따른 멸종위기 야생생물 (이하 "멸종위기야생생물"이라 한다)의 주된 서식지·도래지 및 주요 생태축 또는 주요 생태통로가 되는 지역 나. 생태계가 특히 우수하거나 경관이 특히 수려한 지역 다. 생물의 지리적 분포한계에 위치하는 생태계 지역 또는 주요 식생의 유형을 대표하는 지역 라. 생물다양성이 특히 풍부하고 보전가치가 큰 생물자원이 존재·분포하고 있는 지역 마. 그 밖에 가목 내지 라목에 준하는 생태적 가치가 있는 지역으로서 대통령령이 정하는 기준에 해당하는 지역
2등급	1등급의 각 목에 준하는 지역으로서 장차 보전의 가치가 있는 지역 또는 1등급 권역의 외부지역으로서 1등급 권역의 보호를 위하여 필요한 지역
3등급	1등급 권역, 2등급 권역 및 별도관리지역으로 분류된 지역 외의 지역으로서 개발 또는 이용의 대상이 되는 지역
별도관리지역	다른 법률의 규정에 의하여 보전되는 지역중 역사적·문화적·경관적 가치가 있는 지역이거나 도시의 녹지보전 등을 위하여 관리되고 있는 지역으로서 대통령령이 정하는 지역

출처: 「자연환경보전법」(법률 제11671호, 2013년 3월 22일 일부개정) 제34조제1항 조문 재구성

iv) 생화학물질, 천연약재 및 의약품(bio-chemicals, natural medicines)

자연으로부터 얻어진 재료를 통해 천연약재를 얻을 수 있으며, 이러한 재료를 합성하여 살충제나 제초제 또는 알긴산 같은 식품첨가물, 생물학적 물질들을 생태계로부터 얻을 수 있다. 즉, 자연은 다양한 방법으로 인간의 건강 유지에 기여하고 있으며, 이는 약물과 의약품으로 혹은 이러한 약물을 합성하는 모델로 사용될 수 있거나, 동물의 경우 새로운 의약품을 테스트되어지거나 의료 도구의 표본 역할을 할 수 있다.

생화학물질, 천연약재 및 의약품 역시 생태자연도를 이용하여 정량화 할 수 있다.

v) 관상용 자원(ornamental resources)

관상 목적을 위한 야생 식물과 동물의 사용(가치 있는 광물이나 돌과 같은 생물자원)은 광범위하고 다양하다. 자연은 패션이나 의류(특히 동물의 가죽이나 깃털), 수공예품 그리고 종교와 관련된 제품에 사용되는 원료 종류 의식과 관련된 즉, 제품)을 제공한다. 또한 야생 동식물도 수집되어 애완동물이나 개인 가정에서 관상용 식

물 또는 동물원과 식물원의 수집을 위해 거래가 되기도 한다. 관상용 자원 역시 생태자연도를 이용하여 정량화 할 수 있다.

vi) 담수(fresh water)

담수는 인간이 이용할 수 있도록 물을 공급하는 생태계서비스이다. 이수는 지구 표면에서의 수문학적 흐름의 조절에서 자연 시스템의 영향을 다룬다. 이수기능에서 파생된 생태계서비스는 자연적인 관개 및 배수의 유지, 하천의 완충작용, 수로 흐름 조절 그리고 교통수단의 제공 등을 예로 들수 있다. 지표면에서의 물의 분배는 너무 적거나 많은 우수유출수가 심각한 문제를 일으킬 수 있기 때문에 규칙적인 물의 분배는 필수적이다. 지상에 내린 강수의 일부는 지표면에 있는 나무의 엽면 또는 식생표면에 의해 차단되거나 지표면의 함몰부분에 저류된다. 완전히 습윤상태에 도달하면 침투가 일어나 지표면의 토양층으로 스며들고 강수량의 일부는 지표면을 따라 흘러 유출된다(윤용남, 1998). 용수량은 강수로부터 자연적으로 공급되어 이용할 수 있는 양으로 정의할 수 있으며 아래 식과 같이 계산할 수 있다.

$$\text{용수량} \fallingdotseq \text{침투량} = \text{강수량} - \text{유출량}$$

$$\text{강수량} = \text{대상지면적} \times \text{확률강우량}$$

유출량(Q)은 국내·외에서 널리 사용되고 있는 미국 토양보존국(SCS)에서 개발한 유출곡선지수법(runoff curve number method, CN[07])을 적용하여 아래 식과 같이 산출할 수 있다. 유출곡선지수법은 도시유역의 불투수면적 증가에 따른 수문학적인 영향을 반영할 수 있고 유출량 실측자료 없이 유역의 수문학적 토양특성과 식생피복상태 등에 대한 자료만으로도 유출량을 산정할 수 있다(윤용남, 1998). 즉, 수문학적 토양군, 토지이용, 피복밀도 등의 특성을 유출곡선지수로 쉽게 나타낼 수 있는 특징이 있다(김태철 등, 1997).

$$Q = \frac{(P - 0.2S)^2}{P + 0.8S}$$

07 유출곡선지수법은 NEH-4(US SCS, 1985)에 자세히 기술되어 있음.

여기서, Q는 유출량(mm), P는 총강우량(mm), S는 최대잠재보류량으로 강우유출이 시작시점 이후로 유역이 보류(保留)할 수 있는 최대보류능력을 의미한다.

최대잠재보류량 S는 CN을 통하여 유역의 토양과 토지피복인자에 직접적으로 연관되어 있다. CN은 0에서 100사이 자연수 값을 가지며(US SCS, 1986), CN이 0이면 유역의 보류능력이 무한대를 의미하여 유역 내 모든 강우량이 보류되어 직접 유출이 전혀 발생하지 않는 경우이고, CN이 100이면 유역의 보류능력은 0이 되어 강우가 모두 직접 유출되는 것을 의미한다(오경두 등, 2005). 이처럼 CN은 수문학적 토양군에 따라 달라진다.

수문학적 토양군에 대하여 미국 토양보전청(SCS, Soil Conservation Service)의 토양학자들은 토양의 성질을 이용하여 표 3-10과 같이 A, B, C, D의 4개 형태로 분류하였다. 토양군별 침투능의 크기는 A, B, C, D순이나 유출률은 D, C, B, A 순이다. 우리나라의 토양군 분류는 농촌진흥청 개략토양도 또는 정밀토양도를 이용하고 있다. 토양도상에서 토양군을 A, B, C, D로 구분한 후 이를 지형도 상에 분포시켜 토양군별 면적으로 구분한다.

표 3-10. 미국 자연자원 보전청(Natural Resources Conservation Services)의 수문학적 토양분류

토양분류	토양의 특성
A	유출이 가장 적음, 침투율이 가장 큼 실트와 점토를 약간 포함한 모래층 및 자갈층으로 배수가 양호
B	비교적 낮은 유출률, 비교적 높은 침투율 자갈이 섞인 사질토로 배수가 대체로 양호
C	비교적 높은 유출률, 비교적 낮은 침투율 상당수의 점토와 콜로이드 물질을 포함하고 있어 배수불량
D	유출률이 가장 큼, 침투율이 가장 낮음 대부분이 점토질로 이루어져 배수가 대단히 불량

출처: 환경부, 2008. 비점오염저감시설의 설치 및 관리 · 운영 매뉴얼

국내에서는 농촌진흥청의 정밀토양도를 사용할 수 있다. 표 3-11과 같이 토양도의 수문군 분류표에 따라 토양도내 분류를 사질, 사양질과 미사사양질, 식양질과 미사식양질 그리고 식질로 단순화시켜 구분 적용하였다.

표 3-11. 농촌진흥청의 수문학적 토양 분류

구분	토양도내 분류	유효 저류능 (cm/cm)	최소침투속도 (mm/hr)	NRCS 분류
모래 (Sand)	사질	0.35	8.27	A
양질사토 (Loamy Sand)		0.31	2.41	A
사질양토 (Sandy Loam)	사양질/미사사양질	0.25	1.02	B
양토 (Loam)		0.19	0.52	B
미사질양토 (Silt Loam)	식양질/미사식양질	0.17	0.27	C
사질식양토 (Sandy Clay Loam)		0.14	0.17	C
식양토 (Clay Loam)	식질	0.14	0.09	D
미사질 식양토 (Silty Clay Loam)		0.11	0.06	D
사질점토 (Sandy Clay)		0.09	0.05	D
미사질점토 (Sandy Clay)		0.09	0.04	D
점토(Clay)		0.08	0.01	D

출처: 환경부, 2008. 비점오염저감시설의 설치 및 관리 · 운영 매뉴얼

2) 조절 서비스(Regulating services)

조절 서비스는 자연 및 반자연이 가지고 있는 생태계의 역할과 관련하여 생물 · 지리화학적 순환(bio-geochemical cycles)과 생태계를 조절하는 서비스를 말한다. 이는 생태계 건강성을 유지하는 것을 포함하여 조절 서비스는 인간에게 직 · 간접적 영향을 끼친다고 볼 수 있다.

i) 대기질 유지(air quality regulation)

생태계는 대기 중으로 화학물질을 배출하거나 흡수함으로써 대기질의 여러 측면에 영향을 끼친다. 녹지는 대기 중의 오염물질을 흡수하여 대기를 정화시키고 동시에 산소를 내주어 생물들이 숨 쉴 수 있게 해주며(국립환경연구원, 1997), 특히 도시 수목은 광합성과 같은 대사과정을 통해 대기오염물질을 흡수하거나 정화하여 대기질을 개선시키는 효과가 있다(Smith, 1990). 이러한 수목의 대기오염물질 정화능력은 식생의 종 구성, 생육상태, 잎의 표면적, 수직적 구조에 따른 대기의 흐름, 주변의 오염물질 농도 등에 따라 다르기 때문에 일률적으로 어느 수종 혹은 어떤 숲이 얼

마나 많은 오염물질을 흡수하는지 알기 어렵다. 국립환경연구원(1997)은 기존의 자료를 토대로 수목의 정화능력을 제시하고 있다.

표 3-12. 식생의 대기오염물질흡수량(흡수량 단위: kg/ha/yr)

구분	SO_2	NO_2	분진	계	비율
침엽수림	120	240	140	500	1.35
활엽수림	360	690	380	1430	1
관목(활엽수의 20%)	72	138	76	286	0.2
초본(활엽수의 10%)	36	69	38	143	0.1

출처: 국립환경연구원, 1997. 도시유형별 녹지의 환경개선기능 평가

위 자료를 바탕으로 대기오염물질흡수량에 관한 식을 아래와 같이 산정할 수 있다.

대기오염물질흡수량 = 식생의 SO_2흡수량 + 식생의 NO_2흡수량 + 분진흡수량

식생의 SO_2흡수량 = 침엽수림면적 × SO_2흡수량 + 활엽수림면적 × SO_2흡수량 + 관목면적 × SO_2흡수량 + 초본면적 × SO_2흡수량

식생의 NO_2흡수량 = 침엽수림면적 × NO_2흡수량 + 활엽수림면적 × NO_2흡수량 + 관목면적 × NO_2흡수량 + 초본면적 × NO_2흡수량

식생의 분진흡수량 = 침염수림면적 × 분진흡수량 + 활엽수림면적 × 분진흡수량 + 관목면적 × 분진흡수량 + 초본면적 × 분진흡수량

ii) 기후 조절(climate regulation)

지역 날씨와 기후는 지역의 지형, 식물, 알베도뿐만 아니라, 예를 들어, 호수, 강 그리고 만의 구성과 함께 지역 및 글로벌 순환 패턴의 복잡한 상호 작용에 의해 결정된다. 일부 대기 가스의 온실 특성으로 인한 가스 조절 또한 이 항목에서 중요한 역할을 하지만, 생태계의 반사율 속성 또한 다양한 범위의 날씨와 기후를 결정하는데 중요하다. 특히 이 항목에서 제안하는 서비스는 지역 및 세계적인 범위 모두에서 인간의 건강, 작물 생산성, 레크리에이션, 문화생활에 있어 유리한 기후의 유지와 관련이 있다.

생태계서비스가 제공하는 탄소저장은 기후변화를 야기하는 대표적인 온실가스

인 이산화탄소를 저감하는 기후 조절의 대표적인 기능이다. 식생은 대기 중 이산화탄소를 흡수하여 자신의 생체 및 토양에 저장함으로써 기후변화를 완화시켜 줄 수 있다. 식생의 탄소저장량은 국립산림과학원(2013)에서 제시한 방법을 적용할 수 있다.

$$\text{탄소순흡수량}(CO_2\text{톤}) = \Delta V \times D \times BEF \times (1+R) \times CF \times \frac{44}{12}$$

여기서 ΔV = 임목 순생장량 (m^3)

D = 목재기본밀도

BEF = 바이오매스 확장계수

R = 뿌리함량비

CF = 탄소전환계수 : 바이오매스 → 탄소(IPCC 기본값=0.5)

$\frac{44}{12}$ = 이산화탄소 전환계수 : 탄소(C) → 이산화탄소(CO_2)

또한 국립산림과학원(2014)에서는 주요 산림수종 22종에 대해서 부위별 바이오매스 상대생장식을 제공하고 있다.[08]

토양에 의한 탄소저장량은 아래의 식을 이용하여 산정할 수 있다. 탄소저장량 원단위는 토지이용유형을 크게 논, 밭, 산림과 기타 등으로 분류할 수 있으며, 신규 조성된녹지의 경우 원형규 등(2002)의 원단위를 사용할 수 있다.

표 3-13. 토지유형별 토양탄소저장량 원단위

구분	토양 탄소저장량 원단위(kg/㎡)	비고
논	6.05 (=60.5tonC/ha)	국립산림과학원, 2006
밭	4.59 (=45.9tonC/ha)	
산림a*	6.79 (=67.9tonC/ha)	
기타b**	1.15 (=11.5tonC/ha)	
신규조성녹지	3.35 (=33.5tonC/ha)	원형규 등, 2002

* a: 낙엽 중의 유기물 내 탄소까지 포함, ** b: 도로, 택지 등 대부분 도시적 용도임.

08 한국에서 자생하는 강원지방소나무, 중부지방소나무, 리기다소나무, 곰솔, 잣나무, 일본잎갈나무, 삼나무, 편백, 상수리나무, 굴참나무, 신갈나무, 졸참나무, 아까시나무, 자작나무, 서어나무, 튤립나무, 밤나무, 현사시나무, 구실잣밤나무, 붉가시나무, 동백나무, 종가시나무 등의 종에 대해서 탄소배출계수 뿐만 아니라 줄기, 가지 잎, 뿌리 등 부위별 상대생장식을 제공하고 있음(국립산림과학원, 2014).

또한 이동근 외(2010)의 연구에서는 지형까지 고려하여 산림의 탄소흡수량을 추정한다면 약 5%정도 늘어나는 것으로 나타났다. 기존에 사용하고 있는 수목의 상대생장식과 토양탄소량을 이용하여 탄소흡수량을 추정하면서 Surface Area and Ratio for ArcGIS와 같은 프로그램을 사용하여 도시 녹지의 입체적인 지형을 반영한 탄소흡수량을 계산할 수 있다. 이 경우 기존의 표면적보다 증가하기 때문에 탄소흡수량이 증가하는 것이다. 즉, 탄소흡수량 추정 시 지형 등을 고려하여 입체적인 면적으로 계산한다면 더 정확한 탄소흡수량을 추정할 수 있을 것이다.

iii) 물 조절(water regulation)

자연하천은 하천 형태와 식생에 의해서 다양한 생물의 서식처를 제공하고 있으며 수질정화기능도 가지고 있다(이경보 등, 2003). 하천에 오수가 유입되면 희석·침전되고 유기물은 화학적 또는 미생물에 의해 분해되어 청정하게 된다. 습지도 생물다양성을 보존하는 장소적 기능뿐만 아니라 수질정화와 홍수조절기능이 있다. 습지식물 군락이 수계로 유입되는 오염물질의 부하량을 줄이고 영양염을 효과적으로 제거할 뿐만 아니라(Aoyama et al., 1986; Tripathi et al., 1991), BOD, 독성물질, 심지어 유기화합물까지 줄이는 기능을 제공한다(Cornwell et al., 1977; Lakshman, 1979; Wolverton and Mcdonald, 1979; Reddy et al., 1983; Kadlec, 1987; Busk et al., 1989).

수질오염정화능 평가에 자연하천 및 습지 면적과 자연형 비점오염저감시설 정화능을 대상으로 아래의 식과 같이 산정할 수 있다.

$$\text{수질오염정화능} = \frac{(\text{하천면적}+\text{습지면적})}{\text{대상지면적}} \times \text{자연형 비점오염저감시설 효율 계수}$$

자연하천과 습지는 개수나 유무보다는 하천의 수변면적이 정화능력을 판단하는데 더 적합하다. 따라서 평가하고자 하는 대상지 전체면적 대비 자연하천 수변면적과 습지의 합산면적비율을 산정하는 것이 좋다. 하지만 하천 수변면적은 산정하기 어려워 하천면적으로 대체할 수 있다. 자연형 비점오염저감시설은 처리용량을 대상으로 수질오염정화능에 과도한 영향이 미치지 않도록 자연형 비점오염저감시설 효율을 계수로 반영한다. 효율계수는 대상지내 자연형 비점오염저감시설의 설치계획이 개발사업 환경영향평가서에 제시되지 않은 경우를 1로 두고 효율에 따라 차이가 나도록 1에서 2사이의 값으로 균등 배분하여 아래 표 3-14와 같이 계산할 수 있다.

$$\text{자연형 비점오염저감시설 효율} = \frac{\text{자연형 비점오염저감시설 처리용량}}{\text{대상지 처리대상 강우유출량}}$$

표 3-14. 자연형 비점오염저감시설 효율 기준

자연형 비점오염 저감시설 효율	0	0.001~0.199	0.2~0.399	0.4~0.599	0.6~0.799	0.8~1
효율계수*	1	1.2	1.4	1.6	1.8	2

* 자연형 비점오염저감시설 효율계수는 1에서 2사이의 값으로 효율에 따라 균등 배분

여기서 처리대상 강우유출수량은 아래 식과 같이 비점오염저감시설의 설치 및 관리·운영매뉴얼(환경부, 2008)의 자료를 이용할 수 있다.

$$\text{처리대상 강우유출수량 } (WQv) = (P_1) \times (A) \times 10$$

위 식에서 WQv는 수질처리용량(Water Quality Volumn)(m^3), P_1는 누적유출고로 환산한 설계강우량(5mm), A는 배수면적(ha)이다.

iv) 토양유실 조절(erosion regulation)

식생피복은 토양 보존과 산사태 방지에 중요한 역할을 한다. 예를 들어, 호수나 습지에서 풍화작용, 유출수 혹은 다른 제거 및 저장과정에 의한 토양의 유실을 방지하는 역할을 할 수 있다. 활엽수와 혼효림면적은 식생과 식생으로 피복된 토양이 산사태와 홍수의 억제기능을 가지고 있고, 침엽수보다 활엽수와 혼효림지역에서 이러한 억제기능이 더 크게 나타난다는 선행연구(이문세 등, 2009; 박성우, 2008)에 따라 식생자료를 이용하여 활엽수와 혼효림지역 면적을 산정하여 토양유실 조절기능의 대체지표로 사용할 수 있다. 자연사면에 집중홍수가 발생할 경우, 식생들의 우산효과로 인해 실제 강우량보다 더 적은 강우량이 표토에 도달한다. 우산효과는 강우량

이 증가할수록 침엽수에 비해 활엽수와 혼효림지역에서 상대적으로 더 크게 나타난다. 또한 동일한 토질조건에서 식생밀도가 높은 지역이 낮은 지역보다 빗물 침투가 상대적으로 적기 때문에 집중호우시 산사태와 같은 지반재해에 덜 취약할 수 있다(이문세 등, 2009).

또한 지형특성도 토사발생량과 유출수량을 결정하는 데 있어 중요하다. 경사도는 지형의 경사에 따라 그 특성이 달라진다. Hudson(1936)과 이금삼과 조화룡(2000)은 경사지역을 경사도 5°마다 구분하였다. 경사도 5° 이하 지역은 평탄지, 15°에서 20° 이상 지역은 급경사지역으로 분류하고 있다.

그림 3-6에서 경사도(%)와 토사발생량의 관계를 보면 경사도 15%(약 10°) 이상이 되면 토양유실량이 급격히 증가하는 것을 볼 수 있다.

그림 3-6. 경사도와 토사발생량의 관계 (경사장 크기는 10m, 유효강수량은 1,791mm로 가정)

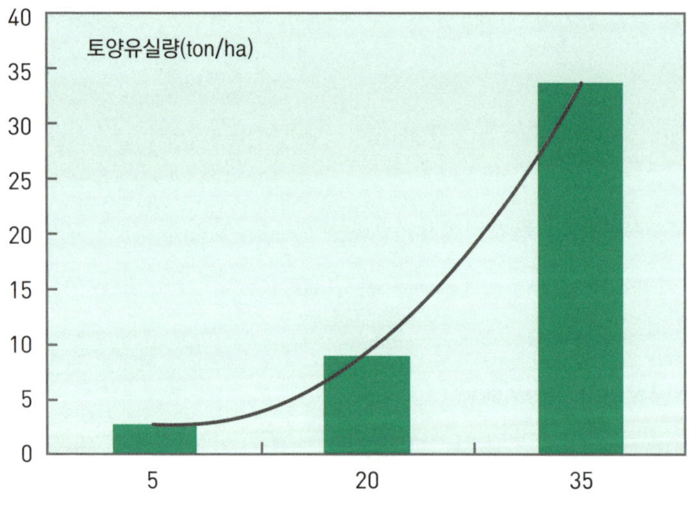

출처: 환경부, 2006. 고랭지밭 비점오염원 최적관리를 위한 조사사업

따라서 토지피복조건에 따라 토양유실률이 달라지므로 경사도 10° 이하인 완경사지에 대해 아래의 식과 같이 완경사지피복면적을 산정할 수 있다.

$$\text{완경사지 피복면적} = \sum \text{경사도 } 10°\text{이하 피복된 토지유형별 면적} \times (1 - \text{토양유실률})$$

표 3-15. 토지이용에 따른 토양유실률 산정기준

개발 전		개발 후	
토지이용	토양유실률	토지이용	토양유실률
논	0.06	자연지반녹지	0.01
밭	0.26	공원(조성녹지)	0.09
산림지역(임야)	0.003		
기타(나지)	1		

출처: 환경부, 2004. 재구성

v) 수분(pollination)

수분은 상업 작물을 포함한 대부분의 식물의 재생산을 위해 필수적이다. 이러한 생태계 항목은 많은 야생 꽃가루 매개자(pollinator)(곤충, 조류 및 박쥐 포함)에 의해 발현된다. 이 항목이 없다면, 많은 식물종이 멸종할 것이며 작물 재배가 불가능하게 된다. 이 항목에서 제공하는 서비스는 작물의 재배가 자연 수분에 의존하는 것에서 파생하였다. 야생 꽃가루 매개자(pollinator)종이 없다면 농업 생산성은 인공 수분을 통해서 매우 높은 비용으로만 유지될 수 있게 되기 때문이다(Daily, 1997).

vi) 인간 질병의 조절(disease regulation) 및 해충 조절(pest regulation)

생태계 변화가 특정 전염성 질병의 위험을 증가시킬 수도 있고 감소시킬 수도 있지만 개발과 관련된 생태계 변화는 전염성 질병을 증가시키게 된다. 또한 생태계의 변화로 인해 콜레라 같은 인간 병원균의 양이 직접적으로 변화할 수 있고, 모기 같은 병균 매개체의 양도 변화할 것이다.

3) 문화 서비스(Cultural services)

문화 서비스는 인간이 생태계를 인식하고 이용할 수 있도록 비물질적 편익을 제공하는 생태계 기능으로 레크리에이션(recreation), 정신적 가치(spiritual value), 심미적 감상(aesthetic enjoyment) 등이 있다(Landsberg et al., 2011). 문화 서비스의 경우 정량적인 평가가 가능한 부분보다는 정성적이거나 주관적인 부분으로 평가가 많이 진행되고 있다. 본 책에서는 대체지표를 활용하는 방법을 대안으로 제시한다.

ⅰ) 레크리에이션과 생태관광(recreation and ecotourism)

자연적인 생태계는 사람들의 휴식이나 레크리에이션을 위해 올 수 있는 장소로서 중요한 가치를 지닌다. 미학적인 가치와 조경의 무한한 다양성을 통해, 자연 환경은 하이킹, 캠핑, 낚시, 수영 그리고 자연 공부 등의 여가 활동에 많은 기회를 제공하고 있다. 또한 인구량과 풍요, 여가 시간의 증가됨에 따라 자연 영역의 에코투어리즘(eco-tourism)에서 휴양에 대한 수요는 증가하고 있으며 앞으로도 계속 늘어날 것이다.

레크리에이션 활동에는 특정 공간을 필요로 하고 활동 목적에 따른 다양한 공간이 요구된다(한국문화관광연구원, 2008). 레크리에이션 공간은 레크리에이션 활동에서 가장 중요한 위치를 차지하는 것 중의 하나라고 볼 수 있다(김재석과 이진원, 2008). 아울러 레크리에이션 공간 개발에서 접근성이 매우 중요한 요소(최열 등, 2011; 신화경, 2000; 김광득, 1993)이므로 주거지 가까이에 위치한 공간 규모가 중요하다고 볼 수 있다. 또한 Fromm은 '여가수용력(leisure carrying capacity)' 개념을 제시하였다. 이는 현대사회에서 레크리에이션 활동을 담을 수 있는 공간의 질적·양적 측면을 강조(윤희정과 임승빈, 2006)한 것으로 볼 수 있다.

생태계서비스를 제공할 수 있는 자연적인 대상은 구체적으로 근린공원, 수변공원, 소공원, 어린이공원, 훼손지복구용지, 완충녹지, 경관녹지, 연결녹지, 저류지, 공공공지, 광장, 보행자전용도로 그리고 하천 등이 있다. 이러한 공간의 면적을 활용하여 정량적으로 평가할 수 있다.

또한 분산도를 활용하여 레크리에이션 공간 분포에 대해서도 평가가 가능하다. 패치 형태가 한 곳에 밀집된 것보다 대상지 전 지역에서 주거지와 인접하여 분산된 것이 레크리에이션 공간의 활용성이 높다고 보고 아래의 식과 같이 패치의 분산도로 산출할 수 있다.

$$Rc = 2dc\frac{\lambda}{\pi}$$

여기서, Rc는 패치의 분산도, dc는 각 패치에서 가장 가까운 패치까지 거리의 평균, λ는 패치의 밀도를 의미한다. 패치의 분산도(dispersion of patch)(Forman and Godron, 1986)에서 가장 가까운 패치까지 거리는 가장 인접한 각 패치의 중심부터 중심까지 거리로 정의할 수 있다.

ii) 심미적 가치(aesthetic values)

많은 사람들이 자연적인 지역의 풍경을 즐긴다. 또한 사람들은 미학적으로 기쁨을 주는 환경에서 거주하기를 선호한다. 이런 미학적인 가치는 부동산 가격에 영향을 주는 등 상당한 경제적 중요성을 가질 수 있다. 실제로 국립공원 근처 또는 멋진 바다 전망이 있는 주택은 일반적으로 유사한 주택보다 훨씬 더 비싸게 거래가 된다(Costanza et al., 1997; 박진한, 2014).

이러한 심미적 가치는 조망점에서 보이는 자연경관의 변화 정도에 따라 평가할 수 있다. 중경사진이나 캐드 혹은 포토샵과 같은 프로그램을 사용하여 하늘공간과 자연공간의 면적, 인공구조물 면적 등을 산출하여 평가할 수 있다.

박진한(2014)의 연구에서는 특성가격법의 방법을 사용하여 보라매공원 주변 아파트들의 공원에 대한 접근성에 대한 가치와 뷰의 가치를 추정하였다. 이 연구에서의 경우 사람들이 아파트를 구입할 때 공원의 접근성보다는 집에서 공원이 보이는 뷰에 대한 지불용의가 더 크게 나타났다. 공원에 대한 접근성은 약 2%정도의 가치를 지니고 있었으나, 공원 뷰에 대한 가치는 약 2,700만 원으로 집값의 약 5%정도로 나타났다.

표 3-16. 보라매공원 주변 아파트의 뷰에 대한 가치

	공원이 보이는 아파트	공원이 보이지 않는 아파트
아파트가격 (단위 : 천원)	480,650	453,110

iii) 교육적 가치(educational values)

자연 생태계는 자연 학습, 환경 교육(여행 등) 및 과학적 연구를 통해 무제한의 기회를 제공한다. 또한, 자연적인 지역은 또한 환경 변화를 감시하기 위한 중요한 지역으로써 참고 자료로 활용 가능한 가치를 지니며, 서로 다른 문화에서 발달되는 지식 체계의 유형에 영향을 미치며 전통적 및 공식적 체계를 모두 포함하고 있다.

하지만 다른 문화 서비스 요소와 마찬가지로 정량화가 어려우므로 대체지표를 사용할 수 있으며, 본 책에서는 교육공간을 대상으로 하여 평가하는 방법을 제시한다.

토지피복도 중분류에서 학교경계로부터 250미터 이내에 있는 녹지와 수공간으로 활엽수림, 침엽수림과 혼효림의 산림, 논, 밭, 과수원의 경작지, 자연초지와 기타초지의 초지 그리고 하천과 습지, 근린공원, 수변공원, 소공원, 어린이공원, 완충

녹지, 경관녹지, 연결녹지 등이 해당된다. 이러한 교육 공간의 면적을 교육적 가치의 대체지표로 사용할 수 있다.

iv) 영적, 종교적 가치(spiritual and religious values)

자연 생태계와 자연 요소(고대의 폭포나 오래된 나무 등)는 윤리와 유산 가치를 통해 표현되는 우주 공간의 연속성의 의미와 이해를 제공한다. 이는 자연에서의 종교적인 가치(예 : 성스러운 숲, 나무 또는 동물의 숭배)로 볼 수 있다.

영적 종교의 가치 또한 정량화가 어려우므로 심미적 가치와 비슷하게 조망점에서 보이는 해당 목표물의 면적 또는 거리 등의 지표를 활용할 수 있다.

4) 지원 서비스(Supporting services)

지원 서비스는 생태계서비스의 다른 범주들이 제공되기 위해 필요한 것이다. 공급, 조절, 문화적 범주의 서비스들은 사람들에게 비교적 직접적이고 단기간의 영향을 주는 데 반해, 지원 서비스의 경우 사람에게 주는 영향이 간접적이고 장기간에 걸쳐 일어난다는 점에서 차이점이 있다. 토양 유실 조절과 같은 일부 서비스들은 사람에게 주는 영향의 시간 규모와 직·간접성에 따라 지원 서비스와 조절 서비스 모두에 해당하기도 한다. 예를 들어, 토양을 형성해 주는 서비스가 변화한다면 식량 공급 서비스에 영향을 미쳐 사람들에게 간접적으로 영향을 미치게 될 것이다. 하지만, 인간이 직접적으로 토양 형성 서비스를 이용하는 것은 아니다. 비슷하게, 기후 조절은 조절 서비스로 분류될 수 있다.

이는 생태계가 변화하면 인간의 의사결정과 관련 있는 시간 규모(몇 십 년에서 몇 백 년)에서 지역적 또는 지구적으로 기후에 영향을 미칠 수 있기 때문이다. 지원 서비스의 다른 예로는 일차생산, 대기 중 산소 발생, 토양 형성과 유지, 영양소 순환, 물 순환, 서식지 제공 등이 있다.

i) 토양 형성(soil formation)

암석의 풍화 및 퇴화를 통해 토양이 생성되며 동물 및 식물로부터 배출되는 유기물질의 축적을 통해 토양이 비옥해진다. 토양생성과정은 시간이 많이 소요되는 과정으로 침식작용 후 한 세기 동안 단 몇 센티미터의 토양이 생성된다. 모암으로부터의 표층 토양 생성은 100~140년 동안 1cm가 생성된다(Pimentel and Wilson, 1997).

ⅱ) 광합성과 일차 생산(photosynthesis and primary production)

광합성을 통한 산소 발생 또한 지원 서비스로 분류할 수 있다. 이는 대기 중의 산소 농도에 대한 어떠한 영향이라도 매우 긴 시간에 걸쳐 일어날 것이기 때문이다.

광합성의 정량화는 또한 일차생산으로 나타낼 수 있다. 이는 광합성을 통한 유기물 생산에서 비롯된다. 이것은 유기물 생산의 총량으로서의 총일차생산량(Gross primary production, GPP)과 총생산량에서 생산자 자신의 호흡소비량을 뺀 순일차생산량(Net primary production, NPP)으로 구별할 수 있다. 일차생산은 생태계의 물질순환과 에너지류의 출발점이 됨으로 기초생산이라고도 하며 그 속도는 생태계 전체의 활성지표가 된다.

GPP는 식생이 대기 중에서 녹색식물의 광합성을 통해 이산화탄소를 흡수하여 합성된 총 유기물의 양을 의미하며(탄소의 양), GPP에서 식물의 호흡활동에 의한 유기물의 소비를 뺀 양을 NPP라고 정의하고 단위는 g · C/㎡/yr을 사용한다. GPP와 NPP 계산은 나사의 MODIS 알고리즘 MOD17을 주로 사용하며, 기본적인 알고리즘은 그림 3-7과 같다.

그림 3-7. MOD17의 GPP와 NPP 알고리즘

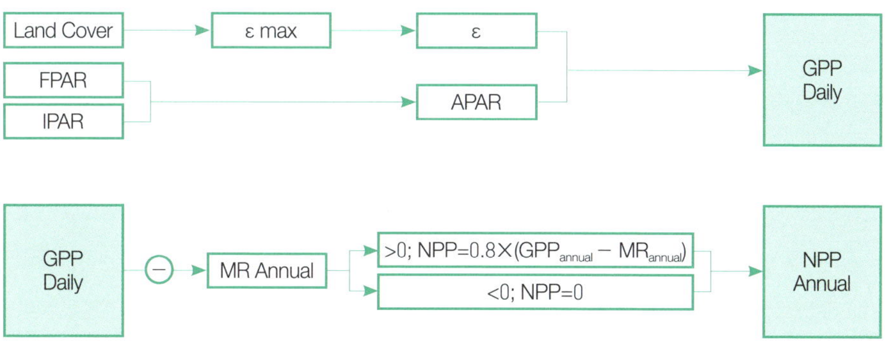

출처 : Heinsch, F. A., et al. (2003) 재구성

총일차생산량은 최대복사사용효율(ε)과 식생의 광합성 흡수 복사량(Absorbed

Photosynthetically Active Radiation, APAR)의 곱으로 계산한다. 식생의 광합성 흡수복사는 일반적으로 직접 관측하지 않고 MOD15 FPAR 알고리즘으로부터 광합성의 비율을 계산하며, 이는 광합성유효복사율(Fraction of Photosyntheticaly Active Radiation, FPAR)이 일률적으로 PAR의 45%에 해당한다는 가정으로 산출한다.

$$GPP = \varepsilon \times APAR$$

$$APAR = (SWRad \times 0.45) \times FPAR$$

GPP-MR > 0인 경우, NPP=0.8×(GPP-MR)

GPP-MR < 0인 경우, NPP=0

이동근 외(2010)에서는 MODIS를 이용해 산림과 농경지, 시가화지역에의 기후변화에 따른 순생산량(NPP) 변화 예측 모델을 도출하여 토양탄소량 변화를 예측하였다. 2000년부터 2008년의 MODIS자료를 분석한 결과 우리나라는 585~731 g · C/m^3/yr의 탄소가 매년 식생에 저장되는 것으로 분석되었다. 또한 다중회귀분석을 통하여 미래 기온변화에 따른 탄소 흡수량을 예측하였는데 평균 566~610 g · C/m^3/yr의 흡수량을 보였다.

DMZ(비무장지대) 생태 · 평화 공원

비무장지대는 국토분단이라는 역사의 유물로서 전쟁 및 주기적인 군사 활동으로 인해 자연생태계가 파괴된 이후 생태계의 역동적인 복원 과정을 보여주는 세계적으로 유일한 사례이며, 생태관광에 적합한 자원이 풍부한 곳이다.

비무장지대 생태계 조사 결과 높은 종 다양성과 다수의 멸종위기종이 확인되었다. 환경부는 2009년 '비무장지대 생태계 조사'를 진행하였으며, 그 결과 67종의 멸종위기종을 포함한 2,716종의 야생 동식물이 서식하고 있음이 밝혀졌다. 또한 지속적인 교란을 통해 독특한 생태계 천이가 진행되어 보전에 높은 가치가 있다고 평가되었다. 뿐만 아니라 지형이 자연 그대로 유지되어 동고서저형의 전형적인 한국의 지형과 자연형 하천이 보전되어 있다. 생태자연도와 국토환경성평가지도의 분석에 의하면 비무장지대 대부분 지역이 보전가치가 높은 지역으로 평가되었으며, 생태 경관보전지역, 습지보호지역, 국립공원 등 환경 생태적 보전지역이 폭넓게 분포되어 있다.

DMZ 일원의 환경을 보전하기 위해 정부는 종합 관리프로그램을 추진하고 있으며, 그 중 한 가지 방안이 생태 · 평화공원 조성이다. 생태 · 평화공원은 비무장지대의 생태계보전과 지속가능한 발전을 위한 생태관광과 체험교육 및 연구를 위한 거점이 될 것이다. 공원을 통해 비무장지대의 상징적 역사 가치인 평화를 세계화하고 환경, 생태적 가치의 보전과 함께 낙후된 민통선 지역 주민의 경제적 이익을 창출할 것으로 기대된다.

출처 : 환경부, DMZ 생태 · 평화공원 조성을 위한 기본계획 수립 연구

2. 생태계서비스의 경제적 가치 평가

(1) 개요

경제학에서 재화나 용역에 가치를 부여하는 것은 희소성(scarcity)이다. 실제로 필요하고 심미적으로 가치 있는 것이라 할지라도 무제한으로 누구에게나 주어지는 것들은 경제적 가치를 부여받지 못한다. 맑은 공기나 아름다운 황혼도 누구나 자유롭게 그것들을 즐길 수 있으면 경제적 가치가 없는 것과 마찬가지이다. 대기오염으로 맑은 공기를 얻는 것에 제한이 가해지거나 집 앞에 고층 건물이 들어섬으로 인해 황혼을 즐길 수 없게 된다면 이 때부터 맑은 공기와 황혼에 대한 잠재적 가치가 발생하기 시작한다. 다시 말하면 어떤 재화나 용역의 소비에 대한 권리가 제한 받는 순간, 그것들에 대한 잠재적인 경제적 가치가 생겨나는 것이다.

그렇다면 이러한 경제적 가치는 누가 어떻게 결정하는가? 재화나 용역이 거래되는 시장이 존재한다면, 그 가치는 시장에서의 가격에 의해 표시된다. 그러나 때때로 시장이 자원 배분의 기능을 효율적으로 수행하지 못하는 시장의 실패가 발생하고, 또한 환경의 질이나 경치와 같이 시장에서 직접 거래되지 않는 재화나 용역이 있기 때문에 이러한 것들의 가치는 간접적인 방법을 통해 유추할 수밖에 없다.

앞장에서 생태경제학에 대해 설명하면서 여러 가지 한계 및 불확실성에도 불구하고 자연자원과 같은 시장에서 거래되지 않는 재화나 용역에 대한 경제적 가치의 필요성에 대해 알아보았다. 이 장에서는 경제학자들이 어떤 방법을 통해 시장에서 거래되지 않는 재화나 용역의 가치를 화폐로 환산하고 이것들을 의사결정에 활용하는 지에 대해 알아보고자 한다.

많은 경우 생태 문제들은 자연환경의 가치를 제대로 알아보지 못한 데서 비롯된다. 예산, 대차대조표, 비용편익분석에서도 인간의 선택이 환경에 미치는 영향은 기록되지 않는 경우가 대부분이다. 결과적으로 환경에 해가 되는 계획들이 너무 쉽게 승인을 받는 반면에 환경에 득이 되는 계획들은 턱 없이 적게 선택된다.

이 장에서는 자연환경의 가치를 평가하는 주요 경제학적 기법들을 소개할 것이다. 여기에 소개된 기법들은 실용적인 기법들로서, 다음의 순서에 따라 결과를 도출한다. 첫째, 분석해야만 하는 환경 문제가 어떤 형태인지 파악한다. 둘째, 어떤 평가기법이 해당 문제에 적합한지 검토한다. 셋째, 해당 문제 A에 B라는 기법을 사용하고 싶다면 어떠한 정보가 필요한지 파악한다. 넷째, 필요한 정보를 쉽게 구할 수 있는지, 그렇다면 구입비용은 얼마인지 평가한다. 다섯째, 필요한 정보를 쉽게 구할 수 없을 경우, 대안이 되는 평가기법을 검토한다.

1) 환경 문제의 파악

각국은 다양한 환경 문제들에 대해 각자의 기준에 따라 서로 다르게 우선순위를 매길 것이다. 소득 수준이나 여러 가지 경제, 사회 문제에 따라 다르겠지만 선진국들은 수질 및 수자원, 폐기물, 유해화학물질, 생물다양성, 산성비, 지구온난화, 오존층 파괴 등과 같은 문제들에 더 큰 비중을 둘 것이다.

개발도상국은 처해진 여건 및 환경이 천차만별이다. 그 중에서도 천연자원에의 의존도가 높은 저소득국가들은 삼림 파괴, 토양 침식, 토지비옥도 저하, 사막화, 살충제 남용, 수질오염, 대기오염 등의 문제들이 더 시급할 것이다.

아시아와 남미의 급격한 산업화를 겪고 있는 중간소득층의 국가들은 선진국과 비슷한 환경 문제 이외에 급격한 도시화, 준비된 환경대책이 없는 산업화, 집약적 농업의 지속성, 수자원 개발 문제 등을 가지고 있다.

일반적으로 말하자면 나라가 가난할수록 국지적인 환경 문제가 발생하고 이의 해결에 많은 예산이 투입된다. 특히 이웃국가와의 국제하천 공동이용, 산성비, 어류남획 같이 중요한 국제환경 문제는 국가 정책에서 우선순위가 높은 의제로 취급된다. 이러한 국지적 문제들을 눈앞에 둔 국가들에서는 기후변화, 오존층 파괴와 생물다양성 같은 세계적인 문제들은 추상적으로 취급되거나 외면당하는 경향이 많다. 하지만 이러한 문제들에 대처하기 위해 마련된 프로그램의 비용과 편익이 명확히 제시된다면 대부분의 나라들은 이러한 문제점들의 해결을 위해 적극적으로 나설 것이다.

아래 표 3-17은 환경 문제가 초래하는 영향을 생산성, 건강영향, 쾌적성, 존재가치의 네 가지로 구분하고, 각각의 환경 문제가 그 중 어떤 것에 영향을 미치는가를 보여 주고 있다.

표 3-17. 주요 환경 문제와 그 영향

주요 환경 문제	생산성	건강영향	쾌적성	존재가치
토양 침식 및 비옥도 저하	◎			
토지질 저하	◎		◎	
사막화	◎			◎
염도 증가	◎			
삼림 훼손	◎		◎	◎
서식지 파괴(습지 포함)	◎		◎	◎
야생동식물	◎		◎	◎
유한자원의 고갈	◎			
대기오염	◎	◎	◎	
폐기물처리	◎	◎	◎	
유해폐기물	◎	◎	◎	
교통혼잡, 소음	◎	◎	◎	
지하수 고갈 및 오염	◎	◎	◎	
지표수오염	◎	◎		◎
해양환경	◎		◎	◎
어류남획	◎			◎
기후변화, 오존층 파괴	◎	◎	◎	◎
생물다양성	◎		◎	◎

출처: OECD, 1995.

예를 들어, 토양 침식은 농업생산성에 영향을 미칠 것이 분명하다. 삼림 훼손은 삼림의 생산성에 영향을 미칠 뿐 아니라 삼림이 가져다주는 쾌적성 및 삼림이 품고 있는 다양한 생물종의 존재에도 영향을 미친다. 기후변화는 특히 농업, 임업, 수산업 등 1차 산업의 생산성에 부정적인 영향을 미치고, 질병의 확산이나 대기 중 오염물질의 농도 증가 등을 초래하여 건강에도 영향을 미치며, 자연환경이 급격한 변화에 의해 자연환경이 가져다주는 쾌적성을 훼손하고, 급격한 생태계 및 서식지 변화를 초래하여 생물다양성을 감소시킴으로써 각종 동식물의 존재에 영향을 미친다.

여기에 예시된 보기는 개념을 잡고 방향성을 제시하기 위한 것일 뿐 절대적인 것은 아니다. 예를 들어 토양 침식도 경관의 변화 등을 통해 장기적이고 간접적으로는 쾌적성에 영향을 미칠 수 있고, 이것이 그 지역의 식량부족 문제로 이어진다면 건강에도 영향을 미치고, 그 지역에 서식하는 생물종의 존재에도 영향을 미칠 수 있다. 그러나 핵심은 어쨌든 생산성에 직접적으로 영향을 끼친다는 것이다.

여태까지 여러 환경 문제들을 알아보았고 그 결과의 영향을 요약했다. 이제 이 상황들에 적합한 기법이 무엇인지를 알아보기 전에 어떠한 가치 평가기법들이 있는지 소개하고자 한다.

2) 가치 평가기법의 선택

가치 평가기법에는 다음과 같이 주로 3가지가 있으며 다음 절에서 더 자세히 다룰 것이다.

i) 시장가치접근법(Market valuation of physical effects)

이 기법은 환경의 물리적 변화가 재화나 서비스의 가치를 어떻게 변화시킬 지를 추정함으로써 환경변화의 가치를 평가한다. 수질오염은 어획량을 감소시키며 대기오염은 작물의 성장에 영향을 미칠 수 있다. 이런 경우 환경의 변화는 시장에 출하되는 제품의 생산량을 감소시킨다. 저수지나 배수로 청소 등의 경우에는 이로 인해 비용이 발생한다.

시장가치접근법은 다시 몇 가지 기법들로 나누어진다. 용량-반응(Dose-response, DR)기법은 환경변화가 이로 인해 영향 받는 대상에 어느 정도의 영향을 미칠지 추정한다. 예를 들어 대기오염으로 인해 건강 피해가 얼마나 되는지, 산성비가 농작물 생산에 미치는 영향은 얼마나 되는지 등을 추정한다. 피해함수(Damage functions, DF)기법은 용량-반응에서 구한 데이터를 기반으로 환경 변화의 경제적 비용을 추정한다. 환경변화의 물리적 영향을 제품의 시장가격을 사용하여 경제적 가치로 환산하는 것이다.

생산함수(Production function, PF)기법에서는 계량경제학적 기법을 이용하여 생산에 영향을 미치는 토지의 비옥도, 대기질이나 수질 같은 환경자원과 생산량과의 관계를 추정하고, 환경자원의 변화가 생산에 어떻게 영향을 미치는지를 규명한다. 인적자본(Human capital)기법은 환경의 악화가 근로자의 건강을 통해 생산성에 어떻게 영향을 미치는지 추정한다. 대체비용(Replacement cost, RC)기법은 환경변화로 인한 피해를 원상태로 되돌리거나 최소화하기 위해 투입해야 할 비용을 추정하는 데, 피해 복구를 위해 실제로 지불되는 비용을 사용하거나 피해 복구에 필요한 투자액을 전문가 상담을 통해 추정한다.

ii) 진술선호기법(Stated preference method)

어떤 상황에서는 사람들에게 환경의 가치를 어떻게 평가하는지 직접 묻기도 한다. 조건부 가치추정법(Contingent valuation method, CVM)은 시장조사의 형태 중 하나이며 환경변화를 하나의 "상품"으로 취급하는 것이다. 환경 개선의 정도를 몇 단계로 나누어 제시하고 소비자에게 각각의 단계에 대해 어느 정도의 비용을 지불할 의향이 있는지 묻거나, 환경오염을 방지하기 위해 어느 정도의 비용을 지불할 의사가 있는지 설문을 통해 조사한다. 또는 특정 수준의 환경오염을 감내하기 위해서 어느 정도의 보상을 필요로 하는지 묻는 경우도 있다. 조건부 가치추정법은 거의 모든 공공재에 적용될 수 있다. 대기질, 토지이용의 변화, 야생동식물의 존재가치 등의 공공재가 일반 소비자에게 판매되는 재화나 서비스인 수자원 공급과 하수시설의 개선 등과 동일하게 취급된다. 이 방법은 사용가치(예를 들어 수질, 대기질, 자연경관) 및 비사용가치(존재 가치) 모두에 적용할 수 있다.

iii) 현시선호기법(Revealed preference method)

이 기법은 사람들의 선호도를 직접적으로 물어보는 것이 아니라 특정 환경 요소와 연관된 시장의 행동을 관찰하여 간접적으로 환경에 대한 선호도를 추정해 내는 것이다. 어떤 재화나 서비스는 환경의 질을 보완하여 주기도 하고 때로는 필요한 환경에 대한 대체품으로 쓰이기도 한다. 이러한 상호연관성을 통해 환경에 지불하는 비용이나 이것으로부터 발생하는 편익을 분석함으로써 소비자들의 환경에 대한 선호도를 추정하는 것이다.

현시선호기법은 다시 3가지 주요 기법으로 나눌 수 있다. 여행비용 접근법(Travel cost method, TCM)은 관광지를 방문하고 구경하는데 발생하는 시간과 비용을 이에 대한 입장료로 취급한다. 회피적 행동(Avertive behavior, AB)과 방어적 지출(Defensive expenditure, DE)기법들은 소비자가 환경 보전을 위해 지불하는 비용으로부터 필요한 정보를 얻는다.

헤도닉가격기법(Hedonic pricing method, HPM)은 부동산의 가치는 여러 가지

요소들 중에서도 그것이 위치한 지역의 환경의 질을 반영한다는 가설에서 출발한다. 부동산에 이 기법을 적용할 경우, 분석 대상 부동산의 가격에 영향을 미치는 여러 가지 요소들 중 환경이 미치는 영향만을 계량경제학적 기법을 이용하여 분리해 낸다.

이 세 가지 기법들은 소비자의 선호를 시장가격으로 환산하기 위해 시장에서 관측된 데이터를 사용한다.

3) 분석 대상에 따른 가치 평가기법의 적용

앞의 표 3-17에서 언급한 네 가지의 환경영향(생산성, 건강영향, 쾌적성, 존재가치)을 분석할 때 분석 대상이나 분석하고자 하는 목적에 따라 보다 적절한 가치 평가기법이 따로 있다. 예를 들어 생산성에 대한 영향을 분석하고자 한다면 생산량의 증감분에 시장가격을 대입하여 전체 생산액의 증감으로 환산하는 시장가치접근법이 좋은 방법이다. 하지만 환경오염을 피하기 위한 이사 비용, 소음을 줄이기 위한 이중창의 설치 등 환경영향으로 인한 비용을 추정할 때는 회피적 행동기법, 방어적 지출기법, 대체비용기법 등이 더 적절할 수 있다.

안전을 포함하여 건강에 대한 영향을 분석할 때는 건강악화로 인한 수입의 감소나 의료비용이나 기타 방어를 위한 비용의 증가 등을 기초로 인적자본기법을 사용할 수 있다. 전체적인 건강영향의 분석에는 위험의 감소나 회피를 위한 지불 의사를 묻는 조건부 가치추정법이 일반적으로 사용되며, 회피적 행동기법, 방어적 지출기법 등도 적용할 수 있다.

또 쾌적성에 대해 분석할 때는 여행비용이나 부동산가격의 차이를 이용하는 여행비용 접근법과 헤도닉가격기법 등을 사용할 수 있으며, 조건부 가치추정법도 일반 대중의 선호를 추정하는 데 널리 사용된다.

끝으로 희귀종이나 생물다양성의 보존과 같이 어떤 대상의 존재가치에 대해 추정하고자 할 때 사용되는 방법에는 조건부 가치추정법이 있다.

물론 각각의 경우에 위 방법들을 모두 사용해야 하는 것은 아니다. 그 중 어느 한 가지 방법을 채택하는 데 그 결정은 어떤 종류의 영향이 가장 중요한 분석 대상인가, 현실적으로 어떤 정보가 입수 가능한가, 분석을 위해 가용한 자원이 얼마나 되는가 등과 같은 요소들을 고려하여 정한다.

ⅰ) 환경영향의 상대적 중요성

삼림 훼손의 예를 들어 보자. 분석 대상이 농업, 축산, 벌목 등을 위한 열대우림의 훼손이라고 가정할 때, 분석의 대상이 되는 주요 환경영향은 다음과 같은 것들이 될 수 있다: ① 숲의 비목재적 가치들의 상실(의약품이나 섬유의 원료, 열매 등); ② 장기적으로 지속 가능한 목재 생산 능력의 상실; ③ 벌목에 의한 토지침식으로 인한 산 아래 지역의 침전물 증가와 홍수위험 증가; ④ 생물다양성과 자연경관의 훼손, 이로 인한 에코투어리즘과 존재 가치의 상실

처음 두 가지 ①과 ②에 대해서는 시장가치접근법에 속하는 방법들을, ③에 대해서는 방어적 지출기법이나 대체비용기법을, ④에 대해서는 조건부 가치추정법을 적용할 수 있다.

ⅱ) 필요한 정보의 획득과 분석에 필요한 자원

여러 가지 다양한 가치 평가기법 중에 필요한 기법을 선택하는 데에 있어서 두 번째로 중요한 요소는 분석에 필요한 정보의 종류와 양이 충분한 지, 이를 수집하거나 얻는데 들어가는 비용이 감당할 만한 것이지 하는 것이다. 예를 들어 시장가치접근법(MVPE)은 적용이 비교적 쉬운 편으로 재화나 서비스에 대한 정보를 모으는 것은 상대적으로 용이하다. 시장이 잘 발달되지 재화나 서비스(예를 들어, 최소생계유지 관련 식품이나 비목재 삼림 제품)를 제대로 분석하려면 상당한 독창성이 필요하며 분석 대상 제품들의 종류, 각각의 용도나 대체품에 대해 광범위하게 알아보기도 해야 한다.

외부효과 중에서도 특히 하류지역에 끼치는 영향은, 아주 간단한 모델을 쓰거나 여러 대담한 가정을 하지 않는 이상, 추정하기 어렵다. 토지이용의 변화로 인한 토양 침식의 정도는 표준화된 토양-손실공식(soil-loss equation)에 분석대상지의 데이터를 대입함으로써 대략적으로 유추할 수 있지만, 토양이 하류에 퍼지는 과정은 모델링도 어렵고 모델링을 위한 데이터 수집도 과거 자료, 비슷한 경우로부터의 유추, 전문가 의견의 취합 등을 통해 서로 절충해야 하기 때문에 상당히 어렵고 까다로운 작업이다.

가치 평가기법을 선택할 때 참고해야 하는 또 다른 점은 조건부 가치추정법(CVM)과 여행비용 접근법(TCM)은 설문을 통해 분석이 이루어지므로 표본의 추출,

면접원에 대한 훈련 그리고 장기간에 걸친 준비와 분석이 요구되는 기법들이라는 점이다. 헤도닉가격기법(HPM)은 가장 데이터가 많이 필요한 기법이기 때문에 충분한 데이터가 확보되지 않는다면 채택하기 어려운 기법이다.

특정 상황의 분석을 위해 가치 평가기법을 선택할 때는 연구를 위해 주어진 가용자원들도 고려하여야 한다. 시장에서 거래되지 않는 재화나 서비스에 대한 가치 평가는 여러 가지 가정이나 창의적인 사고가 필요하고 또 충분한 시간과 예산이 요구되는 작업으로서, 일반적으로 행해지는 프로젝트에 대한 타당성 조사와는 여러 가지 측면에서 차이가 있다.

예산과 시간이 부족한 경우 다방면에 걸친 접근들을 절충해야 할 때가 있다. 몇 가지 서로 다른 프로젝트에서 사용된 자료, 비슷한 사례의 해외 자료, 현지 전문가들의 의견, 역사적인 자료 그리고 이해관계자를 대상으로 한 설문조사 등등을 잘 활용하여야 한다. 많은 경우의 개발 사업이나 대규모 프로젝트의 경우 갈수록 환경영향에 대한 평가가 강화되고 있으며, 이러한 환경영향에 대한 평가를 위해서 필요한 경제 데이터에 대한 수요가 계속 증가하고 있다.

시간이 충분히 주어진 경우 적절한 설문을 통해 결과 분석에 필요한 자료를 획득할 수 있다. 하지만 그렇지 못한 경우에는 연구자는 분석을 위한 최소한의 자료를 확보해야만 하며, 분석이 진행되는 중에도 즉각적인 피드백을 통한 개선이 이루어 질 수 있도록 프로젝트 진행과정을 모니터하고 보고할 수 있는 시스템을 갖춰야 한다.

4) 정보의 출처

어떤 환경 데이터를 선택할 것인가는 그것을 어떤 용도로 쓰일지에 달려 있다. 만일 한 나라의 환경에 대한 전반적인 추세를 파악하는 것이 목적이라면 이미 방대한 양의 정보가 이용가능하고 이러한 정보들 중 상당 부분은 국제적인 비교도 가능하다. 그 중에서도 인공위성 사진이나 이러한 사진들의 판독과 같은 지리학적 정보 수집 시스템은 갈수록 발달하고 있다. 대기와 수질은 많은 국가에서 정기적으로 모니터 되고 있으며, 야생동식물과 생물다양성에 대한 추적과 모니터링도 갈수록 증가하고 있다.

환경 정보 수집을 위해 이렇게 많은 노력을 기울임에도 불구하고 많은 나라에 대한, 특히 가난한 나라들에 대한 정보와 데이터는 만족스럽지 못하다. 많은 중요한 결정들이 부분적 증거, 옛날 데이터나 무관한 케이스에 근거한 추정, 비슷한 상황의 다른 곳에서 얻어진 정보의 원용, 단순한 가정이나 추측에 바탕을 둔 불완전한 환경정보를 바탕으로 이루어진다.

이 절에서는 환경에 영향을 미치는 특정한 프로젝트나 프로그램, 정책에 대해 결정을 내려야 하는 사람들이 어디서 필요한 정보나 데이터를 취득하고, 목적을 위해 취득한 정보나 데이터를 어떻게 활용해야 하는지에 대해 알아보겠다. 통상 정부나 NGO에 의해 수집된 환경정보는 별도의 가공 과정을 거치지 않으면 특정 목적에 맞게 활용하기가 쉽지 않다.

다음과 같은 것들이 환경 관련 프로젝트와 정책 평가를 위한 정보의 주된 출처가 될 것이다.

① 환경 지표에 대한 정기적인 국가보고서 또는 국제 보고서: 이는 배경 정보로서 매우 유용하지만 특정 프로젝트가 미치는 영향에 대한 정보를 포함하고 있을 가능성은 높지 않다. 이러한 정보 출처의 예로는 표 3-18과 같은 것들이 있다.

표 3-18. 환경정보의 주요 출처

발행 기관	간행물 제목	링크
UNEP	Global Environment Outlook	http://www.unep.org/geo/about.asp
OECD	OECD Environment Outlook	http://www.oecd-ilibrary.org/environment/oecd-environmental-outlook_1999155x
	OECD Environmental Statistics	http://www.oecd-ilibrary.org/environment/data/oecd-environment-statistics_env-data-en
World Bank	10 Years of the Little Green Data Book	http://web.worldbank.org/WBSITE/EXTERNAL/TOPICS/EXTSDNET/0,,contentMDK:22666492~menuPK:64885113~pagePK:7278667~piPK:64911824~theSitePK:5929282,00.html
IEA	World Energy Outlook	http://www.worldenergyoutlook.org/
WRI	World Resources Report	http://www.wri.org/our-work/project/world-resources-report/publications
환경부	환경백서	http://www.me.go.kr/home/web/index.do?menuId=124
	환경통계연감	http://www.me.go.kr/home/web/index.do?menuId=123

환경정책평가 연구원	환경포럼	http://www.kei.re.kr/aKor/dBoardCtypeList.kei
	환경가치종합정보시스템 (EVIS)	http://evis.kei.re.kr/index.jsp
에너지경제 연구원	에너지수요전망	http://www.keei.re.kr/main.nsf/index.html
	에너지총조사보고서	http://www.keei.re.kr/main.nsf/index.html
국립환경 과학원		http://www.nier.go.kr/
국가환경 산업기술 정보시스템 (KONETIC)	코네틱 (KONETIC) Insight	http://www.konetic.or.kr/insight/main.asp
에너지관리 공단		www.kemco.or.kr/
한국환경공단		www.keco.or.kr/

각종 UN 기구나 기타 국제기구에서 발간하는 보고서에도 환경 관련 정보와 데이터가 많이 담겨 있다.

② 국가 데이터베이스: 특정 동식물의 서식지나 국지적인 문제들은 더욱 상세하고 현지 상황에 맞는 정보를 필요로 한다. 이런 경우에는 해당 국가나 지방 정부에서 수집하고 관리하는 구체적인 정보가 요구된다. 예를 들어 어떤 지역의 식물의 분포를 연구하는 데는 그 지역의 GIS 자료가 많은 도움이 되고, 하천 유역, 대수층과 연안 해역에 대한 정보는 미래의 수자원 공급, 수질오염, 수자원 관련 프로젝트가 미치는 영향 등을 예측하는데 유용하게 쓰일 수 있다.

③ 환경영향평가보고서: 이는 주로 특정 프로젝트가 주변 환경에 어떤 영향을 초래할 지 검토하는 것을 목적으로 한다. 많은 정부와 국제기구, 개발협력기관들은 환경적으로 민감한 투자나 정책을 시행하기 전에 환경영향평가를 받도록 의무화하고 있다. 따라서 환경영향평가 보고서는 그 프로젝트가 수행되는 지역의 여러 가지 환경정보를 구체적이고 상세하게 담고 있다. 환경영향평가는 일반적으로 사회·경제적 영향보다는 물리적 영향을 예측하고 분석하는 데 초점을 둔다. 이는 나중에 경제학자나 다른 전문가들이 참조하는 원자료라고 봐도

된다. 환경영향평가의 과업지시서(terms of reference)는 사전에 경제학자나 다른 사회과학자들의 의견을 수렴하여 평가에 필요한 데이터가 포함될 수 있도록 하는 것이 바람직하다.

④ 환경감사보고서: 엄격한 환경 규제 하에서 사업을 하는 기업들은 그들의 법적 책임에 대해 상당히 민감하다. 이러한 인식은 공공 부문으로도 확산되어서 국가기관이 시민을 위한 사업을 수행한다 할지라도 법을 무시하거나 위반하는 행위는 더 이상 용납되지 않는다. 이에 따라 환경에 영향을 미치는 활동들과 기업의 잠재적인 법적 책임에 대해 감사를 요구하는 경우가 갈수록 증가하고 있다. 특히 새로운 제품이나 공정을 개발하여 시장에 내놓는 것이 법률의 개정이 임박했다거나, 법이 소급 적용된다거나, 한 회사가 다른 회사를 인수하는 경우 등과 시기적으로 겹칠 경우 감사는 더욱 중요한 의미를 갖는다.

⑤ 평가와 타당성 검사 보고서: 시간이나 비용이 허락한다면 필요한 정보를 수집하고 분석하는 타당성 검사 보고서를 작성하는 것이 좋다. 주어진 기간에 전문가에 의해 작성된 평가나 타당성 검사 보고서는 프로젝트와 관련된 다양하고 많은 양의 데이터와 정보를 포함하고 있어서 데이터를 수집하는 출처로서 훌륭한 기능을 할 수 있다.

⑥ 연구보고서: 대규모의 매우 복잡한 프로젝트나 정책 집행 상 중대한 문제와 같은 경우 요구되는 문제를 심도 있게 다루기 위해 별도의 연구가 진행되기도 한다. 데이터를 만들어 내는 것 자체가 프로젝트의 목적인 경우도 있다. 때로는 데이터 부족으로 중요한 연구를 수행할 수 없는 경우가 있는데, 이 때 필요한 데이터를 수집하고 만들어 내는데 많은 시간과 비용이 소요될 수도 있으며, 이러한 작업은 이 데이터를 필요로 하는 다른 연구들을 위해 중요한 역할을 수행한다.

이상에서 필요한 정보 및 데이터를 얻을 수 있는 주요 출처들을 제시하였다. 환경영향평가나 기타 평가보고서 같은 것들은 현재 진행 중인 작업을 위해 별도로 발주되기도 한다. 다음 절에서는 필요한 데이터를 어디서 얻으며, 그것을 위해 얼마를 써야 하고, 일반적인 상황에서 다양한 종류의 정보가 어떻게 사용되는 지에 대해 알아보고자 한다.

i) 데이터 수집

환경 관련 지식이 부족한 우리들로서는 일단 얻을 수 있는 정보를 다 구해서 활용하는 것이 좋다. 하지만 이는 어디까지나 희망사항일 뿐 현실적이지 못하다. 좋은 정보가 프로젝트의 기획과 의사결정의 질을 높이는데 크게 기여한다는 사실에는 반론의 여지가 없으며, 경제학자들은 선택가치와 준선택가치라는 개념을 통해 이를 인식하고 있다. 하지만 정보를 취득하고 구축하는 데는 막대한 비용이 들어가며 여기에 투자되는 시간은 당연히 기회비용으로 봐야 한다. 다시 말하면 수행하고자 하는 모든 평가마다 최고나 최상의 정보를 얻어내는 것은 현실적으로 어려운 일이다.

시간과 예산이 부족한 상태에서 시급한 환경 문제를 분석해야 하는 경우 어떤 정보에 얼마나 투자해야 하는지를 결정해야 한다. 때로는 의뢰인이나 해당 국가의 법률에 의해 주어진 조건에 따라 확보해야만 하는 정보가 사실상 정해져 있는 경우도 있다. 연구 또한 정보 수집을 위한 예산이 배정되어 있으며, 이에 따라 어느 정도 양의 자료를 모으게 될지 결정된다. 하지만 아무리 필요한 정보들이 정해져 있고 정해진 예산이 있다 할지라도 정보의 출처와 수집을 위한 노력을 얼마나 기울일 것인지 선택할 여지는 여전히 남아 있다.

민감도 분석을 이용하여 프로젝트의 결과에 가장 크게 영향을 미치는 변수들을 파악할 수 있다. 환경영향평가가 실행되는 경우, 이 정보를 민감도 분석의 결과와 비교하여 프로젝트에 가장 큰 영향을 끼치는 환경 데이터가 어떤 것인지 알아내는 것도 가능하다(예를 들어 새우 양식은 수질에 매우 민감하다). 환경영향평가를 통해 프로젝트 사업자에게 발생할 수도 있는 중대한 법적 책임 문제를 발견할 수도 있고, 손해배상청구소송의 가능성이 있는 부분들을 발견할 수도 있다. 이렇게 법적 책임과 연관된 정보들은 프로젝트 사업자의 입장에서 보면 대단히 중요한 정보이다.

분석을 수행하는 사람은 생산되는 여러 자료들의 잠재적 가치와 해당 자료를 생산하는데 필요한 비용을 비교해야 한다. 예를 들어 부동산 가격에 대한 방대한 자료가 이미 존재할 경우, 계량경제학적 기법으로 자료를 분석할 역량이 있는 경우, 다른 경제적 가치 평가기법들이 부적합하거나 필요한 데이터를 수집할 수 없을 때, 제기된 문제(예를 들어 대기질)가 선택이나 결정에 있어 매우 중대한 영향을 끼칠 때 등과 같은 상황을 제외하고는 대기질과 수질의 가치를 평가하는데 헤도닉가격기법은 적합하지 않다.

특정 환경 변수에 관련된 정보를 더 수집하기로 결정한 경우, 그 다음으로 해야 할 일은 해당 프로젝트만을 위한 고유의 자료를 새로 모을지, 아니면 다른 곳에서 생산된 자료들을 현재 목적에 적합하게 맞추어 사용할지를 정하는 일이다. 다시 말하면, 프로젝트에 고유한 자료를 수집할 것인가 다른 곳에서 만들어진 자료를 사용할 것인가를 결정해야 한다. 이와 같은 결정을 내리기 전에, 다른 곳에서 이미 생산된 관련 자료가 사용 가능한가에 대해 조사를 해야 하는데, 이것을 바로 편익이전이라 한다.

ii) 편익이전

편익이전은 특정 용도를 위해 개발한 자료들을 다른 상황에서 빌려다 쓴다는 뜻이다. 아주 일반적인 개념으로 보자면, 특정 프로젝트나 상황을 평가하기 위해 필요한 환경 가치에 대한 자료가 존재하지 않을 경우, 다른 곳에서 개발된 자료나 데이터를 빌려 쓰기도 한다는 것이다. 예를 들어 열대우림의 비목재적 가치를 평가하기 위해 아마존, 서아프리카 그리고 동남아시아 일부 지역에서 치밀한 조사를 통해 얻은 데이터를 다른 지역 숲의 잠재적 가치를 평가하기 위해 쓰기도 한다. 그밖에 여러 연구에서는 과거 특정 지역에서 수행된 조림과 토양비옥도 혹은 토양 침식과 작물생산량 사이의 관계에 대한 연구에서 얻어진 자료를 그러한 자료가 없는 지역의 연구에 가져다 쓰기도 한다.

이렇게 시작된 편익이전은 이제 새로운 의미를 갖게 되었다. 편익이전은 대기질이나 수질, 여가와 같이 시장 가치를 구하기 어려운 분석 대상의 비시장적 가치들을 구하는 데 적용된다. 데이터가 생산된 곳을 조사현장(study site)이라 부르고 편익이 이전되는 대상 프로젝트 또는 지역을 정책현장(policy site)라고 하자. 어떤 경우에는 조사현장에서 개발된 기법에 정책현장에서 얻어진 데이터를 활용할 수 있다. 다른 경우에는 조사현장에서 개발된 기법, 데이터와 경제적 가치를 통째로 정책현장에 적용하기도 한다.

편익이전이 항상 가능한 것은 아니고 다음과 같은 조건들을 충족할 경우에만 적합하다: 시간, 비용과 인력이 새로운 조사를 위해서는 불충분할 경우; 조사현장이 정책현장과 흡사할 경우; 제기된 문제(예를 들어 정책의 변경이나 프로젝트 성격)가 흡사할 경우; 조사현장에서의 평가 절차가 온당하고 양심적으로 행해졌을 경우.

지금까지 비시장재의 경제적 가치 평가에 대한 연구는 미국, 유럽 등 주로 선진국에서 많이 수행되어 왔다. 여행비용 접근법을 사용하여 여가의 가치를 평가할 때는 미국의 연구에서 얻어진 데이터를 주로 이용한다. 조건부 가치측정법이나 헤도닉 가격기법 등도 마찬가지로 미국이나 서유럽에서 주로 수행되어 왔고, 여기에서 얻어진 자료를 사용한다. 문제는 미국이나 유럽의 다른 지역에서 유사한 연구를 수행할 경우 기존의 연구에서 얻어진 자료를 사용하는 것은 어느 정도 가능하지만, 이러한 연구를 개발도상국에서 행할 때는 소득수준, 인구분포, 소비자의 선호, 이자율 등 연구 결과에 영향을 미치는 변수가 상당히 다르기 때문에 편익이전에 의한 연구는 그 타당성을 보장하기 어렵다는 것이다.

따라서 사회, 경제, 역사, 문화, 인종적 배경이 많이 다른 지역에서 연구를 수행할 때는 다른 곳에서 얻은 자료를 원용함에 있어, 별도의 주의와 새로운 처리 과정을 거쳐야 한다.

(2) 경제적 가치 평가방법

본 절에서는 생태계서비스에 경제적 가치를 부여하는 다양한 평가방법들에 대해 자세히 알아본다. 생태계서비스에 대한 개별 시장의 존재 여부와 상관없이 이러한 경제적 가치 평가의 기본 전제는 우리 삶의 질이 생태계서비스에 의해 많은 부분 영향을 받고 있다는 인식에서 출발한다. 따라서 우리가 생태계서비스와 생물다양성에 경제적 가치 평가를 적용하는 가장 주된 이유는 이러한 작업 없이는 현재 우리의 경제시스템이 지속적으로 생태계를 악화시키고 과잉개발을 추구하도록 하는 왜곡된 상태를 수정할 수 없기 때문이다.

자연으로부터 누리고 있는 생태계서비스에 경제적 가치를 부여하고자 하는 노력은 지난 20여년에 걸쳐 엄청난 발전을 이루었다. 물론 이러한 경제적 가치 평가에 부정적인 입장을 보이는 사람들도 존재한다. 또한 경제적 가치 평가 작업 자체가 매우 도전적일 경우도 있다. 생태계서비스와 생물다양성에 가격을 부여하는 것은 많은 논쟁을 불러올 수 있는데, 이러한 논쟁은 다음 세 가지로 요약된다(TEEB, 2010).

첫째, 이러한 경제적 가치 평가 자체가 비윤리적일 수 있다는 점이다.

둘째, 경제적 가치 평가로 인해 오히려 생물다양성이 침해될 가능성이 있다는 점이다.

셋째, 가격이 존재하지 않는 나름의 이유가 존재한다는 점이다.

한편으로 이러한 우려는 타당하다. 하지만 윤리적인 이유를 근거로 해서 생태계서비스에 경제적 가치를 부여하지 않는 것은 '값을 헤아릴 수 없을 정도로 가치가 있는(priceless)' 생태계서비스를 '무가치한(worthless)' 것으로 오인할 소지가 있는 것이다. 시장을 통해 일어나는 의사결정의 대부분은 금전적 가치가 부여된 영역에서 발생하고, 이러한 이유로 우리는 종종 자연이 주는 혜택과 생산과 소비가 주는 혜택을 맞바꿔 버리는 잘못된 결정을 내리곤 했다.

또한 우리가 특정 생태계서비스에 경제적 가치를 부여한다는 것은 이것이 시장성을 가진다는 의미이며, 넓은 의미로는 개발을 원하는 사람이 이를 구매할 수 있다는 것으로 인식될 수 있기 때문에 결과적으로 생물다양성이 훼손되고 생태계서비스의 질이 저하될 가능성이 존재한다. 이러한 시각이 타당성을 지님에도 불구하고 이 시나리오는 반대의 상황, 즉 필수적인 생태계서비스가 그 경제적 가치를 인정받지 못하고 공짜로 인식되어 거래되는 경우보다 일어날 가능성이 현저히 떨어진다.

마지막으로 생태계가 제공하는 서비스에 대해 합의된 경제적 가치를 부과할 수 있는가에 대한 논쟁도 일면 타당성을 지닌다. 더군다나 대부분의 생태계서비스는 직접적으로 거래되지 않기 때문에 '진정한' 가격을 보유하고 있지 않고, 우리가 추정한 가격이 적정 가격인지를 판단할 수 있는 확인 장치조차 우리는 가지고 있지 않다. 그러나 이러한 비시장적 재화나 서비스에 대한 경제적 가치 평가기법들은 시장이 존재한다는 가정 하에서 여러 가지 상황들을 통제하며 위에서 제기한 우려들을 해소할 수 있을 것이다(TEEB, 2010).

다음 절에서는 각각의 기법들을 간략히 소개하고 어떤 상황에서 각각의 기법들이 사용될 수 있는지, 또한 이러한 기법들이 가지고 있는 장·단점에 대해 살펴보고자 한다.

1) 시장가치접근법

생태계서비스와 생물다양성의 가치를 평가하는 가장 직접적인 방법은 환경의 물리적 변화를 관측하고 이러한 물리적 변화가 해당 재화나 서비스의 가치에 어떠한 변화를 초래했는지 추정하는 것이다. 산성비는 나무와 식물에 해를 끼치며 이들의 시장가치를 저하시킨다. 토양 침식은 곡물생산량을 감소시키며 강하류의 농부들과 저수지 소유자들에게 토사제거를 위한 추가적인 비용을 부담시킨다.

시장가치(market valuation of physical effects, MVPE)접근법은 다음과 같이 3단계로 수행한다. 첫째, 생태계 변화에 따라 분석 대상에게 미치는 물리적 영향을 측정한다. 예를 들어 삼림파괴는 매년 3%의 토양손실로 이어질 수 있다. 둘째, 물리적 영향이 생산이나 비용에 어떠한 변화를 끼칠지 측정한다. 매년 3%의 토양손실은 옥수수 생산량의 2% 손실로 이어질 수 있다. 셋째, 생산이나 비용에서 발생하는 변화의 시장가치를 측정한다. 매년 2%의 옥수수 생산량 감소는 농부의 총수입 감소로 이어질 수 있다.

i) 시장가치접근법에 사용되는 다양한 기법들

시장가치접근법에는 몇 가지 기법들이 있는데 첫째, 용량-반응(dose-response)기법은 공해로 인한 재료부식, 산성비에 따른 작물생산에의 영향 또는 수영하는 사람들에게 끼치는 수질 오염의 피해 등 수용자에게 미치는 생태계 변화의 물리적 영향을 측정한다.

둘째, 피해함수(damage function)기법은 용량-반응 자료를 통해 생태계 변화의 경제적 비용을 측정한다. 생태계 변화로 인한 물리적 영향은 시장 가격을 활용해 경제 가치로 변환된다.

셋째, 생산함수(production function)기법은 토지, 노동, 자본, 원자재 등 생산요소들의 투입량을 변화시켜 가면서 이에 따른 생산량의 변화를 측정하는 보편적인 경제학의 기법이다. 생산량은 투입되는 생산요소와 함수관계에 있다. 토양의 비옥도나 대기질 또는 수질과 같은 환경 관련 투입요소 역시 측정 가능한 투입요소이며 이것들도 생산에 영향을 끼치는 것이 분명하다.

넷째, 인적자본(human capital)기법은 생태계 변화로 인한 건강 악화의 비용을 측정한다. 이를 위한 증거는 유행병과 관련된 자료, 통제집단을 통한 실험 혹은 환경의 질이 인간의 건강에 미치는 영향에 대한 관측을 통해 얻을 수 있다. 건강 악화로 인한 경제적 비용은 건강이 노동자의 생산성에 미치는 영향을 측정함으로써 얻을 수 있다.

다섯째, 대체비용(replacement cost)기법은 특수한 경우이다. 이 경우, 생태계 변화로 인한 피해비용은 피해를 입은 대상자들이 피해를 복구하기 위해 지출한 비용을 통해 측정된다. 이 자료는 피해자들이 실제로 지출한 비용을(예를 들면, 토사 침전으로부터 농지를 보호하기 위해 제방이나 벽을 만드는 데 지출한 비용) 관찰하거나, 복구에 필요한 비용을 전문가의 자문을 통해 추정한다.

시장가치접근법은 종종 "직접적(short cut)" 접근법이라고도 불리는데 이는 생태계 변화가 수용자에게 미치는 영향을 직접 추정하고자 하기 때문이다. 다음 절에서 다루어질 기법들과는 달리, 시장가치접근법은 사람들의 선호나 행태를 관측함으로써 분석에 필요한 자료를 얻는 간접적인 방식의 가치 추정은 고려하지 않는다.

ii) 적용가능 분야

이 기법은 상당히 광범위하게 적용 가능하다. 실제로 이 기법은 선진국이나 개발도상국 등 모든 국가들에게 있어 가장 널리 사용되는 가치 평가기법으로서 다음과 같은 상황에서 유용하게 쓰일 수 있다.

첫째, 환경의 변화가 시장에서 거래되거나 거래되지 않더라도 가까운 대체재를 갖는 재화나 서비스의 생산에 직접적으로 영향을 끼치는 경우.

둘째, 영향이 분명하고 관측가능하거나 경험적으로 평가될 수 있을 경우.

셋째, 시장이 잘 작동하여 자격이 경제적 가치의 훌륭한 지표가 되는 경우.

이 기법은 직관과 상식에 기초하여 설명과 입증이 가능하며 구체적으로 다음과 같은 문제와 사안들의 가치 평가에 적용될 수 있다.

첫째, 작물생산에 끼치는 토양 침식의 영향과 하류의 퇴적이 토지사용자들에게 미치는 영향.

둘째, 산성비가 작물과 나무의 생장, 발육과 얼룩에 미치는 영향, 재료와 장비의 부식과 변색에 주는 영향.

셋째, 공기 중의 입자나 해로운 물질로 인한 대기오염이 건강에 미치는 영향.

넷째, 수질오염이 건강에 미치는 영향.

다섯째, 열악한 배수와 습지상태로 인한 관개지역의 염화(塩化)현상이 작물생산에 미치는 영향.

여섯째, 조림사업의 기후적, 생태학적 영향.

일곱째, 토지 이용의 변화가 초래하는 영향.

여덟째, 광산이나 농장, 쓰레기 매립지로부터의 배출로 인해 토지와 지하수에 중금속이나 기타 유해화학물질 축적됨으로써 발생하는 영향.

ⅲ) 물리적 영향의 측정

필요한 자료는 다양한 출처로부터 얻을 수 있다. 첫째, 실험실이나 현장연구를 통해 생태계 변화에 따른 물리적 영향을 측정 · 수집할 수 있다. 예를 들어, 해양오염이 산호초 생태에 주는 영향이나 남획으로 인한 어류개체수의 변화, 대기오염이 작물이나 재료의 부식에 미치는 영향 등을 관측할 수 있다.

둘째, 통제그룹을 활용한 실험을 통해서도 자료를 수집할 수 있다. 예를 들어, 서로 침식의 정도가 다른 토지에 대한 농경실험이나 다른 종류의 농약을 사용했을 경우 토지에 미치는 영향, 동물들을 서로 다른 수준의 화학물질오염이나 대기오염에 노출시켰을 경우에 대한 자료 등이 이에 해당된다.

셋째, 다양한 영향 중에서 특정 영향만을 파악하기 위해서는 통계적 회귀기법을 활용하여 자료를 수집할 수 있다. 본 기법은 건강에 끼치는 영향과 같이, 직접 인간을 대상으로 하는 실험이 불가능한 경우에 널리 사용된다.

넷째, 실제 사례를 통해 도출된 타당한 정보에 근거해 상호 관계가 모델화 될 수 있다. 예를 들어 토양 침식에 관한 연구에서는 토양 손실 함수의 변수들을 사용하는 것이 일반적인데, 이 함수는 침식 경사도나, 강수량, 토양의 종류와 더미 변수들을 활용하여 관리 실태와 작물의 종류에 따른 침식의 정도를 예측할 수 있게 해주고, 더 나아가 침식의 정도와 작물의 생산량 사이의 관계도 도출할 수 있다.

ⅳ) 시장가치의 접목

시장가치를 접목시키는 가장 손쉬운 접근법은 생산변화의 가치를 측정하기 위해 지배적인 시장가격을 활용하는 것이다. 이 방법은 생산량의 변화가 시장가격에 영향을 줄 정도로 크지 않으며, 가격이 시장 수요와 공급이 일치하는 수준에서 결정될 때 유용하다.

가격이 영향을 받을 정도로 생산량에 큰 변화가 있는 경우에는 분석이 약간 복잡해진다. 특정 제품의 공급의 많은 부분이 오염이나 침식에 영향을 받는 지역으로부터 나오는 것일 수 있다. 또한 신선한 생선의 공급을 위해 지역적으로 별도의 시장이 형성되는 경우처럼 한 지역의 시장이 다른 지역의 시장과 거의 별도로 형성되어 있을 수도 있다.

시장에서 형성된 실제 가격의 사용은 독점이나 가격통제 또는 수입금지 등으로 인해 시장이 심각하게 왜곡되어 있다면 역시 문제의 소지가 있다. 예를 들어, 토양 침식에 영향을 받는 작물이 인공적으로 높은 공급가를 유지한다면, 눈에 보이는 가격은 실제 환경피해를 과대평가할 가능성이 있다. 따라서 가능하다면 가격은 경쟁을 통해 정상적인 시장에서 형성되는 가격을 적용하는 것이 바람직하다.

본 기법은 제품에 대해 실제적인 시장가격이 형성되지 않았으나, 유사한 재화나 대체재가 실제 시장에서 거래되어 가격이 존재하는 경우에도 적용될 수 있다. 열대산림 파괴에 관한 연구에서 나타난 문제 중 하나는 많은 삼림 제품들이 최저 생계유지의 목적으로 사용되며 시장에서 거래되지 않는다는 점이었다. 이 문제에 대한 한 가지 해결책은 유사한 대체품의 가격을 활용하거나 전통적 물건에 대해서는 상용되는 물건의 가격을 활용하는 것이다. 하지만 시장이 부재할 때의 문제를 해결하기 위한 방법들은 어느 것이나 일정한 한계를 가지고 있다.

ⅴ) 시장가치접근법의 한계

시장가치접근법은 가장 널리 사용되면서 이해하기 쉬운 평가방법이다. 따라서 특히 개발도상국들의 대부분의 가치 평가 연구에서 부분적 또는 전반적으로 사용된다. 이 기법은 시장 행태에 대한 관측에 의존하고, 의사결정자들에게는 논리적이고 지적으로 보이며, 실제 회계나 국민계정에 포함되는 생산물에 초점을 맞춘다. 이 기법은 시장이 발달되지 않았거나 왜곡되었을 때 혹은 생산량의 변화가 가격에 중대한 영향을 미칠 것으로 예상되는 경우 사용하기 힘들다.

신흥 시장국가나 개발도상국들이 이 방법을 사용할 때는 두 가지를 유의해야 한다.

첫째, 온대 기후 혹은 고소득국가에서 도출된 인과관계는 열대 기후와 같은 다른 상황에서는 적용되지 않을 수도 있다. 예를 들어, 토양 침식과 작물 생산량의 관계에 관한 연구, 방풍림과 작물 생산량의 관계에 관한 연구, 물고기 개체수에 관한 모델 등 많은 연구들이 온대 기후의 조건에서 수행되었다. 대기오염과 재료 부식에 관한 용량-반응 관계 연구의 거의 대부분도 OECD 국가에서 수행되었고, 다른 기후 조건에서의 수행되었을 경우에 대한 고려가 충분히 이루어지지 않았다.

둘째, 어떤 제품에 대한 시장은 존재하지 않거나 있더라도 충분히 발달되지 않았으며, 최빈국에서는 특히 심각하다. 따라서 대용물이나 대체품 등을 활용하거나 우회적 평가기법을 활용하기 위한 자원이 준비되어 있어야 한다.

그 밖에 다음과 같은 한계를 가지고 있다.

첫째, 인과관계가 겉으로 보이는 것만큼 간단한 경우는 매우 드물다. 생태계 변화의 원인과 증상 그리고 이들이 생산과 비용에 미치는 경제적 영향 간의 물리적 관계는 종종 포착하기 어렵다. 인과관계의 구축은 기본 가정을 세우거나, 다른 곳에서 정립된 관계로부터 얻어진 데이터를 통해 유추하거나, 다양한 기법과 출처로부터의 증거를 적절히 활용하여 이루어진다.

둘째, 생태계에서 관측되는 변화는 하나 또는 그 이상의 다양한 이유로 인해 발생되며, 이것은 하나의 영향을 다른 것으로부터 분리해내기가 쉽지 않음을 의미한다. 대기오염의 경우가 대표적인 사례인데, 일반적으로 대기오염은 수많은 원인에 의해 발생한다. 인간에 의한 영향과 자연적인 영향을 구분하는 것이 어려울 때가 있다.

셋째, 생태계의 변화가 시장에 큰 영향을 미치는 경우에는 시장 구조나 탄력성,

수요와 공급의 반응 등에 대해 더욱 복잡한 고려가 필요하다. 이런 경우 소비자들의 행태가 분석에 도입되어야 한다.

넷째, 원인과 그 영향에 대한 인과관계를 파악할 때에는 생태계에 특정한 변화가 발생하지 않았을 경우 어떠했을 지에 대한 가정이 필요하다. 이러한 작업이 뒷받침되지 않았을 때에는 특정 변수에 너무 많거나 너무 적은 인과성을 부여할 가능성이 있다.

다섯째, 효율적이고도 왜곡되지 않은 시장으로부터 도출된 가격이라 할지라도, 상당한 소비자잉여가 있는 상황에서는 경제적 가치가 과소평가될 가능성이 있다. 시장 가격은 긍정적이든 부정적이든 외부효과를 모두 반영하지 않고 있다.

2) 조건부 가치추정법(CVM: Contingent Valuation Method)

앞 절에서는 생태계에 미치는 물리적인 영향에 대해 시장 가격을 적용하는 것을 다루었다. 하지만 생태계의 변화들이 영향을 미치는 어떤 재화와 서비스는 시장에서 거래되지 않는 경우가 있다. 예를 들어, 시장이 형성되어 있는 고기나 가죽, 상아와는 별개로 코끼리의 전체적인 가치를 알아야 할 때도 있다. 혹은 고기나 기름에 덧붙여 고래의 전체 가치가 필요할 때가 있다. 그러나 코끼리나 고래의 다른 부분, 예를 들어 코나 지느러미, 내장 등에 대해서는 시장이 존재하지 않는다. 발전소를 건설하는 것은 매력적인 경관을 파괴할 수도 있고 여행자들의 즐거움을 망쳐놓기도 한다. 그렇다면 쾌적성 등의 생활 편의나 훌륭한 경관처럼 시장이 존재하지 않을 때에 이러한 것들에 대한 가치는 어떻게 측정할 수 있을까?

조건부 가치추정법은 그러한 상황에서 유용하게 쓰일 수 있다. 조건부 가치추정법은 시장 조사의 한 형태라고 할 수 있는데, 이때 대상이 되는 재화는 생태계의 변화이다. 조건부 가치추정법에 나타나는 일반적인 특징은 다음과 같다.

첫째, 조건부 가치추정법은 소위 생태계의 개선이나 악화와 같은 가상적인 사건에 관련이 있다는 점에서 전통적인 시장 조사와는 다르다.

둘째, 조건부 가치추정법은 공기질, 경관, 야생동물의 존재 가치와 같은 공공재의 변화를 주로 다룬다. 하지만 개선된 물공급이나 하수도 시스템과 같이 개인에게 팔리는 환경재에도 적용가능하다.

셋째, 조건부 가치추정법은 수질, 야생동물 관찰, 자연경관에서 얻는 직접적인 즐거움 등의 사용가치 뿐만 아니라 존재가치 등의 비사용가치에서도 적용가능하다.

넷째, 인터뷰에서 사람들이 표현하는 가치는 재화에 대한 설명, 지불방식과 같은 요소들에 영향 받는데 이런 측면 때문에 '조건부(contingent)'라는 말이 붙는다.

조건부 가치추정법은 주로 다른 기법들과 함께 많이 사용되고 있다. 또한 최근에는 표본에 관한 이론, 편익 추정에 관한 경제학 이론, 데이터 관리, 여론조사 등의 분야가 급속히 발전함에 따라 조건부 가치추정법에도 큰 진전이 있었다. 또한 정책 입안 과정에서 중요한 피드백으로 작용하기도 한다. 미국에서 조건부 가치추정법의 활용이 활성화 된 것은 알래스카에서 일어났던 엑손발데즈호의 기름 유출 사고 여파로 인해 대규모 소송 사건이 일어났던 것에 기인한다. 이 때 알래스카에서는 자연경관과 야생동물에 대한 피해에 대해 어떻게 그 가치를 매길 것인지가 이슈였다.

이로 인해 야기되는 다양한 편의(偏倚)를 보완할 수 있는 방법들이 존재하기는 하지만, 조건부 가치추정법의 가장 근본적인 약점은 사람들의 실제 행동보다 그들이 하는 말에 의존해야 한다는 점이다.

ⅰ) 적용가능 분야

조건부 가치추정법은 환경변화가 재화에 대해 어떠한 직접적인 영향도 미치지 않을 때, 사람들의 선호를 직접적으로 관찰할 수 없을 때, 표본으로 선정된 사람들이 대표성을 가지고 논의되는 주제에 관심이 있으며 해당 주제를 잘 알고 있는 경우, 제대로 된 연구를 수행할 수 있는 충분한 예산과 인력과 시간이 있는 경우 등에 적절한 접근법이다. 특히 조건부 가치추정법은 다음과 같은 유형의 문제나 분야에 유용하다.

첫째, 공기질이나 수질 등과 관련된 연구

둘째, 낚시, 사냥, 공원, 야생동물 탐방 등 여가활동과 관련된 경제적 가치에 대한 연구

셋째, 산림이나 야생보호구역과 같이 값을 매길 수 없는 자연 자산의 보호

넷째, 생물다양성에 관한 선택가치와 존재가치의 측정

다섯째, 생명과 건강에 대한 위협을 경제적으로 환산하는 연구

여섯째, 수송 및 교통 체계의 개선에 관한 실무와 연구

일곱째, 수자원, 위생시설, 하수시설을 다루는 연구

ii) 설문지의 설계와 조사

조건부 가치추정법은 설문조사를 통해 이루어진다. 즉, 응답자들에게 생태계 변화에 대해 설명하고 해당 사항에 대해 그들이 부여하는 가치가 얼마인지를 질문한다. 전형적인 질문으로는 다음과 같은 것을 예로 들 수 있다.

① 공기나 수질 향상을 위해 / 아름다운 경관을 보존하기 위해 / 수영이 가능한 기준까지 해안의 수질을 향상시키기 위해 당신은 얼마를 지불할 의사가 있습니까?

② 서비스 수준이 향상된다면 당신은 공공수도 / 하수도 시스템을 이용하시겠습니까?

③ 만약 이용하신다면, 매달 얼마를 지불할 의사가 있으십니까?

조건부 가치추정법에서 결정해야 할 기본적인 사항 세 가지는 설문조사의 유형, 설문지의 설계, 질문을 하는 방식에 관한 것이다.

먼저, 설문조사는 우편, 전화, 대인 면접을 통해 수행할 수 있다. 만약 조사자가 유능하고 잘 훈련이 되어 있다면 대인 면접을 통한 설문조사가 가장 좋은 결과를 보여줄 것이다. 많은 개발도상국의 경우처럼 전화 소유가 제한적이고, 우편제도가 취약하며, 문맹률이 높을 때는 대인 면접 방법이 거의 유일한 현실적 선택이 될 것이다. 반면, 대인 면접 방식은 상대적으로 비용이 비싸고, 면접조사자들이 잘 훈련되어 있어야 한다.

전화가 널리 사용되는 경우에는 전화 인터뷰가 저렴한 비용, 시간 절약, 랜덤 다이얼 방법을 통한 샘플 획득의 용이성과 같은 장점을 제공한다. 하지만 전화를 통해서 획득할 수 있는 정보의 양에는 제한이 따르며, 사람들은 전화를 통한 조사에 시간을 많이 쓰려 하지 않는다는 한계 등이 존재한다.

우편 설문조사는 비용이 저렴하고, 조사원의 역량에 따른 편의(偏倚)를 피할 수

있다. 또한 잘 발달된 우편제도와 낮은 문맹률 등의 조건이 갖추어져 있다면 상당한 장점을 제공한다. 하지만, 우편 설문조사는 일반적으로 응답률이 낮고, 해당 주제에 관심이 있는 사람들만 설문에 응하려 할 것이다. 또한 질문에 대답하는 순서를 통제하는 것 역시 불가능하다.

실제적으로 이러한 세 가지 유형의 설문조사 방식을 함께 사용하는 것도 가능하다. 예를 들면, 우편 설문조사 후에 전화나 대인 면접을 실시할 수 있다.

둘째, 설문지 설계는 매우 중요한 부분이다. 설문지는 일반적으로 해당 이슈에 대한 설명으로부터 시작된다. 예를 들면, 예상되는 생태계의 변화를 도표나 사진을 통해 보여 준다. 물공급이나 하수도 시스템과 같은 환경 개선이 설문조사의 주제일 경우, 설문지는 해당 서비스가 언제부터 가능한지, 지불방식은 어떠한지, 다른 사람들은 어느 정도로 지불할 의사가 있는지, 서비스 제공 방식은 무엇인지 그리고 서비스의 질과 신뢰성 등에 대한 정보를 전달해야 한다. 설문지의 두 번째 부분에서는 응답자들이 생태계 변화에 부여하고자 하는 가치를 이끌어 내야 한다. 환경 개선에 관한 주제에 있어서는 설문문항들이 지불의사(Willingness To Pay, WTP)를 알아낼 수 있도록 구성되어야 한다. 반면에 환경 악화와 관련된 이슈에서는 이론상으로는 보상에 대한 응답자들의 수용의사(Willingness To Accept Compensation, WTA)를 알아낼 수 있게 해야 한다. 지불의사와 수용의사가 함께 쓰이는 설문조사에서는 두 응답 사이에서 분명한 차이점이 드러나는데 실질적으로는 지불의사가 주로 사용된다. 일반적으로 수용의사는 지불의사보다 몇 배나 더 크게 나타나는데, 이는 수용의사의 경우 소득에 의해 제한을 받지 않는데다, 대부분의 사람들은 가상적으로 얻게 되는 무언가 보다는 그들이 이미 소유한 것에 더 높은 가치를 둔다는 사실을 반영한 결과이다. 설문지의 마지막 부분은 응답자에 대한 사회적, 경제적, 인구학적 배경에 관한 질문들로 구성되어야 한다. 이러한 정보는 지불의사에 대한 응답을 분석하고 교차 점검하는데 필수적이다. 특히 설문문항이 '예 혹은 아니오'로 대답할 경우에 필요하다.

조건부 가치추정법을 활용하는 연구에서 결정해야 할 세 번째 사항은 질문 방식에 관한 것이다. 질문 방식에는 두 가지 중요한 유형이 있다. 논의되고 있는 생태계 변화에 대해 설문문항은 사람들에게 지불의사액의 최대치 혹은 수용의사액의 최소치를 질문하게 된다. 이러한 방식을 '직접적(direct)' 혹은 '개방형(open-ended)' 질문이라고 한다. 대안적인 방식은 만약 특정한 양에 대해 일정 가격이 부여될 경우 응답자들이 해당 서비스를 구매하거나 생태계 변화를 받아들일 준비가 되어 있는지를 물어보는 것이다. 이 방식은 대개 '예/아니오'로 대답하거나 양자택일의 질문으로 구성된다. 이러한 대안적 방식은 응답에서 오는 편의(偏倚)를 피할 수 있다는 장점이 있다. 또한 고정된 가격에서 재화를 구매할 것인지에 대한 소비자들의 결정을 그대로 보여줄 수도 있고, 정해진 비용 하에서 공공사업을 추진할 것인지에 대한 투표를 할 때에도 장점을 지닌다. 그러나 양자택일의 질문 방식은 더욱더 복잡한 통계 처리를 필요로 하게 되고, 지불의사액의 최대치를 찾아내기 위해서는 몇몇 엄격한 가정이 필요하게 된다. 다른 변형된 방식도 가능한데, 예를 들면 각 응답자들의 한계수준을 알아내기 위해 일정 범위의 가격대를 제시하고 이에 대해 '예/아니오'로 대답하게 하는 방식이나 개방형 질문에 대한 응답을 유도하기 위해 응답자들에게 '지불카드(payment card)'나 '가상 화폐(monopoly money)' 같은 것들을 사용하게끔 하는 방식이다.

ⅲ) 데이터 분석

조건부 가치추정법은 응답자들의 설문 데이터를 아래의 세 단계를 통해 분석한다.

첫째, 빈도분포를 그려본다.

둘째, 응답자들의 사회 · 경제적 특징과 다른 적절한 요인에 따라 지불의사액에 대한 응답결과를 표로 나타낸다.

셋째, 다변량 통계기법을 통해 응답자들의 사회 · 경제적 요인과 설문결과 사이의 상관관계를 분석한다.

조건부 가치추정법에서 질문 방식에 관한 가장 간단한 형태는 개방형 질문 방식이다. 각각의 가격 수준에서 지불의사액의 총합을 구하고 이로부터 수요곡선이 도출될 수 있다. 이를 통해 생태계 변화에 대한 수요나 지불의사가 그 가격에 따라 어떻게 변하는지를 볼 수 있다.

투표 모델처럼 '예/아니오' 방식의 질문을 사용하는 조건부 가치연구에서는 두 번째, 세 번째 단계가 가치함수나 수요함수를 도출하는데 필요할 것이다. 그 결과로 표본 집단 사이에서 다양한 지불의사 금액에 따른 확률 분포를 도출하거나 어느 특정 지불의사액의 모집단 비율을 추정하게 된다. 이 때, 이산선택통계모형(discrete choice statistical method)이 데이터 처리를 위해 활용된다.

어떤 사건에서는 데이터에 대한 사전선별 작업이나 데이터 정제과정이 수행되어야 하는데, 이는 의심스러운 응답, 반대되는 응답(protest replies), 특이치(outlier)들을 제거하기 위함이다. 이 때 데이터 표본 속에 연구자 자신의 편의나 기대를 주입하는 결과를 낳을 수 있기 때문에 이러한 위험을 줄이기 위해서는 사전선별 작업이나 데이터 정제과정이 조심스럽게 행해져야 한다. 지불의사액을 0으로 대답한다든지 하는 극단적인 응답들은 제거되어야 하며, 가능하다면 그러한 응답의 실제 의미도 밝혀져야 한다.

표본으로부터 얻어지는 추정치가 커지는 현상은 일반적인 통계 문제인데, 이는 랜덤 표본추출 방법을 주의 깊게 실시함으로써 완화시킬 수 있다. 이를 위해 표본 추출에 경험이 있는 전문적인 통계학자의 관여가 강하게 요구되는데, 특히 표본추출 방식이나 표본의 크기를 결정할 때 필요하다. 표본과 관련하여 또 다른 유형의 문제는 무응답에 대한 처리문제이다. 무응답 비율이 높다는 것은 문제가 있음을 의미하는 것인데 어떤 유형의 설문조사에서는 이것이 별 문제가 되지 않지만 또 어떤 경우에는 방법론상의 문제가 있음을 보여주는 것이기도 하다. '예/아니오' 식의 질문 방식에서도 무응답에 대한 선택 여지는 주어져야 한다. 이때에는 무응답을 선택한 이유에 관한 추가적인 질문이 필요하다.

수집된 데이터를 가지고 통계분석을 할 때 데이터와 방법론에 대한 신뢰성을 검증할 필요가 있다. 확인해야 할 내용으로는 아래의 세 가지 주요 유형이 있다.

첫째, 조직적인 편차가 발생하는지 여부를 살펴보기 위해 서로 다른 표본들 사이에서 세부사항들을 변화시킴으로써 설문조사 설계에 대해 내부적인 체크가 필요하다. 다음의 설계 세부사항들은 소수집단(focus group)을 활용하여 체크될 필요가 있다. 즉, 사람들이 표시하는 지불의사액의 최소금액, 질문 방식 특히 개방형이냐 '예/아니오' 방식이냐의 여부, "생각할 시간(time to think)"에 대한 영향, 질문문항의 순서, 제공되는 정보의 양 등이 그 세부사항이다.

둘째, 수입, 교육, 가족 상황, 주거 조건 등 수요이론이 제시하는 사회 · 경제적 변수와 지불의사의 상관관계에 관한 다변량 분석이 필요하다. 만약 상관관계가 특정 패턴을 보여주지 않는다면, 이것은 설문조사 방법론에 의문을 제기할 수 있는 우선적인 이유가 될 것이다.

셋째, 다른 적절한 방식으로부터 도출된 추정치가 존재하는 경우 이것과 조건부 가치추정법에서 도출된 추정치 사이의 비교 역시 필요하다. 또한 한 제도가 충분한 시간동안 시행되었을 때 사람들이 실제로 지불한 금액과 그들이 지불하겠다고 말했던 금액 사이의 비교도 가능할 것이다. 여러 방식으로부터 도출된 추정치들이 합리적인 범위에서 유사성을 보인다면 이는 안심해도 좋다는 증거이다. 하지만 그렇지 않다고 해서 조건부 가치를 활용한 연구 결과를 비난할 필요는 없는데 이는 다른 방식들이 오히려 편의나 문제점들을 가질 수 있기 때문이다. 이런 경우에는 조건부 가치추정법 및 다른 방식에 의해 도출된 추정치의 상대적 정확성에 대해 좀 더 복합적인 판단을 내릴 필요가 있다.

iv) 조건부 가치추정법의 한계

어떤 설문문항들은 주의 깊게 설계되지 못했거나 모든 설문에서 야기될 수 있는 일반적인 오류로 인해 잘못된 결과로 이끌기도 하고, 또 어떤 문항들은 의도적인 혹은 무의식적인 편의 때문에 잘못된 결과를 도출하기도 한다.

해당 이슈에 대해 잘 알지 못하거나 경솔한 응답의 가능성은 그 이슈에 관해 그래픽이나 사진을 통해 적절한 정보를 제공함으로써 감소될 수 있다. 때로는 응답할 시간을 충분히 제공하는 것도 도움이 된다. 얼마나 많은 정보가 제공되어야 하는지에 대한 결정은 신중해야 한다. 너무 많은 정보를 제공하는 것도 그 자체로 편의의 원인이 될 수 있기 때문이다. 따라서 이때에는 정보를 적게 제공한 통제 그룹과 표본의 응답을 비교함으로써 편의의 존재여부를 검증할 필요가 있다. 적어도 표본에 속하는 모든 응답자들에게 같은 정보가 제공되어야 하며, 설문조사를 진행하는 사람의 경우 응답자들이 각각의 문항에 스스로 답할 수 있도록 충분한 정보를 제공하는 데에 시간을 할애해야 한다. 또한 통계적 특이치(outliers)와 같이 받아들이기 힘든 응답들에 대해서는 사전에 분명히 규정할 필요가 있다.

악의는 없지만 또 다른 형태의 편의는 응답자들이 질문의 본질을 잘못 이해하는 것에서 발생한다. 이는 배경정보가 불충분하기 때문에 발생할 수도 있고, 설문 진행자와 응답자 사이의 의사소통이 원활하지 않음으로 인해 발생할 수도 있다. 또 다른 일반적인 실수는 응답자들이 해당 질문의 주제를 다른 종류의, 더 포괄적인 질문으로 혼동하는 데에서 발생하는데 이를 '부분-전체 편의(part/whole bias)'라고 한다. 예를 들어 사람들이 특별한 생태계 서식지 보존에 대한 지불의사를 질문 받는다면, 그들의 대답은 그 나라 전체에 있는 해당 서식지의 가치를 나타내려 할 수도 있다. 심지어 위협받고 있는 보호종에 관련된 사례에서는 전 세계의 해당 종의 가치를 나타내려 하기도 한다. 이러한 편의에 대한 유일한 보호 장치는 해당 설문문항이 해당 지점에서 단지 이 사례에서만 관련된다는 점을 분명히 할 수 있도록 배경정보를 제공하는 것이다.

설문조사를 진행하는 사람의 태도나 질문으로부터 기대되는 지불의사금액 수준에 관한 힌트나 실마리가 드러나지 않도록 하는 것도 중요하다. 예를 들어 만약 사람들이 가치의 상승 범위나 하향 범위에 관한 지불의사를 질문 받는다면, 이때에는 '출발점 편의(starting point bias)'라고 불리는 지불의사액의 시작 수준에 의해 영향을 받게 될 것이다. 객관성을 위해서 응답자들은 다른 사람들의 지불의사액 평균 수준이나 바람직하다고 생각되는 지불의사액 수준에 대해서 추측할 수 없게 해야 한다.

또한 지불의사액에 대한 응답은 현금 지불, 입장료, 간접세, 재산세, 자발적 기부, 일회성 요금부과인지 아니면 반복되는 요금부과인지 등 지불수단의 선택에 따라 편의가 발생할 수도 있다. 이것을 '도구적 편의(instrument bias)'라고 부르기도 한다. 그러나 한편으로는 지불수단에 따른 이러한 편의가 사람들의 실제 선호를 반영할 수도 있다. 조건부 가치추정법의 설문지에서 특별한 지불 방법이 명시된 서비스의 경우 그 지불방식은 가능한 현실적이어야 한다.

'고의적 편의(deliberate bias)'는 설문 응답자가 상품에 대한 자신의 실제 선호를 축소해서 얘기하거나 실제 필요한 보상 수준을 과장할 때 발생할 수 있다. 한 가지 분명한 동기는 공공 편의시설 제공에 대한 무임승차자일 것이다. 즉, 기여하는 바 없이 공공재에 대한 이익을 기대하는 경우이다. 또한 사람들은 변화에 대한 실제 가치보다 덜 지불하면서 교묘히 빠져나가고자 하기도 한다. 이것은 '전략적 편의(strategic bias)'라고 알려져 있다. 또 다른 동기는 무료일 것이라고 기대했던 어떤 서비스에 대해 요금을 부과하고자 할 때 이에 대해 항의를 표명하기 위해 설문조사에 응하는 것인데, 이를 '항의성 응답(protest response)'이라고 한다.

'전략적 편의'에 대응하는 일반적인 방법은 특별한 금액을 지불할 의사가 있는지에 관해 '예/아니오'로 대답하도록 요구하는 것이다. 표본을 여러 그룹으로 나눈 후에, 각각의 그룹은 특정 금액을 지불할 의사가 있는지에 대해 질문을 받게 된다. 또한 이 금액은 그룹마다 모두 다르다. 이 때 각각의 금액은 잠재적 무임승차자들이 부정적인 응답을 하지 못하도록 주의 깊게 선택되어야 한다. 지불의사 금액의 최고 금액과 최저 금액은 예비조사를 반드시 거쳐야 하는데, 최고 금액의 경우 100% 거부할 것이고, 반면에 최저 금액의 경우 100% 수용하게 될 것이다. 또한 이 때 각각의 지불의사 금액들은 분할 표본(split-samples) 전체에 걸쳐 랜덤하게 분포된다. 전략적 편의에 대해 다른 방식의 예방책도 고려될 수 있다. 응답자들은 다른 사람들의 지불이 의무적이라는 사실에 대해 모른 채, 서비스의 제공여부가 적절한 지불금액이 입증되는지에 달려있다고 듣게 된다. 즉, 응답자들은 만약 그들이 능력이 안 되는데도 지불의사액을 과장하게 된다면 실제로 그 금액이 부과될 것이며, 반대로 지불의사액을 축소해서 말한다면 그 서비스는 제공되지 않을 것이라고 듣게 된다.

조건부 가치추정법은 잠재적 유용성이 큰 기법이다. 하지만 주의 깊은 이용과 해석이 필요하다. 매우 많은 양의 데이터를 필요로 하는 기법이며 적절한 설문조사를 수행하기 위해서는 비용과 시간이 필요하다. 설문조사를 설계하는 것과 그 응답을 해석하는 일 역시 매우 어렵고 전문화된 작업이다.

그러나 조건부 가치추정법은 다른 기법들로는 해결하기 힘든 문제와 상황에서 적용 가능한데 이러한 이유로 인기가 높다. 실제로 조건부 가치추정법을 활용한 경험적 연구의 대부분은 대기질, 수질, 편의시설, 생태계보호 및 존재가치 등의 분야에서 수행된다. 특히 개발도상국에서는 수질이나 위생시설 분야에서 지불의사에 관한 중요한 증거들을 제공하고 있다.

조건부 가치추정법의 가장 큰 약점은 시장에서 사람들의 실제 행동에 따른 증거보다는 일종의 사람들의 관점에 의존한다는 점이다. 따라서 응답할 때 여러 가지 편의들이 발생할 수 있다. 그러나 이러한 편의들 중 어떤 것들은 정교한 설문조사 설계를 통해 통제될 수도 있다. 또한 해당 이슈에 대한 응답자들의 이해 정도에 의존하고 그들에게 해당 이슈가 미치는 영향에 의존하게 된다. 이는 일정한 교육 수준을 상정하는 것인데, 이러한 조건은 국가 전체나 전 세계적인 문제에서보다는 시급한 지역적 관심사의 경우 더 쉽게 충족된다.

3) 현시선호기법

생태계서비스와 생물다양성의 경제적 가치를 평가할 때 가장 흔하게 발생하는 문제 중 하나는 시장결여(missing markets)의 문제이다. 생태계에 대한 가치는 시장가격이나 거래량으로부터 직접적으로 알아낼 수는 없다. 사람들이 생태계의 가치나 생물다양성의 가치를 직접 사거나 팔지 않기 때문이다.

하지만 이에 대한 사람들의 선호는 유사한 대리 시장(surrogate markets)에서 이루어지는 행동을 연구함으로써 간접적으로 추정될 수 있다. 어떤 재화와 서비스는 생태계서비스에 대한 보완물이나 대용물이 될 수 있다. 이렇게 매우 밀접하게 관련된 시장에서 도출된 편익이나 지불되는 가격을 조사함으로써 환경에 대한 사람들의 선호가 유추될 수 있다.

본 절에서는 세 가지 중요한 기법들이 논의될 것이다.

첫째, 여행비용 접근법(travel cost method, TCM)은 입장료에 대한 대리물로서 자연경관을 방문하고 즐길 때 발생되는 비용과 시간을 활용하는 방법이다.

둘째, 회피적 행동(avertive behaviour, AB)기법과 방어적 지출(defensive expenditure, DE)기법은 생태계의 질이 실제적으로 혹은 잠재적으로 악화될 것으로 예측될 때, 이에 대해 사람들이 자신을 보호하기 위해 쓰는 시간과 비용으로부터 단서를 얻는 방법이다.

셋째, 헤도닉가격기법(hedonic pricing method, HPM)은 다른 여러 요소들 중에서 부동산 가격이 해당 생태계의 질에 대한 가치를 반영한다는 개념에 기초하는 것이다.

세 가지 기법 모두 시장에서 관찰된 사람들의 행태에 관한 데이터에서 그들의 현시된 선호(revealed preferences)를 추정한다. 진술선호기법은 소비자가 직접 말로 표현했던 선호로부터 정보를 이끌어 내었던 반면, 현시선호기법은 행동으로 표현된 선호를 통해 추정하는 점이 서로 다르다.

i) 여행비용 접근법

여행비용 접근법은 입장료를 부과하지 않거나 다른 요금이 무료인 자연경관이나 환경자원의 가치 평가에 진가를 발휘한다. 이 때 문제의 핵심은 가격이 책정되어 있지 않은 이러한 환경자원에 대한 가치를 어떠한 방식으로 계량화할 것인가이다. 한 가지 가능한 것은 관광객들에게 직접 물어보는 것인데, 이것이 바로 앞의 절에서 논의했던 조건부 가치추정법(CVM)이다. 또 다른 접근법으로는 지불할 의사가 있는 가격에 대한 대체물로 관광객들의 여행비용을 활용하는 것이다.

여행비용 접근법이 취하고 있는 기본 원칙은 사람들이 관광지를 방문하기 위해서는 직접적인 이동 비용과 시간에 대한 비용이 발생한다는 것이다. 또한 일반적인 경제학 이론에 의하면 가격이 오르면 재화에 대한 수요는 줄어든다. 따라서 여행비용이 증가하면 일반적으로 방문객 수는 줄어들 것이다. 여행비용에 관한 사람들의 응답을 바탕으로 논의 중인 생태계서비스에 대한 수요곡선이 도출될 수 있다. 그리고 수요곡선의 아래 영역은 해당 생태계서비스에 대한 총 편익으로 해석될 수 있다. 이 부분의 전체 합이 소비자 잉여이며, 이론상으로는 이것이 관광객들에게 추가적인 요금을 부과하는 범위를 나타낸다.

① 여행비용 접근법의 적용가능 분야

여행비용 접근법을 활용하기 위해서는 해당 장소가 사람들의 접근이 가능한 지역이어야 하고, 입장료 및 직접적인 요금이 전혀 없거나 있어도 매우 낮아야 하며, 사람들이 해당 장소에 여행하기 위해 별도의 시간과 비용을 들여야 한다.

여행비용 접근법은 다음의 상황이나 분야에서 유용하게 활용될 수 있다.

첫째, 여가활동을 위한 장소

둘째, 자연 보호구역, 국립공원, 여가를 위해 활용되는 산림이나 습지

셋째, 부가적으로 여가에 활용될 수 있는 댐, 저수지, 산림 등

넷째, 땔감의 공급

다섯째, 식수를 위한 취수

② 수요곡선 도출을 위한 절차

여행비용 접근법에서 수요곡선을 도출하기 위한 주요 절차는 다음과 같다.
첫째, 해당 장소를 제외한 나머지 지역을 거리 등의 기준을 통해 권역으로 나눈다.
둘째, 해당 장소에 대한 방문객들의 표본을 추출하여 설문조사를 실시한다.
셋째, 각 권역으로부터의 방문 비율을 산출한다.
넷째, 각 권역별로 여행비용을 추정한다.
다섯째, 회귀분석을 실시한다.
여섯째, 수요곡선을 도출한다.

권역설정 | 먼저 해당 장소를 제외한 나머지 지역을 대상으로 권역을 나누는데, 같은 권역 내에 있는 각 지점으로부터 해당 장소까지의 여행비용이 대략 동일하게끔 나눈다. 가장 간단한 경우는 해당 장소를 둘러싼 동심원을 이용하여 권역이 그려질 수 있다. 그러나 실제적으로 연구에 적용될 때에는 권역들이 불규칙한 윤곽을 가지기도 하고, 심지어는 동심원이 아닐 수도 있다. 이는 해당 장소에 대한 이동 가능 권역 내에서 여행비용이 얼마나 다양한지에 달려있다. 일반적으로 실제 사례연구에서는 권역을 설정할 때 해당 국가의 행정구역을 많이 활용한다.
권역설정 시 만약 외국인 관광객을 포함하도록 한다면 문제가 매우 복잡해진다. 제주도나 만리장성과 같이 국제적인 명성을 지닌 관광지의 경우가 이에 해당되는데, 한 가지 간소화할 수 있는 방법은 거리 대신에 여행비용에 따라 권역을 정의하는 것이다. 여행비용 접근법은 단일 국가나 단일 지역 내에서 수행된다면 문제가 더 적어진다.

설문조사 | 설문조사는 해당 장소에서 이루어지거나, 해당 장소로 향하는 여행경로에서 혹은 해당 장소 인근의 방문객일 경우 그들의 집에서 이루어질 수도 있다. 또한 이러한 장소들을 함께 조합해서 수행할 수도 있다. 이 때 가장 중요한 것은 대표성을 지니는 표본을 추출하는 것이다. 데이터는 방문객의 특성, 방

문 동기, 여행비용, 생태계 자원의 속성 등에 따라 수집된다. 특히 다음과 같은 정보가 수집되어야 한다: 방문객 수; 방문객들의 출신지; 방문 빈도; 방문객의 사회 · 경제적 특성; 여행 기간 및 해당 장소에서 보내는 시간; 직접적인 여행비용; 시간에 대한 응답자들의 가치 평가 정도; 해당 장소에 대한 과거 방문 빈도; 해당 장소의 과거 활용 사례, 즉 해당 장소에서 사냥이나 낚시 등 관람 이외 행동의 성공 여부; 각 권역의 총 인구; 여행의 다른 동기 및 여행 동안 방문했던 다른 장소; 해당 장소의 생태계서비스 질에 관한 특징과 해당 장소의 대체재.

방문비율 산출 | 각 권역에 대해 인구당 연간 방문자 수나 숙박을 할 경우 방문자당 방문 일수에 대한 데이터가 설문조사 자료로부터 추정되어야 한다.

여행비용 추정 | 비용에 포함되는 주요 항목들은 다음과 같다.
첫째, 각종 요금이나 연료비, 기타 부수비용을 포함하여 해당 장소까지의 왕복에 필요한 직접 경비가 우선적으로 도출되어야 한다.
둘째, 해당 장소에서 보냈던 시간을 포함하여 여행에서 보낸 시간에 대한 가치를 추정해야 한다. 이때 여가 시간에 대해 가치를 평가하는 것은 본질적으로 매우 복잡하고 어려운 문제이다. 대부분의 경험적 연구들은 일반적인 평균 임금률의 1/4에서 1/2 사이에서 그 가치를 평가한다. 만약 여가의 가치에 대한 특별한 추정치를 손쉽게 구하기 힘들다면 평균 임금의 약 1/3이 척도로 받아들여질 수 있을 것이다.
셋째, 해당 장소에 대한 입장료나 가이드 이용료 및 기타 다른 부수비용이 산정되어야 한다.
혹 방문객들이 몇몇 다른 장소를 왕복하는 여행의 경우 방문객들이 표시한 총 여행비용을 일반적인 방식에 비례하여 각 장소들에 분배할 필요가 있다.

회귀분석 실시 | 다음 단계는 방문 비율과 적절한 설명변수들 사이의 관계를 검증하는 것이다. 이 단계는 다중 회귀분석을 통해 수행되는데 이 때 여행비용, 다른 사회 · 경제적 변수, 경쟁 장소의 가격과 거리 등의 독립변수들을 통해 방문

비율을 설명하기 위한 것이다.

수요곡선 도출 | 여행비용 접근법을 통한 사례연구의 목적은 논의 중에 있는 생태계서비스에 대한 수요곡선을 도출하는 것이다. 만약 사람들의 방문비율이 그들이 지불할 가격(여행비용을 통해 대신해서 측정하게 됨)에 따라 다양하게 나타난다면 이러한 관계는 해당 생태계서비스에 대한 수요곡선으로 간주될 수 있다.
여행비용에 따른 방문 변화를 수요함수로 나타낼 수 있다면, 마지막 단계는 실제 방문비율에 따라 데이터를 고정시키고 반복에 의해 수요곡선에 위치할 각 점들을 도출하는 것이다. 독특하고 눈에 띄는 특징을 가진 장소라면 상대적으로 가파른 수요곡선을 가질 것이고, 이것은 여행비용의 변화가 크더라도 방문객 수가 영향을 많이 받지 않는다는 의미이다. 다시 말하여 많은 방문객들이 먼 거리를 여행해서라도 해당 장소를 방문할 준비가 되어 있다는 것을 암시한다. 반면, 비교적 덜 흥미로운 장소라면 더 평평한 수요곡선을 가지는데 이는 여행비용의 변화에 방문의사가 크게 영향을 받는다는 의미로, 방문객들이 먼 거리를 여행할 의사가 크지 않음을 반영하는 것이다.
만약 입장료가 전혀 없던 상황에서 방문객이 있었다면 입장료를 받게 될 경우 일반적으로 방문객이 급격하게 감소할 수 있다. 이러한 절차를 통해 연속된 점을 생성할 수 있고 이를 통해 수요곡선이 도출될 것이다. 입장료가 없는 경우에 수요곡선 아래에 있는 전체 영역은 소비자 잉여에 해당될 것이다. 만약 해당 생태계 자원으로부터 획득되는 다른 편익이 전혀 없고, 해당 생태계 자원을 유지하는데 필요한 비용이 전혀 발생하지 않는다면, 위의 소비자 잉여에 해당되는 영역은 해당 생태계 자원을 보존함으로 인해 발생하는 총편익과 동일할 것이다.

③ 여행비용 접근법의 한계
여행비용 접근법을 활용할 때 다음과 같은 문제들이 발생할 수 있다.

첫째, 방문목적이 다양할 경우이다. A라는 장소를 방문하는 것이 다른 장소 방문과 관련된 여행 중 한 부분일 수도 있다. 또한 그것은 업무상 혹은 친지 방문

등 여러 복합적인 동기를 가진 여행에서의 일부분일 수도 있다. 그러한 경우에 여행의 전체 비용을 연구의 관심 대상인 해당 장소에 대한 것으로 부여하는 것은 부정확하다. 비용에 대한 대략적인 분배가 필요할지 모르나 그것은 임의적인 오류를 가져올 가능성이 있다.

둘째, 여행으로부터 발생가능한 비효용(disutility)의 문제이다. 여행을 싫어하거나 교통수단이 쾌적하지 못한 곳으로의 여행에 대한 비용은 실제 발생하는 비용보다 일반적으로 과소 추정될 여지가 있다. 특히 개발도상국에서 이러한 문제는 크게 작용할 가능성이 높다.

셋째, 여가시간에 대한 가치 평가의 문제이다. 여가시설이나 문화시설에 대한 여행에서 시간의 소비는 여행자들에게 반드시 비용으로 처리될 필요는 없다. 어느 정도 그것 자체가 즐거움의 한 부분이기 때문이다. 원칙적으로 방문객들에 대한 설문조사는 여행에 대한 방문객들의 태도를 명확히 밝힐 수 있어야 한다.

넷째, 표본추출 과정에서 편의가 발생할 수 있다. 설문조사를 통해 데이터를 수집하는 비용은 표본의 크기와 설문조사가 수행되는 기간에 따라 결정된다. 이로 인해 해당 장소를 자주 방문하는 여행자에게 유리한 편의가 발생할 수 있으며, 방문조사 방식의 활용은 비용 문제로 좌절될 수도 있다. 비이용자들에 대한 인터뷰의 실패는 설문조사에서 '절삭편의(truncation bias)'를 야기시키기도 하고, 중요한 정보에 대한 연구가 불가능할 수도 있다.

다섯째, 비이용자와 장소 밖의 편익이 고려되지 않는 문제가 있다. 여행비용 접근법은 해당 장소에서 직접적인 이용자들에 대한 편익만을 고려하는 방법이다. 즉 이 방법은 해당 장소 밖에서의 사용가치(유역 보호, 생물다양성 등)나 지역 거주민들에게 제공되는 재화와 서비스(목재, 여가, 벌꿀, 약재 등)에 대해서는 다루지 않는다. 해당 환경자원으로부터의 선택가치나 존재가치도 고려하지 않는 것이다. 따라서 여행비용 접근법은 일반적으로 전체 편익을 과소 추정하는 경향이 있다. 그러므로 가능하다면 여행비용 접근법을 통해 다루지 못하는 이런 종류의 편익들을 함께 고려할 수 있도록 다른 기법들을 여행비용 접근법과 함께 활용해야 한다.

여섯째, 회귀분석에서 함수의 형태를 선택하는 것이 문제가 될 수 있다. 회귀분석을 통한 추정 절차는 전체 결과와 수요곡선에 상당한 영향을 미칠 것이다.
마지막으로, 생태계의 질에 대한 변화를 측정하는 것 자체가 매우 도전적인 과제이다. 여행비용 접근법은 어느 장소에 대해 이미 일어났거나 일어날 가능성이 있는 변화가 해당 장소의 방문에 어떤 영향을 미치는지를 추정할 때 활용된다. 이러한 경우에는 해당 장소와 생태계서비스에 대한 객관적인 척도가 사용될 필요가 있지만 이는 쉽지 않다.

여행비용 접근법은 여가시설에 대한 수요를 추정하고 생태계 자원의 보존과 향상으로 인한 편익을 추정하는데 있어 비교적 잘 확립되어 있는 방법이다. 자동차에 의해 접근이 가능한 다소 고립된 단일 장소에 가장 적합하며, 사람들이 여행 시간을 비용으로 간주할 때 잘 적용될 수 있다. 따라서 경험적 여행비용 연구의 대다수가 미국과 같은 선진국에서 수행되어 왔다는 것은 우연이 아니다.
여행비용 접근법은 설문조사를 통해 수집된 많은 양의 데이터를 요구하고, 추정 절차는 세심한 주의를 요한다. 또한 방문 목적이 여러 가지일 때는 다소 불분명한 결과를 보여준다. 그리고 여행비용이 적은 도시 지역에 적용하거나 여행 자체가 편익의 한 부분으로 간주되는 곳을 방문할 때에는 적용이 어렵다. 해당 장소를 둘러싼 지역 전체에 미치는 편익이나 비이용자 가치 등에 대한 누락은 열대우림이나 야생동물 보호에 여행비용 접근법을 적용할 때 치명적인 한계로 작용하기도 한다.
여행비용 접근법은 다음과 같은 정책 결정에 유용하다. 첫째, 국립공원이나 휴양 지역의 입장료 수준에 대한 결정, 둘째, 여러 장소들을 대상으로 국가의 여가 예산과 환경 보전 예산을 분배해야 할 경우, 셋째, 서로 다른 목적의 용도 사이에서 경쟁이 있을 경우, 여가를 위해 해당 장소를 보존하는 것이 다른 용도를 위해 활용하는 것보다 가치 있는 것인지에 대한 결정 등에 잘 적용될 수 있다. 개발도상국에서 여행비용 접근법은 연료용 목재나 수자원공급 프로젝트의 평가에 특히 유용한데, 이는 목재나 수자원을 확보하는 것이 시간과 비용 면에서 상당한 경비를 수반하기 때문이다.

ii) 회피적 행동기법

생태계와 환경이 변할 것으로 전망되었을 때, 사람들은 다양한 방법으로 이에 대처하고자 한다. 환경이 악화되고 있거나, 그럴 것으로 예상된다면 사람들은 예견된 불행으로부터 자신들을 보호하고자 한다. 생태계와 환경을 보존하고자 재화와 서비스를 구매할 수도 있는데, 이 때 사람들이 자신을 보호하고자 구매하는 재화는 환경이나 생태계의 질에 대한 대체재 또는 대용물(substitutes or proxies)이 된다. 환경의 질이 개선되는 반대의 경우에는 이러한 대체재에 대한 투자는 감소할 것이다.

회피적 행동기법에는 여러 가지 형태가 있다.

첫째, 방어적 지출 또는 예방적 소비라고도 불리는 이 형태는 사람들이 자신의 주거지역에 대한 환경 악화를 스스로 방비하고자 하는 것을 의미한다. 예를 들자면, 사람들은 토양 침식 방지를 위해 물여과기나 정수기를 설치하기도 한다.

둘째, 환경대리물(environmental surrogates)을 구매하는 것이 회피적 행동의 한 유형이 될 수 있다. 그 예로 사람들은 병에 든 생수를 구매하는 것을 오염되거나 신뢰할 수 없는 수돗물보다 선호한다.

셋째, 환경변화에 특히 민감한 사람들은 자주 이사를 하곤 한다.

회피적 행동기법은 사람들의 환경적 선호를 측정하는 불완전한 방법이다. 그럼에도 불구하고, 말뿐만이 아닌 사람들의 행동을 증거로 삼는다는 장점이 있으며, 다른 평가기법에 비해 쉽고 적용이 간편하다.

① 회피적 행동기법의 적용가능 분야

회피적 행동기법은 사람들이 노출된 환경적 위험을 이해하고 있는 경우, 이에 대해 스스로 방어하고자 행동을 취하는 경우, 또한 이러한 행동에 가격이 부과될 수 있는 경우에 활용이 가능한 접근법이다.

회피적 행동기법은 다음과 같은 분야에 적용하기 좋은 기법이다.

첫째, 대기오염, 수질오염, 소음공해와 관련된 분야

둘째, 토양 침식, 산사태, 홍수위험 등과 관련된 분야

셋째, 토양 비옥도, 토지 황폐화 등의 분야

넷째, 해양 및 해안오염과 해안침식 등의 분야

특히 회피적 행동기법은 환경적 위험이 직접적으로 경험되거나, 취해지는 행동이 효과적일 것으로 예상될 때 사용자 가치로서 높은 신뢰성을 갖는다. 하지만 이 기법은 존재가치나, 공공재의 가치에 대해서는 신뢰성 있는 증거를 제시해 주지 못한다.

② 회피적 행동기법의 주요 절차와 데이터 수집
회피적 행동기법은 다음 단계를 따라 적용된다.
첫째, 환경 위험을 파악한다.
둘째, 환경 위험에 영향 받는 모집단의 범위를 명확히 구분하고 규정한다.
셋째, 사람들의 반응에 대한 정보를 수집한다.
이것을 단계별로 좀 더 구체적으로 설명하면 다음과 같다.

환경 위험 파악 | 당연해 보일지 모르나, 회피행태에는 종종 다양한 동기가 있기에 주요 환경 재해를 명확히 하는 것은 어느 상황에서든지 중요하다. 도시의 교통량 증가는 대기오염에 이어 소음의 수준도 증가시키는 경향이 있다. 물공급과 관련된 문제는 물의 질 악화뿐 아니라 간간이 공급이 중단되는 이중의 문제를 야기할 수도 있다. 비탈면을 보호하고 침식을 예방하는 목적을 위해 심어진 나무는 미래의 자산적 가치가 있으며 유용한 제품을 생산해 내기도 한다.

위의 모든 경우에 있어, 환경적 선호를 표현하기 위해 회피적 행동의 가치를 사용하는 것은 다양한 행태동기와 다중적인 환경목표가 있기에 복잡하다. 개인에 대한 환경의 영향을 독립적으로 파악하는 것은 불가능할지 모르지만, 회피적 행동을 활용하고자 하는 연구에서는 최우선적 환경사안과 차선적 사안을 구별하여 회피적 행동을 최우선적 사안에 부합하도록 하여야 하며, 차선적 목표는 보너스와 같이 받아들여야 한다.

영향을 받는 모집단 규정 | 주어진 환경재해에 영향을 받는 모집단이 파악되어야 한다. 따라서 사안에 대해 직접적인 영향을 받는 인구와 위험에 대한 노출이 너무 작아 실제로는 거의 고려되지 않을 만한 인구를 구분할 수 있는 경계가 필요

하다. 회피적 행동 연구의 표본은 전체 모집단에서부터 나와야 한다. 만약 매우 적은 영향을 받는 인구로부터 도출된 증거에 과도하게 의지할 경우, 가치가 제대로 평가되지 못할 수 있다.

생태계 변화로부터 영향을 받는 인구의 범위를 규정하는 것은 어려운 일이다. 특히 대기오염의 위험에 있는 사람들을 파악하기란 더욱 까다롭다. 오염된 공기는 배출수준뿐만 아니라 계절과 기후적 조건에 따라 유동적이다. 해당 모집단에 대한 영향은 개개인 각각의 민감한 정도(건강), 오염이 최대로 집중된 수준과 이 정도가 얼마나 빈번한지, 평소보다 특별히 위험한 오염물질이 존재하는지 등의 여부에 따라 다르다. 천식이나 기관지염을 앓고 있는 사람의 경우 더욱 위험하며, 따라서 오염물질에 노출을 피하기 위해 외출을 삼간다든지 이사를 결정하는 것 등과 같이 극단적인 결정을 내릴 가능성이 있다.

정보 수집 | 회피적 행동기법을 활용하기 위해 적절한 데이터를 수집하는 데에는 다양한 방법이 있다.

첫째, 잠재적 피해자들을 종합적으로 조사하기 위해서는 포괄적인 조사방법을 사용해야 한다. 이것은 영향을 받는 그룹의 규모가 상대적으로 작을 때 가능하다. 침식이나 하류의 퇴적에 의해 영향을 받는 몇몇 농부들이나, 수돗물 공급을 위해 집수지역을 보호하고자 할 때, 제조업체가 사용되는 물의 오염을 막고자 예방적 조치를 취할 때, 방음설비를 사무용 건물에 설치할 때 등이 이에 해당된다.

둘째, 많은 수의 이해관계 집단이 있을 때에는 표본조사를 통할 수 있다. 이는 개별 가정이 수질, 대기 또는 소음공해에 대응하여 예방책을 세우는 것에 적용 가능하며, 농부들이 침식방지 대책을 마련하거나, 손실된 토양의 양분을 비료를 통해 보충하는 것 등에 적용될 수 있다.

셋째, 전문가의 의견을 활용할 수도 있다. 방어적이거나 예방적인 조치에 관련된 의견이나, 복구비용 또는 환경대체물을 구입하는 비용에 대하여 전문가의 의견을 구할 수 있다. 이것은 간단하면서도 쉽게 접근할 수 있다는 측면에서 매력적인 방안이다. 그러나 이 방안은 다른 정보들을 보조하는 역할이나 다른 수단을 통해 얻어진 데이터의 신빙성을 확인하는 용도로 사용되는 것이 바람직하며, 전문가의 의견에 지나치게 의지하는 것은 회피적 행동기법의 기본 취지에서 벗어날 수 있으므로 주의가 요구된다.

③ 회피적 행동기법의 한계

다른 방법에 비해 간단할지 모르나, 회피적 행동기법은 다음과 같은 한계를 가지고 있다.

첫째, 환경으로부터 심각하게 영향을 받는 사람들은 이사를 결심할 것이다. 따라서 이사를 하지 않고 해당 장소의 환경적 변화에 계속 노출되는 사람들에 대한 반응 연구는 실제 발생하는 방어적 지출을 축소시킬 가능성이 있다. 이전한 사람들을 추적해 연구하는 것이 가능할 경우 연구의 신뢰도를 높이는 데 크게 기여할 수 있으나, 연구의 복잡성과 비용이 증가할 것이다.

둘째, 환경과 생태계의 완벽한 대체물이나 대리물을 찾기란 사실상 불가능하다. 특정 재화는 환경에 대해 제대로 된 대체물이 아니며 부분적 대체물에 불과하고, 환경적이지 않은 특성을 지닌 재화 또한 존재한다. 예를 들어 상실된 토양 양분을 화학 비료로 대체하는 것은 토양의 회복에 도움이 되지 않고, 마찬가지로 벌채된 나무를 대체하고자 도로나 빌딩에 나무를 심는 것은 생물다양성 회복이나 야생동물을 위한 서식지 마련 측면에서 전혀 도움이 되지 않는다.

셋째, 방어적 지출에 대한 접근법의 실효성은 사람들이 그들이 노출된 위험의 수준을 알고 이에 따라 방어적 지출의 수준을 결정한다는 가정에 크게 의존하고 있다. 하지만 이러한 일종의 선견지명과 같은 가정이나 합리성은 현실적이지 못하다. 특히 새로운 형태의 위험이나 시간이 갈수록 증가하는 위험의 경우에는 더욱 그러하다. 사람들은 자신도 모르는 사이에 과대 혹은 과소 보상을 할 가능성이 있다.

넷째, 사람들이 그들이 무엇을 원하는지, 무엇을 해야 하는지, 얼마를 지불해야 하는지에 대해 명확히 알고 있다 하더라도 시장의 불완전성에 의해 제약을 받을 수 있다. 예를 들어 생태계 보존적인 행동에 나서고자 함에도 불구하고 신용등급이 낮아 그러지 못하는 농부라든지, 양분을 대체할만한 비료의 절대량이 부족할 경우 등이다. 가난에 의해 비용을 감당하지 못해 환경의 영향에 대한 피해자들이 스스로를 보호할 수 없는 경우도 존재한다. 이는 모든 빈곤국에서 회피적 행동기법을 적용할 때 가장 큰 문제점 중 하나로 지적된다.

회피적 행동기법은 비교적 간단하며 직관적이고 호소력이 강하다. 이 방법은 관측된 행태와 더불어 많은 실증적 소스로부터 표본 설문조사나 전문가 의견과 같은 데이터를 얻는다. 다른 한편, 회피적 행동기법을 통해 얻은 데이터는 해석하기 어렵거나 신뢰성이 떨어진다. 특히, 사람들이 환경적 위험의 규모를 알고 있으며 이에 상응한 대응을 보이고, 대응 시 빈곤이나 시장의 불완전성 등 그들을 제약할 사항이 별로 없다고 믿는 가정에서 출발한다. 환경적 대체물의 불완전성은 과대 혹은 과소보상으로 이어지며 데이터 사용에 문제를 발생시키고 이 방면의 많은 연구를 입증하지 못하게 하는 결과로 이어지기도 한다.

요약하자면 회피적 행동기법은 세심한 주의를 통해 사용될 경우, 대기 또는 수질, 소음, 토지 황폐화, 침식과 토양 양분 상실, 산사태와 홍수 위험 그리고 해안의 침식과 오염 등의 분야에 있어 사람들의 환경적 우려의 규모를 밝혀주기에 유용할 것이다. 의사결정 과정에서 환경피해를 예방해야 할지 아니면 그대로 두어야 할지, 피해자들에게 보상을 해야 할지 아니면 이전 환경의 질을 회복해야 할지에 대해 결정할 때 이 방법은 다른 기법(특히 용량-반응, 생산유발효과)을 통해 획득한 데이터와 비교 가능하도록 해준다.

ⅲ) 헤도닉가격기법

헤도닉가격기법(hedonic pricing method, HPM)은 사람들이 환경이나 생태계의 질에 대해 매기는 가치는 그들이 환경적 특성을 포함한 재화에 얼마나 돈을 쓰는가로부터 유추해야 한다는 개념이다. 주로 부동산 시장이 분석의 대상이 된다. 만약 사람들이 동일한 집과 땅임에도 불구하고, 특정 위치에 존재하는 집과 땅에 더 많은 돈을 투자한다면, 또 만약 가능한 다른 모든 비환경적 이유로 인한 가격 변화가 알려져 있는 경우라면 주거지의 가격 차이는 환경적 차이에 기인한다는 것이다. 헤도닉가격기법은 연구를 위해 지정된 지역의 부동산 특징에 관한 많은 데이터를 필요로 한다. 부동산 가격의 차이는 크기, 지어진 연도, 상태와 위치 등의 특징과 연결되며, 더불어 다른 모든 "설명되지 않은" 가격 차이는 특정지역의 환경 요소로 파악한다.

이와 비슷한 접근 방식은 임금의 차이를 설명하는 연구에서도 나타난다. 즉, 임금 차이를 설명해줄 수 있는 모든 이유(나이, 기술수준 등)가 알려져 있는 경우, 남겨져 있는 설명 불가능한 임금 차이는 환경적 또는 직업적 리스크에 노출되는 것에 대한 보상에서 기인한다는 입장이다. 이 이론은 노동시장 역시 노동자가 환경적 리스크나 불편함에 노출되는 것에 대한 보상으로 임금을 인상하여 조정할 것임을 역설하고 있다. 이와 달리 환경적으로 쾌적한 장소에서는 반대의 현상이 있을 것으로 간주한다. 이러한 분야의 연구를 '임금리스크 (wage risk)' 연구라 부른다. 하지만 실제 노동시장은, 특히 개발도상국의 경우 이 방식대로 작동하지는 않는다. 이 문제는 가난하거나 비숙련된 사람들에게 더 심각한데, 빈곤과 열악한 환경은 종종 서로 밀접하게 연관되어 있기 때문이다. 낮은 임금수준과 열악한 환경조건이 함께 존재하는 것을 발견하기란 쉽다. '임금리스크' 연구는 특히 개발도상국들에 있어 이러한 방식의 연구가 과연 적절한가 하는 측면에서 문제시되며, 이후의 부분에서는 보다 일반적인 부동산 시장에서 속성가격 접근법을 적용하도록 한다.

① 헤도닉가격기법의 적용가능 분야

헤도닉가격기법은 부동산 시장이 활성화되어 있고, 환경과 주변 생태계의 질이 적절한 부동산 가치로서 사람들에게 받아들여지고, 지역 간 환경이나 생태계 질의 차이 또는 시간에 의한 변화가 분명히 인식 가능하며, 부동산 시장이 왜곡되지 않고 거래 또한 투명할 때 가장 적절하게 활용될 수 있다.

헤도닉가격기법은 다음과 같은 분야에서 유용하게 적용가능하다.

첫째, 지역의 대기 및 수질 변화에 대한 가치를 측정하고 할 때

둘째, 소음공해, 특히 항공기나 도로교통으로 인한 소음공해로 인한 경제적 가치 하락을 추정하고자 할 때

셋째, 편의시설이 지역 복지에 미치는 영향을 추정하고자 할 때

넷째, 하수처리시설이나 원자력 발전소 등 환경적으로 위험한 시설을 건설할 시 해당 장소 선정 또는 고속도로나 철도 노선 계획을 세울 때

다섯째, 도시 내 빈곤지역 개선 계획의 영향을 측정하고자 할 때

② 헤도닉가격기법의 주요 절차

헤도닉가격기법은 다음의 단계를 통해 수행된다.
첫째, 환경 및 생태계의 특성을 파악하고 측정한다.
둘째, 헤도닉가격 함수의 형태를 구체적으로 선정한다.
셋째, 횡단면(cross-sectional) 혹은 시계열(time series) 데이터를 수집한다.
넷째, 환경 및 생태계 특성의 가치를 파악하기 위해 다중회귀분석을 활용한다.
다섯째, 환경 및 생태계 개선의 수요곡선을 도출한다.

환경 및 생태계 특성의 측정 | 환경 및 생태계 특성은 이것이 부동산 가격과 상호 연관되어 있다면 측정 가능하다. 예를 들어 대기의 질은 다양한 지표를 통해 나타낼 수 있고, 이와 유사하게 수질에 대한 지표들은 용존산소량, 생물학적 산소요구량, 대장균수 등으로 표현된다.
어떤 지표를 선택하는가는 목적에 따라 다르다. 만약 대기나 수질이 건강에 미치는 영향에 대해 알고 싶다면 가장 적절한 지표는 건강과 밀접하게 연관되어야 한다. 예를 들어 대기오염을 위해서는 대기 중의 황산화물 농도를 사용할 수 있고, 수영에 적합한지를 알아보기 위해서는 대장균의 개체수를 활용할 수 있을 것이다. 하지만 몇몇 환경적 특성은 측정이 힘든데, 예를 들어 대기 가시거리는 쾌적성과 미적 편익을 위해 중요하고 수중의 가시거리는 다이빙과 스노클링을 위해 중요하지만 이를 측정하는 것은 쉬운 일이 아니다.
적절한 환경 지표를 선택한 후에는 지표의 임계범위(critical range)에 대한 고려가 이뤄져야 한다. 낮은 수준에서의 대기 및 수질오염은 부동산 가격에 거의 영향을 미치지 않을 것이다. 하지만 같은 비율의 변화라 할지라도 절대적 수준이 특정 임계점을 넘어서게 되면 큰 의미를 지닐 수 있다. 다른 환경 지표들의 경우, 오염의 악화와 영향을 받는 대상 간의 관계가 선형적이며 이러한 경우 헤도닉가격기법을 적용하기 쉽다.

헤도닉가격 함수형태의 선정 | 이 단계는 부동산의 가격과 환경적 특성을 포함한, 이와 관련된 모든 특성들 간의 함수관계를 구체화하는 것이다. 설명변수로는

다음과 같은 것들이 있다.

첫째, 방의 개수, 건설 연도, 부동산의 크기, 차고 유무 등의 부동산 특성

둘째, 교통 연결성, 지역시설, 쇼핑, 도로나 철도 인접성, 범죄율, 주변 환경의 질에 대한 인식 등 지리적 위치와 주변요소

셋째, 대기, 수질, 소음, 쾌적성 등의 환경적 특성

또한 특정 이유를 위해서는 다음의 네 번째 지표들이 필요할 수도 있다.

넷째, 나이, 소득, 가족사항, 교육 수준, 직업 등 부동산 소유자들의 사회·경제적 특징

연구 결과는 당연히 변수의 선택에 따라 영향을 받는다. 너무 적은 변수들이 선택되었다면 설명되지 못한 채 남은 부분이 부각될 것이기에 환경적 특성에 의한 가치가 과대평가될 수 있다. 하지만 만약 너무 많은 변수들을 선택하게 된다면 데이터 수집의 과도함 문제를 떠나, 상관관계 편의(correlation bias)가 발생할 수 있다.

변수의 형태를 선택하는 것은 편익 측정에 영향을 미치는 중요한 기술적 문제이다. 다른 많은 가능한 형태가 있긴 하나 일반적으로 준로그(semi-log) 형태를 선택한다. 보다 정교한 함수형태를 찾아내기 위해서는 통계적 조언이 필요하다.

데이터 수집 | 헤도닉가격기법은 많은 양의 데이터 수집이 필요하다. 다행히도 부동산 가격은 다른 종류의 부동산뿐만 아니라 다른 지역의 부동산 시장을 통해서도 대표성 있는 표본을 구할 수 있다. 이러한 데이터는 부동산세와 가격으로 표현된다. 현실에서 부동산 관련 데이터는 부동산업 종사자나 혹은 전문가들의 의견조사를 통해서도 얻을 수 있다.

횡단면 혹은 시계열 데이터가 사용될 수 있는데, 횡단면 데이터는 같은 시간대에 서로 다른 부동산 거래를 비교하며 데이터가 적절한 표본을 형성하기에 충분할 때 선호된다. 시계열 데이터는 같은 종류의 부동산을 시간의 흐름에 따라 비교하는 것으로, 만약 강력한 트렌드적인 요소가 있거나 취향 또는 다른 구조적 한계가 있는 경우에는 유용하지 않을 수도 있다. 하지만 예를 들어 빈곤지역에서의 주변 환경 개선 계획의 전과 후를 비교하는 것과 같은 경우에는 유용한

방법이다.

상관관계 분석 | 본 단계에서는 부동산의 가치와 주어진 환경적 특성의 상관관계를 파악하기 위해 다중회귀분석을 사용한다. 모든 비환경적 변수 각각에 대해 가격을 종속변수로 하는 회귀분석을 실시하며, 가격 차이는 이러한 맥락에서 설명된다. 설명되지 않은 모든 가격 차이는 선택된 환경적 특성과 상관관계로 설명된다(예: 깨끗한 공기, 좋은 경치). 이러한 특성들은 지표(예: 대기질의 수준, 바람직하지 않은 화학 물질의 농도)나 더미변수(특성의 유무, 0이나 1로 표시)로서 사용될 수 있다. 이러한 상관관계의 결과로부터 예컨대 대기의 질이라 하는 환경적 특성에 대한 내재적 가격을 추정하는 것이다. 현재의 부동산 시장에서는, 원하는 부동산의 특성이 주어졌을 때 다른 조건이 동일하다면 더 좋은 대기의 질을 얻고자 하는 소비자는 이 내재적 가격에 대해 추가로 비용을 지불할 의사가 있다고 본다.

환경 및 생태계 개선을 위한 수요곡선 도출 | 위와 같은 결과를 이용하여 환경에 대한 개인의 지불의사를 도출하는 추가적인 과정이 필요하다. 부동산에 대한 개인의 지불의사가 시장이나 부동산업으로부터 파악된 가격과 다르듯, 환경에 대한 지불의사는 시장을 통해 파악된 것과는 다를 수 있다. 만약 연구를 통해 측정된 환경적 특성 수준이 개인에 의해 인지된 수준과 일치한다면, 회귀분석에 의해 도출된 환경적 특성에 대한 내재적 가격은 지불의사를 잘 반영해 줄 것이다. 다시 말해, 환경에 대한 주관적 인식과 객관적 인식은 서로 동일할 수도 있고, 그렇지 않을 수 도 있다. 더욱 정확한 지불의사를 추정하기 위해서는 환경적 특성에 대한 내재적 가격을 종속변수로 삼고, 사람들의 사회·경제적 특성들에 관한 회귀분석을 실시해야 한다. 이 추가적 과정에는 고급 측정 기법들이 수반되어야 하며 이 시점에서는 전문가의 통계적 조언을 필요로 한다.

③ 헤도닉가격기법의 사용 요건과 한계

헤도닉가격기법은 세련되고 복잡한 기법으로 많은 데이터를 필요로 한다. 이

기법의 한계는 다음과 같이 요약될 수 있다.

첫째, 부동산 시장은 신뢰성 있는 데이터를 얻기에 충분히 활동적이지 않을 수 있으며 투명성이 보장되지 않거나 유동적으로 작동하지 않을 가능성이 있다.

둘째, 위 조건이 보장된다 할지라도 상당한 통계적 그리고 경제학적 기술이 요구되며 많은 양의 데이터가 수집 및 처리되어야 한다.

셋째, 환경적 특성이 측정 가능하지 않을 수 있다.

넷째, 부동산 시장의 개인들은 환경 문제를 주관적으로 바라본다. 지불의사를 통해 내재적 가격을 측정하는 것은 어려운 일이다.

다섯째, 함수형태나 추정기법에 따라 결과가 크게 달라진다. 이는 환경적 요소뿐만 아닌 다른 요소들과 함께 회귀분석이 실시되기 때문이다. 따라서 어떤 함수형태를 선택하는가 하는 것이 매우 중요하다.

여섯째, 부동산 가격에는 환경적 변화뿐만 아닌 미래 트렌드나 이벤트에 대한 시장의 예측 또한 포함되어 있다.

헤도닉가격기법은 가볍게 수행되어서는 안 된다. 이 기법은 많은 양의 데이터를 요구하며 전문가의 통계적 그리고 계량경제학적인 숙련도를 요한다. 본 기법을 도입하기 위해 필요한 선행조건으로, 개인 부동산 소유자들이 환경적 특성을 명확하게 파악하며, 가치 평가를 내릴 수 있도록 충분히 활성화되어 있고, 투명성이 보장되는 부동산 시장이 필요하다. 결과는 측정 방법과 함수형태의 선택에 따라 민감한 차이를 보인다.

이러한 요소들은 헤도닉가격기법의 적용 가능성을 상당히 제약한다. 실제 이 기법은 큰 규모의 대기오염 영향에 관한 연구나, 항공기 소음과 쾌적성이 부동산 가격에 미치는 영향을 파악하기 위해 사용된다. 이 기법을 통해서 비사용 가치를 파악할 수는 없고, 따라서 전체 환경 가치를 과소 측정할 수 있다. 기본적인 헤도닉가격기법은 빈곤지역 주변 환경 개선 계획의 편익을 측정하기 위해 사용될 수 있다.

4) 할인율의 적용

미래의 비용과 이익은 당장 눈앞의 비용과 이익보다 가치가 낮다. 현재로부터

멀리 떨어진 일일수록 가치도 그만큼 낮아지는 법이다. 할인이란 미래의 가치를 현재에 알맞게 조절하는 과정을 뜻한다.

할인은 비용편익분석(Cost-benefit Analysis)을 실시할 때 빼놓을 수 없는 요소로 자리 잡았다. 비용편익분석이란 프로젝트 수행에 필요한 비용과 프로젝트로부터 발생하는 편익을 객관적으로 비교, 평가하는 기법이다. 20년 동안 지속적으로 매년 똑같은 이익을 발생시키는 프로젝트보다는 같은 수준의 총이익을 첫 10년 동안 집중적으로 발생시키는 프로젝트가 더 매력적일 것이다. 복리 이자의 반대 개념인 할인은 미래의 비용과 이익의 가치를 현재의 가치로 환산할 수 있게 해 준다.

구제적인 예를 들어 할인이 미치는 영향을 알아보자. 현재부터 미래의 어떤 시간까지의 전체 기간을 n으로 나누고 할인율이 i라고 할 때, n번째 구간의 끝에서 어떤 자산이 갖는 미래가치를 현재가치로 환산할 때는 $1/(1+i)^n$을 미래가치에 곱하여 현재가치를 도출한다.

$$\text{현재가치} = \text{미래가치}/(1+i)^n$$

예를 들어 8년 후에 10만원이라는 돈의 가치가 현재 얼마인지를 알고 싶을 때, 10%의 이자율을 적용한다면, 위의 식에 따라 i에 0.1을 대입하고 n에 8을 대입할 경우 0.466을 얻을 수 있다. 따라서 이 값을 10만원에 곱하여 얻은 46,600원이 8년 후 10만원의 현재가치가 되는 것이다. 많은 컴퓨터 프로그램이나 적합한 계산기는 현재가치를 계산할 수 있다. 할인율을 기재한 도표는 직접 연산한 계산에 참고 가능하다.

10%의 복리이자를 적용할 경우, 현재의 10,000원은 25년 후 108,000원이 된다. 그 반대로, 같은 할인율 하에서, 25년 후의 10,000원은 현재가치로 900원이다. 10%의 할인율로는 비용이나 이익이 7년이면 반이 된다. 따라서 10%의 할인율이 주어졌을 경우 기간이 길어질수록 너무 심하게 할인되기 때문에 15년 후 이상을 내다보는 것은 거의 무의미하다. 또한 할인율이 변하면 그 결과도 크게 변한다. 할인율을 5%로 잡을 경우, 총가치가 반이 되는 기간은 14년으로 늘어나고, 25년 후에도 초기 가치의 30%를 유지한다.

그렇다면 왜 할인율을 적용할까? 여기에는 크게 두 가지 이유가 있다.

첫째는 시간에 대한 선호도이다. 사람들은 이익은 되도록이면 빨리 실현시키고, 비용은 최대한 늦게 지불하기를 선호한다. 비용이나 이익은 늦게 실현될수록 주관적 가치가 낮다. 이는 시장을 장기적으로 바라보지 못하는 근시안적 태도, 욕구를 급하게 충족시키고자 하는 조급함 또는 지금의 소비보다 미래의 소비가 더 클 것이라는 믿음(소비가 증가하면 소비의 한계효용이 줄어든다)으로부터 비롯된다. 이러한 요소들은 주로 개인의 의사결정에 큰 영향을 미친다. 시민을 대변하는 정부의 경우도 미래의 소득에 대해 사회적 시간 선호를 보인다.

두 번째 이유는 자산의 기회비용이다. 지금 가지고 있는 돈은 당장 사용이 가능하기 때문에 미래에 가지게 될 같은 양의 돈보다 가치가 높다. 예를 들어, 전자는 이익을 위한 투자나 이자를 받는 대출을 위해 즉시 쓰일 수 있다. 이는 할인율이 이율에 반비례하는 경우다. 미래의 이익을 위해 투자되는 금액은 지금 당장 다른 용도를 위해 사용될 수도 있었다는 기회비용 관점으로도 볼 수 있다. 이와 같은 발상은 나중에 얻는 돈은 당장 얻을 수 있는 돈에 비해 가치가 떨어진다는 할인율의 개념을 도입했기 때문에 나온다. 이와 같이 할인은 시간에 대한 속성(temporal profile)이 제각기 다른 자산의 운용에 있어 합리적으로 자금을 배분할 수 있도록 도와준다.

할인율을 다루는 문헌과 연구는 대단히 많다. 할인율은 투자 결정의 실질적 도구로 많이 쓰이기 때문에 많은 관심을 받는 동시에 그만큼 논쟁과 논란을 불러일으키기도 한다. 그 중 하나는 동일한 할인율이 여러 가지 다른 목적에, 때로는 서로 관련도 없는 목적들에 적용된다는 것이다.

이와 같은 할인율 문제는 더 많은 요소들을 고려해야만 하는 환경평가로 옮겨가면 더욱 복잡해진다.

첫 번째 부분은 적합한 할인율을 선정하는 것에 대한 어려움을 다룬다. 두 번째는 환경효과가 있는 프로젝트에 채택하는 특정 할인율이 어떤 영향을 끼칠 수 있는지 그리고 세 번째는 평가 문제를 공략함과 동시에 할인율을 유지하면서도 미래 세대의 환경과 이익을 고려할 수 있는 여러 가지 실용적인 방법에 대해 이야기할 것이다.

i) 사회적 할인율의 선정

대부분의 경우에 적용되는 할인율은 미리 주어진다. 대부분의 모든 공공투자

프로젝트에도 적용할 할인율이 주어지지만 그 할인율이 '정확'한 것인지에 대해서는 별로 논의되지 않는다. 하지만 경우에 따라 프로젝트 평가를 위한 할인율을 직접 추산하거나 기존의 할인율을 조절할 필요가 있다. 어찌됐던 간에, 프로젝트와 관련된 환경 문제를 고려하기 전에, 할인율이 왜 필요한 지와 선택된 할인율이 경제학적으로 합리적인지를 보여 주는 것이 중요하다. 할인율에 대한 주된 비판의 하나는 사용되는 할인율이 너무 높다는 것이고, 환경 문제를 고려하는 경우에는 더더욱 그러하다는 것이다.

할인율의 종류에는 사회적 시간선호율, 회계장부 상의 이자율, 소비자 할인율, 생산자 할인율 등과 함께 앞서 언급한 할인율들을 종합적으로 고려한 할인율 등 다양한 목적과 개념에 따라 몇 개의 다른 할인율이 존재한다.

① 사회적 자산의 기회비용

할인율을 추산하는 간편한 기법 중에 하나는 자본의 장기수익률을 그 자본에 대한 기회비용으로 취급하는 것이다. 이는 하고자 하는 프로젝트가 비슷한 규모의 민간부분 프로젝트를 대체하는 경우에 적합하다. 금융시장이 잘 발달한 국가에서는 이러한 정보들은 금융시장을 통해 쉽게 얻을 수 있다. 하지만 이런 경우 자본의 장기수익률에는 위험에 대한 할증이 붙기 때문에 위험이 거의 없는 공공 프로젝트에 같은 수준의 할인율을 적용하는 것은 적절하지 않을 것이다. 또 다른 경우에는 위험도가 낮거나 위험이 존재하지 않는 시장, 예를 들어 신용도가 높은 정부에서 발행한 국채의 장기이자율을 사용하기도 한다.

② 사회적 시간선호율

이론적으로 말하자면 우리 사회는 두 가지 이유로 미래보다는 현재의 소비를 선호한다. 첫째는 앞서 언급한 개인의 시간 선호, 즉 사회구성원들이 미래보다 현재의 소비를 선호하기 때문이다. 둘째는 미래에 소득의 증가가 예상될 경우 소득이 증가할 때마다 소득증가분에 대한 한계효용이 떨어지기 때문이다. 이것을 식으로 표현하면 다음과 같이 나타낼 수 있다(OECD, 1994).

$$s = p + u \times g$$

여기서, s = 사회적 시간선호율(social rate of time preference)

p = 시간의 순수 선호율, 효용이 감소하는 속도(pure rate of time preference, the rate at which utility is discounted)

u = 소비가 증가함에 따라 한계효용이 떨어지는 속도(rate at which marginal utility declines as consumption increases)

g = 일인당 예상되는 소비의 증가(expected growth in consumption per head)

주로 선진국들을 대상으로 한 연구이기는 하지만, 몇몇의 연구에 의하면 p는 약 2% 정도의 값을 가진다. g는 인구성장과 소득증가에 대한 추정을 근거로 추산 가능하다. u는 정확한 값을 제시하기 힘든 개념으로, 논란의 여기가 있기는 하지만 몇몇 연구에서는 1~2% 정도의 값을 제시하고 있다.

③ 종합할인율

이론적인 논의는 실질적인 목적을 위한 최적의 할인율을 구하는 데 대략적인 길 밖에 제시하지 못하기 때문에 종합할인율이라는 개념은 상당한 관심을 끄는 개념이다. 이 중 한 가지는 사회적 시간선호율과 자본의 기회비용을 가중 평균하여 사회적 할인율을 유도해내는 것이다. 가중치는 소비와 투자로부터 얻어지는 편익의 비율로 정한다. 각각 요소들의 소비와 투자의 상대적 비율로 인해 정해진다. 이것을 식으로 표현하면 다음과 같다.

$$w = h_1 \times r + h_2 \times s$$

여기서, w = 종합할인율

h_1 = 국민소득 중 투자에 사용되는 비중

h_2 = 국민소득 중 소비에 사용되는 비중

s = 사회적 시간선호율

r = 민간자본의 평균 실질수익률

예를 들어 h_1과 h_2가 각각 20%와 80%이고, s는 2% 그리고 r은 8%라면, w는 3.2%가 된다.

ii) 할인과 환경위험

할인율은 환경 문제에 부정적인 영향을 미칠 수도 있는 다음과 몇 가지 특징들을 보여준다. 환경피해는 주로 미래에 일어나기 때문에 장기간에 걸쳐 할인율을 적용하면 피해의 규모를 사소한 수준으로 축소해버릴 수 있다. 미래에 일어날 참사, 서식지 상실이나 지하수 오염은 매우 치명적이지만 일반적인 비용편익분석에서는 오로지 당장 눈앞에 닥칠 일들의 비용이나 편익이 상대적으로 더 중요하기 때문이다. 많은 경우 환경위험은 보통 장기간에 걸쳐 나타난다. 그 반대로, 먼 훗날 발생할 환경 편익 역시 그 가치가 할인에 의해 축소당하고 단기적 편익과 비교하여 과소평가당한다. 이로 인해 할인이란 개념은 특히나 환경 문제에 있어서는 비합리적인 차별을 한다고 주장되기도 한다.

할인율이 높을수록 미래가치는 현재가치에 비해 낮게 평가되므로, 높은 할인율 하에서는 삼림자원, 수자원, 야생동물 등과 같은 재생가능한 천연자원의 개발 및 이용이 가속화된다. 이는 자원의 보존보다는 이용을 권장하는 편향적 사고를 부추길 수 있다. 할인율이 재생자원의 재생률을 초월하는 극단적인 경우, 자원을 고갈시키는 개발이 자원의 보존보다 더 합리적으로 여겨진다.

이와 같은 이유로 미래 세대의 이해는 공정하게 보호되지 못하고 있다. 투자 결정의 대부분은 근시안적이고 심지어 '반'미래지향적이라고도 할 수 있다. 이러한 문제의식 하에 다음과 같은 해결책들이 제시되기도 한다: 할인율을 없애거나 낮게 잡는다; 환경 프로젝트나 특정 환경효과에 관해서는 할인율을 낮게 잡는다; 미래 세대에 귀속되는 비용과 편익에 분배를 고려한 가중치를 적용한다.

그러나 이러한 방법 중 어떤 것은 적용이 쉽지 않다. 예를 들어, 어떤 경우 환경 프로젝트와 일반 프로젝트의 구분이 쉽지 않으며, 같은 프로젝트 내에서도 환경효과와 관련된 것들과 그 이외의 효과에 해당하는 부분을 구분하는 것이 쉽지 않다. 미래 세대를 위해 분배적 가중치를 사용하는 것에는 많은 철학적, 도덕적, 경제적 그리고 현실적인 문제가 따른다. 여기서의 가중치는 대부분 매우 주관적이고 자의적이라 전통적인 비용편익분석에는 거의 도입되지 않았다. 경우에 따라 변동하는 차등할인율을 적용하는 것은 정부와 개인 투자자들이 함께하는 자본시장에 혼란을 초래할 수 있고 경우에 따라 바람직하지도 않다. 예를 들어, 자본이 부족한 빈곤국에 차별화된 낮은 할인율을 책정하는 건 원칙적으로 잘못된 생각이다.

이와 같은 경우 차등할인율이 일으킬 수 있는 문제점들로는 빈곤국에 자본집약적인 개발계획을 권장할 수 있다. 이러한 개발은 고용을 저해함으로써 빈곤을 증가시키고, 이는 다시 환경에 부담을 안기게 된다. 그뿐만 아니라 수력발전과 같은 환경효과가 모호한 프로젝트를 부추길 수 있다. 여기서 수력발전의 환경효과가 모호한 이유는 화석연료를 대체함으로써 얻는 긍정적인 환경효과가 있는 반면, 주변의 생태계나 거주지에 부정적인 효과도 같이 가져오기 때문이다. 특히 대규모 수력발전은 긍정적인 효과보다 부정적인 효과가 더 큰 것으로 알려지고 있다. 차등할인율은 또한 일반적인 투자수익률을 밑도는 비생산적인 프로젝트를 허용하기도 한다. 이는 천연자원의 이용을 부추기고 주변 미개발 구역의 침범으로 이어진다. 이 모든 것들이 자본의 낭비를 초래한다.

할인율이 너무나 많은 일을 하도록 요구받는 것도 문제라고 할 수 있다. 비록 적절한 할인율에 대해서는 논란의 여지가 있지만, 여러 프로젝트 사이의 자원배분 혹은 한 프로젝트의 타당성 평가를 위한 도구로서 시간에 대한 할인은 필수불가결하다. 따라서 특정 환경 문제는 직접적으로 접근하고, 할인은 그 기본적인 목적을 달성하도록 하는 것이 바람직하다.

ⅲ) 할인의 필요성

일반적으로 권장되는 방식은 모든 프로젝트에 대해 통상의 일반적인 할인율을 적용함과 동시에 특정 환경 문제들은 직접적으로 공략하는 것이다. 환경 문제에 할인율의 개념이 도입될 경우 일어나게 되는 문제들을 해결하기 위해 굳이 할인율 자체의 유용성을 희생할 필요는 없으며, 이러한 불필요한 희생은 그 나름의 새로운 문제를 만들어낼 것이다.

미래에 일어날 것으로 예상되는 환경 문제는 충분히 발생가능성이 있다. 이런 계통의 위험성과 불확실성을 다루는 방법에 대해서는 다음 장에서 다루도록 하겠다.

매우 치명적이기는 하지만 발생 확률은 낮을 것으로 예상되는 위험은 큰 폭으로 할인되는 경향이 있다. 하지만 의사결정권을 가진 사람들이 위험을 회피하는 성향이 강하다면 계획되는 프로젝트는 이러한 문제를 고려하도록 수정되기도 한다. 미래에 발생할 것으로 예상되는 환경피해는 주로 정보부족으로 인해 저평가 받는 경향이 있다. 이런 경우는 할인율 자체를 재고하기보다는 정보취득과 위험 관리를 위한 투자에 대해 생각을 해야 할 것이다.

미래 세대를 위한 정의는 논란의 여지가 있고 행동원리로 옮기기에 어려움이 많다. 미래 세대가 물질적으로 지금보다 더 풍요롭고 현재와는 다른 삶의 방식을 즐길 것으로 예상된다면 특히나 더 까다롭다. 만일 미래 세대에 더 많은 선택권을 주는 게 원칙적으로 옳은 것이라면, 우리는 생물다양성 보존, 대표적인 경관과 서식지의 다양성 유지, 희소 자원의 사용 저감 그리고 생태계와 환경에 관한 자료와 정보 수집에 대한 투자 등등을 우선적으로 이행해야만 한다. 이런 중대한 문제들을 다루는 데 있어 할인율은 부차적인 문제이지만, 그렇다고 할인율의 개념 자체를 버리게 된다면 앞서 언급했던 문제들이 발생한다.

많은 환경 문제들은 더 종합적인 경제성 평가로 분석 가능하다. 환경적 측면에서 보자면 피해를 초래하는 프로젝트들은 너무 많이 승인되는 반면 편익을 초래하는 프로젝트들은 너무 적게 승인된다. 이는 제대로 된 비용과 편익의 발견과 평가가 이루어지지 못하기 때문이다. 요즘 들어 널리 퍼지고 있는 환경에 대한 경제적 가치 평가는 이와 같이 숨어있는 가치들을 발견하고, 환경운동가들도 납득할만한 방향으로 프로젝트가 선택되도록 하는데 기여하고 있다. 이제 많은 경제학자들이 할인율, 통합 환경 가치 평가, 지속 가능성을 위한 기준의 적용 등을 포함하여 환경비용편익분석에 대한 균형 잡힌 접근이 필요함을 인정한다.

대체 불가능한 고갈 위기의 천연자원을 이용하는 건 가능하다면 피해야만 한다. 특정 환경 자산들은 시간이 갈수록 더 희귀해짐에 따라 사회적 평가 또한 높아져간다. 몇몇 경우 대안(예를 들어 수력발전을 위해 아름다운 계곡을 댐으로 메우기 보다는 태양광발전을 택하는 경우)의 비용이 시간이 지남에 따라 떨어지고, 이에 따라 대안을 채택한 기회비용 역시 줄어들 것이다. 환경 프로젝트에 숨겨져 있는 환경 편익을 찾아내는 것은 기회비용을 감소시키고 궁극적으로 프로젝트의 타당성을 높여서 더 많은 환경 프로젝트가 수행될 수 있도록 할 것이다. 다시 말하자면 귀한 자원은 시간이 지남에 따라 가치가 더욱 늘어날 것이므로 대안을 찾아 이용하는 것이 장기적으로 더 이익이 된다.

할인율은 경제학에서 오랫동안 광범위하게 다루어졌으며 최근 들어서는 환경주의자들의 관심을 끌고 있다. 할인율에 대한 이론적 주장, 여러 할인율 사이에서의 선택 그리고 할인율을 추산할 때 발생하는 문제가 아직까지 다 풀린 것은 아니지만, 실제 사용자들이 목적에 맞게 쓰기에는 크게 문제가 되지는 않을 것이다. 할인율의 기능에는 여러 가지가 있는데, 그 중 대표적인 것은 시간선호도를 나타내 주고 기회비용에 따라 자본을 할당하는 기능이다. 사회적 시간선호도를 추산하는 건 어렵고 대부분 직감으로 때려 맞추거나 많은 가정들을 넣어서 얻어낸다.

할인이 중요한 환경 문제를 내포하고 있는 프로젝트의 평가에서 요구하는 모든 측면을 만족시킬 수는 없지만 그렇다고 할인을 실시하지 않는다거나 함부로 고치는 것은 실질적이지 못하며 바람직하지도 않다. 앞으로 계속적인 이론의 발전과 실제 경험을 통해 문제점들이 계속 개선되어 나가야 할 것이다.

다시 말하면, 여러 가지 문제에도 불구하고, 환경평가에 기존의 할인율을 도입해 사용하여야 한다. 실제로 사용되는 할인율은 앞에서 언급된 원칙에 따라 면밀하게 검토되어야 하며, 환경 비용과 편익을 제대로 평가하여야 한다. 평가 가격에 환경 자산의 상대 가치의 장기적인 변화를 반영하여야 하고, 지속 가능성 기준을 사용하여 대체 불가능한 고갈위기의 자원은 사용을 피해야 하며, 지속 가능한 수율을 초과하여 사용되는 재생 가능한 자원은 반드시 비용으로 취급되어야 한다.

5) 위험과 불확실성(Risk and Uncertainty)

인간 활동의 결과는 대부분 정확하게 예상할 수 없다. 이는 가능한 결과에 대한 무지로부터 기인할 수 있는데, 이것은 미래에 대한 불확실성의 극단적인 경우이다. 지식이 발달할수록 미래에 관한 불확실성을 확률로 표현할 수 있다. 이것은 불확실성을 위험으로 변환하는 것이며 위험은 측정가능한 불확실성으로 표현된다.

자연에 대한 인간의 개입이 불확실성을 가지는 것은 당연한 일일지도 모르지만 이는 주요 환경효과를 초래하는 모든 프로젝트가 공통으로 갖는 속성이다. 많은 환경 현상의 원리는 아직 제대로 이해되지 않은 것들이 많으며, 따라서 환경영향에 대한 예측 또한 확신할 수는 없는 일이다. 발생가능한 환경영향의 종류에 대해서는 알아낼 수 있을지 모르지만 어느 정도 규모로 언제 발생할 지를 알아내는 것은 대단히 어려운 일이다. 연쇄작용이나 복잡한 피드백을 일으키고 누적 효과를 발생시키는 현상의 영향을 예측하는 것은 더욱 어렵다. 종의 멸종, 오존층 파괴 또는 경관의 영구적 변화 같은 복구 불가능한 영향은 특별한 관심을 요한다.

불확실성에 직면했을 때 경제학은 다음과 같은 접근법을 사용한다. 첫째, 정보수집에 대한 투자의 유용성을 입증한다. 둘째, 몇 가지 가능한 결과를 확률과 함께 제시한다. 셋째, 의사결정권자나 일반 대중들의 인식과 선호도를 고려한다. 넷째, 적절한 의사결정 규칙과 투자 전략을 고안한다.

i) 정보 수집을 위한 투자

환경효과가 불확실하기는 하지만 아주 큰 규모일 것이라고 생각된다면 관련된 정보를 가급적 많이 수집하려 하는 건 당연할 일이다. 이 중 한 가지 수단은 환경영향평가(EIA)를 실시하는 것이며 EIA는 많은 국가에서 일정 규모 이상의 프로젝트를 수행하기 해서는 필수적으로 요구된다. 이 밖에도 통제된 환경 속에서 유사한 환경효과를 관측하기 위해 예비 실험을 실행하는 방법도 있다. 그 이외에도 과학적 연구에 자금을 지원하는 것도 하나의 방법이다.

대부분의 경우 필요한 정보는 이미 존재하며 경제학자의 역할은 주어진 정보를 가지고 문제에 대한 올바른 결정을 이끌어내도록 하는 것이다. 예를 들어 비용효과기준을 사용하여 수질이나 대기질의 기준을 맞추기 위한 여러 대안들 간의 비용을 비교할 수도 있다. 그리고 프로젝트가 지연되거나 취소될 경우 발생하는 기회비용을 추산하는 것도 중요한 일이며, 추후에 취득한 새로운 정보를 반영하기 위해 프로젝트를 변경하는 경우 발생하는 추가 비용을 계산할 수도 있다.

복구 불가능한 행동을 미리 회피하는 것도 가치가 있다. 이와 관련된 가치를 선택 가치라고 한다. 미래의 환경영향에 대한 지식을 증가시키는 정보는 준선택 가치(quasi-option value)를 가지고 있다고 한다. 이 가치들은 정보에 투자하는 것으로부터 얻는 편익들이다. 프로젝트를 시작할 것이냐 말 것이냐 하는 선택의 가능성은 일단 프로젝트가 시작되면 곧 바로 사라질 것이다. 따라서 프로젝트가 시작되지 않고 연기되는 한, 이러한 선택의 가능성은 계속 열려 있는 것이므로 프로젝트의 시작을 지연시키는 어떤 것이라도 선택 가치를 가진다고 할 수 있다. 복구 불가능한 환경영향을 가지는 프로젝트는 이와 같은 선택 가치가 대단히 크다고 볼 수 있다. 프로젝트가 실행된 뒤에 그로 인한 환경영향을 발견하기보다는 프로젝트가 시작되기 전에 미리 발견하는 것이 나중에 가서 치러야 할 값비싼 복구비용을 회피하는데 도움이 된다. 그뿐만 아니라 특정 환경영향에 대해 더 정확한 정보를 갖고 있는 것은 사전예방의 원칙에 따라 확보하여야 하는 안전을 보장하기 위한 비용을 줄여주기도 한다.

당사자가 위험을 기피하거나 의사결정이 잠재적으로 중요한 영향을 불러일으킬 수 있는 불확실성이 존재할 경우 사전예방의 원칙을 따르는 것이 좋다. 사전예방의 원칙이란, 가장 극단적으로 말하자면, 그 확률이 아주 작다 할지라도 매우 심각한 환경영향을 유발할 가능성이 있다면 그 가능성을 초래할 수 있는 모든 행동을 자제해야 된다는 원칙이다. 좀 더 현실적으로 말하자면 어떤 프로젝트로 인해 상당 규모의 환경피해가 일어날 수도 있을 경우, 그 프로젝트를 하지 않는 데 들어가는 기회비용을 포함해서 환경피해를 회피하기 위해 필요한 총비용이 '합당'할 경우 환경피해의 위험을 사전적으로 회피해야 한다는 원칙이다. 여기서 '합당'하다 함은 이해당사자들이 판단할 일이다.

이와 관련된 개념으로는 최소안전기준(Safe Minimum Standard, SMS)이 있다. SMS는 잘못된 선택을 하게 될 경우 발생가능한 최대 피해를 최소화할 수 있는 방향으로 결정을 내린다. SMS를 실행하는 데에 필요한 비용이 너무 부담스럽지 않은 이상 이 방법을 채택하는 것이 바람직하다. 그리고 이번에도 마찬가지로 너무 부담스럽지 않음의 판단은 상황에 따라 이해당사자들이 내린다.

불확실성이 존재하는 한 경제학적 분석은 상당한 제약을 받는다. 그럼에도 불구하고 프로젝트의 주요 변수에 대해 행하는 민감도 분석(sensitivity analysis)은 변화하는 환경 속에서 프로젝트의 타당성을 평가하는 유용한 방법이다. 예를 들어 어떤 환경 변화가 발생할 것으로 예상되지만 이에 대해 신뢰도 있는 확률을 부여할 수는 없다고 하자. 또한 이것이 프로젝트의 비용과 편익에 영향을 미칠 것이라고 가정하자. 그 변화의 발생 확률을 추산하는 것은 어려울지 모르지만 이 변화에 따라 프로젝트의 수익률이나 순현재가치(NPV)가 어떻게 변하는 지를 보여줌으로써 이 변화에 대한 프로젝트의 민감도를 보여 줄 수는 있다.

ii) 위험 평가

위험 평가는 불확실성을 위험으로 환산하는 과정으로서 다음과 같은 3단계를 거쳐 행해진다.

① 환경영향의 발생 경로 파악

첫 단계는 전체의 과정을 분석하고 확률을 부여하기 위해 관리 가능한 몇 단계로 전체 과정을 세분화하는 것이다. 산업 공정이나 발전소 같은 경우 결함수분석기법(Fault Tree Analysis, FTA)을 이용해 발생가능한 결함을 밝혀내거나 이러한 결함이 어떤 경로를 통해 다른 부분에도 피해를 미칠 수 있는지 미리 짚어 볼 수 있다. 이 방법은 아무리 확률이 낮더라도 심각한 폭발, 유출, 방출 또는 붕괴 가능성이 있는 원자력 발전소, 화학공장, 대형건물, 댐과 같은 경우에 특히 유용하다.

위에서 언급한 원자력 발전소나 화학공장 등에서 발생할 수 있는 사고보다는 덜 심각하다 하더라도 다른 시설이나 프로젝트의 경우도 발생가능한 사고를 파악하고 이것이 어떤 경로를 거쳐 발생할 지 예측하고 대비하는 것은 역시 중요한 일이다. 예를 들어, 가축분뇨나 잔류농약, 쓰레기 매립으로 인한 지하수 오염 가능성은 토양 상태, 지질학적 구조, 강우량과 기타 배출물의 종류 및 주기에 달려있다. 이 경우에 지하수가 오염되는 경로는 다양한 변수에 의해 영향 받는 대단히 복잡한 양상을 띠기 때문에 그것을 파악하는 데는 컴퓨터 모델링이 요구될 수도 있다.

토양 침식과 퇴적 같은 경우, 침식이 일어날 가능성을 분석해 주는 일반토양상실공식(Universal Soil Loss Equation)과 같은 모델이 있다. 짧은 거리 내에서라면 토양입자의 움직임까지 예측 가능할 수도 있다. 하지만 길이가 긴 강이나 관개용수로, 큰 강어귀의 하류 쪽으로 쌓이는 토사를 예측하거나 모델링 하는 것은 대단히 어렵다. 그럼에도 불구하고 위험 평가의 첫 단계는 위험 유발 요인을 파악하고 그로 인한 피해가 어떤 경로를 통해 발생하는 지를 이해하는 것이다.

② 위험의 규모와 심각성 예측

위험에는 확률과 규모라는 두 가지 특성이 있다. 위험 발생의 확률 문제를 논하기 전에 위험이 발생할 경우 그 피해가 어느 정도가 되는지 규모가 파악되어야 한다. 예를 들어 특정한 구역의 토양 침식의 규모는 강우량에 따라 연간 상실되는 토양의 깊이(cm)로 표시될 수 있다. 매립지 주변에서 발생할 수 있는 지하수 오염의 경우 검출된 오염물질의 양이 위험수준을 넘어선 것으로 밝혀진다면 그 지하수를 음용수로 사용하는 것은 불가능하게 될 것이다. 홍수위험 예측의 경우 서로 다른 규모의 홍수(예를 들어, 50년 만에 한 번 발생하는 규모의 홍수, 100년 만에 한 번 발생하는 규모의 홍수 등)에 의해 발생하는 재산상의 피해를 예상할 수 있다.

어떤 환경 위험은 그 발생가능성은 낮으나 일단 발생하면 그 피해가 극히 클 수가 있다. 예를 들어 대규모 댐의 붕괴, 화학공장의 폭발사고, 원자력발전소로부터 방사성 오염물질의 유출, 대규모 홍수, 산사태, 해일 등이 그 예가 될 수 있다. 이러한 것들의 위험 관리는 특별한 어려움을 유발한다.

발생가능한 위험의 심각성이나 규모에 대한 예측은 여러 가지 방법을 통해 이루어진다. 이러한 방법에는 과거의 기록, 현장 조사 및 관측, 다른 곳에서 밝혀진 용량-반응 관계나 함수 관계의 원용, 모델링, 실험실에서 얻은 결과의 적용 등이 있다. 위험의 예측 시 특히 고려해야 할 사항은 위험에 노출되는 인구의 수이다. 홍수로 인해 피해를 입을 사람은 몇 명이나 되는지, 지하수 오염으로 인해 피해를 입을 사람은 몇 명이나 되는지 하는 것이 위험 평가에서 가장 중요한 요소이다. 그리고 이러한 환경 위험의 경제성 분석을 위해서는 위의 정보들이 앞에서 소개된 경제적 가치 평가기법에 의해 경제적 가치로 환산되어야 한다.

③ 확률과 기대값 추산

확률이란 특정한 사건이 발생할 가능성의 정도를 나타낸다. 이것이 과학적 관측이나 추정을 통해 얻어진다면 객관적 확률이라 부르고, 전문가나 의사결정자의 판단을 통해 얻어진다면 주관적 확률이라 부른다. 한 결과가 발생할 때 동시에 다른 결과가 발생하진 않는다면 이 결과들을 상호배타적이라 하고 상호배타적인 결과들의 확률의 합은 1이 된다. 예를 들어 동전을 던졌을 때 나오는 결과는 동전의 앞면 아니면 뒷면이 둘 중의 하나이고, 앞면과 뒷면이 동시에 나올 수는 없으며, 앞면이 나오는 확률과 뒷면이 나오는 확률의 각각의 합은 1이다.

그러나 현실에서는 상호배타성이 모호하거나 발생가능한 모든 결과를 엄밀하게 규정하는 것이 큰 의미가 없는 경우도 있다. 이런 경우 확률을 표현하는 방법 중의 하나는 과거의 기록, 역학 데이터 등에 근거해서 어떤 사건이 발생할 확률이 백만 번 중의 몇 번이라는 식으로 표현하는 것이다. 불산 유출 시 평균 사망자 수나 조명이 없는 도로의 자동차 사고로 인한 사망자 수 등도 넓은 의미에서 이러한 사건이 발생할 확률을 대신해 사용될 수 있을 것이다.

프로젝트의 객관적 기대값을 의사결정의 중요한 요소로 사용하는 의사결정자들은 프로젝트로부터 예상되는 순편익과 손실 발생의 확률에 대해 상당히 민감하다. 기대값과 함께 의사결정에서 고려되어야 하는 또 다른 요소에는 위험인식과 주관적 선호가 있다.

ⅲ) 위험인식과 주관적 선호

위험에 대한 사람들은 태도는 위험회피, 위험중립, 위험선호의 세 가지로 나뉜다. 도박사의 경우는 위험선호적이라고 할 수 있고, 많은 경우 위험회피적이라 할 수 있다. 객관적으로 발생가능성이 작다 할지라도 어떤 위험은 일단 발생할 경우 개인이나 사회가 감당하기에는 그 피해의 정도나 규모가 너무 커서 그러한 위험을 줄이기 위해 극단적인 수단을 취할 수도 있다.

새로운 품종이나 영농기술이 실패할 경우 그것이 농부들에게 미치는 영향은 너무 커서, 예를 들어 농지를 잃게 된다거나 빚이 기하급수적으로 늘어난다거나 하여, 농부들은 대개 위험회피적이다. 회사의 관리자의 경우 자기가 주도하는 프로젝트의 실패가 실직이나, 법적 책임 문제 혹은 경력 상의 오점을 초래한다면 그 프로젝트로부터 발생하는 편익과 손실을 주관적이고 체계적으로 파악하기는 어려울 것이다. 많은 나라에서 원자력 발전을 반대하는 운동이 확산되는 것은 그 확률은 작다할지라도 일단 발생하면 그 위험이 너무 크기 때문이다. 많은 경우 특정한 환경 위험이나 재난에 부여하는 중요성이나 확률에 대해 전문가와 일반 대중 사이에 괴리가 있는 것이 보통이다.

기대값은 발생가능한 서로 다른 결과에 대해 부여된 확률에 기초하여 결정되는 값이다. 확률은 전문가의 의견이나 과거 사례의 통계적 분석을 통해 얻어진다. 그러나 많은 경우 위험에 대한 평가는 주관적 판단에 크게 영향 받는데, 사례가 많지 않은 새로운 종류의 위험이나 서로 얽히고 설켜서 인과관계가 복잡한 위험의 경우는 특히 그렇다.

생태경제학은 개인이 선호를 가치 평가의 기초 자료로 사용한다. 기대값이 낮다고 할지라도 소비자가 덜 위험한 결과를 선호한다면 이러한 선호도가 분석에 반영되어야 한다. 기대값에 선호를 적용하는 것을 기대효용이라 한다. 기대효용에 의해 의사결정을 할 경우 발생가능한 결과들에 대해 각각의 확률 뿐 아니라 효용에 의해서도 가중치를 주어야 한다. 만일 의사결정자가 특별히 위험회피적이라면 손실에 대해 아주 높은 가중치를 주어야 할 것이다.

실제 상황에서 기대효용의 도출은 상당히 임의적인 과정을 통해 이루어진다. 의사결정자나 일반대중은 위험을 매우 주관적으로 인식하고 그에 따라 반응한다. 다음 절에서는 위험회피적인 의사결정을 내릴 때의 원칙에 대해 알아보고자 한다.

iv) 위험 관리

가능하다면 불확실성은 위험 관리의 문제로 전환되어야 한다. 그러기 위해서는 필요한 정보 취득을 위한 투자가 먼저 이루어져야 하는데 연구, 시범프로젝트 수행, 추가 조사 등이 이러한 투자에 속한다. 일단 발생가능한 주요 결과들이 파악되고 각각의 결과에 대해 확률이 부여되면, 그로 인해 영향 받는 모든 이해당사자들의 의견을 수렴해야 한다. 이러한 의견 수렴을 통해 이해당사자들의 위험회피의 정도를 측정한다. 이해당사자들이 계획된 프로젝트에 대해 위험회피적인 성향을 보인다면 프로젝트를 다시 디자인하거나 대안을 선택한다.

프로젝트를 다시 디자인하는 목적은 위험 요소를 제거하거나 최소화하기 위함이다. 민감도분석 등을 통해 프로젝트에 가장 중요한 변수를 파악하고 이렇게 파악된 정보는 위험인식이나 이해당사자의 선호도와 같은 다른 정보와 함께 프로젝트를 다시 디자인하는데 사용된다. 예를 들어, 조림사업은 주변의 가축으로 인해 어린 묘

목들이 생존에 위협을 받을 수 있다. 이때는 가축의 침입을 방지하기 위해 별도의 장애물이나 담장을 설치해 주어야 한다. 공장의 폐수처리장치가 제대로 작동을 하지 않으면 주변 하천이나 지하수의 오염을 초래할 수 있다. 이때는 보조처리장치를 설치해 놓는 것이 그러한 위험을 회피할 수 있는 방법이고, 그것을 위한 투자는 정당화될 수 있을 것이다. 대개의 경우, 모니터링, 검사, 규칙 준수 등을 위한 투자는 별도의 비용이 들어가기는 하지만 환경위험을 줄일 수 있는 좋은 방법이다.

또 다른 대안은 의사결정자나 이해당사자의 선호에 부합하는 의사결정 규칙을 만드는 것이다. 이것은 보통 최악의 결과를 완화하기 위해 만들어 진다. 예를 들자면, 프로젝트로부터 예상되는 최대 손실을 최소화시키는 미니맥스(minimax), 발생가능성이 가장 작은 결과의 가능성을 최대화시키는 맥시민(maximin), 최악의 결과와 다른 결과 사이의 차이를 최소화시키는 최소리그렛(minimum regret) 등이 있다.

이러한 기준에 따라 선택을 하는 것은 일반적으로 최대의 기대값을 갖는 프로젝트를 선택하는 것보다 더 큰 비용을 수반한다. 다시 말하면 위험 관리에는 비용이 소요되지만 이해당사자의 효용을 증가시킬 수 있다. 위험 관리로 인해 증가하는 비용과 회피되는 위험을 비교하여 의사결정을 하는 것은 프로젝트에 관계된 이해당사자에 의해 이루어져야 한다.

이러한 선택에 보조적으로 쓰는 방법으로는 페이오프 매트릭스(payoff matrix)와 리그렛 매트릭스(regret matrix)를 활용하는 것이 있다. 페이오프 매트릭스는 다양한 선택 하에서 발생가능한 각각의 결과를 기술한다. 예를 들어, 어떤 프로젝트는 강수량이 충분할 때 최고의 수확량을 보이는 반면 강수량이 부족할 때는 최악의 수확량을 보인다고 가정하다. 위험회피적인 사업자라면 충분한 강수량 하에서 더 적은 수확량을 보이더라도 부족한 강수량 하에서 더 많은 수확량을 보이는 프로젝트를 선택할 것이다. 후자의 경우 강수량이 좋을 경우 수확의 일부를 희생해야 하지만, 강수량이 안 좋을 경우에는 오히려 득이 된다. 다시 말하면, 수확이 좋을 경우 희생해야 하는 수확량을 수확이 안 좋을 경우에 대비한 보험으로 생각하는 것이다. 보험으로 얼마를 지불할 것인가 하는 결정은 수확량을 결정하는 강수량에 대한 확률에 달려 있다 할 것이다.

결론적으로 말하면, 불확실성과 위험의 관리는 환경평가에서 큰 부분을 차지한다. 불확실성을 위험으로 바꾸는 것은 문제 해결을 위한 첫걸음이다. 정보의 습득을 위한 투자는 불확실성을 줄이는 방법이다. 그러나 불확실성을 줄이기 위한 투자 자체가 목적이 되어서는 안되고, 예상되는 편익에 맞추어 투자가 이루어 져야 한다. 민감도분석은 프로젝트의 결과에 가장 큰 영향을 미치는 변수들이 변할 때 결과가 어떻게 변하는 지를 분석하여 의사결정에 참고하는 것이다. 위험평가는 위험을 초래하는 사건과 발생경로를 분석하는 것으로 시작하고 발생가능한 위험의 규모와 확률을 평가하며, 그 결과 초래되는 경제적 영향을 추산한다. 어떤 프로젝트의 기대값은 발생가능한 결과의 가중평균치이다. 위험에 대한 태도는 일반적으로 위험회피적이다. 위험회피는 의사결정자의 선호에 부합하는 방식으로 정보 취득을 위한 투자, 문제 특성의 파악, 의사결정 규칙의 선택 등을 하고 사전예방의 원칙을 적용함으로써 이루어질 수 있다. 이러한 방식의 위험 관리는 비용을 수반하기는 하지만 그렇다고 결코 간과해서는 안 될 것이다.

CHAPTER

04

생물다양성과 생태계서비스의 분석 사례

1. 국내사례

(1) 수도권 그린벨트 지역의 생태계서비스 가치 평가 연구[09]

1) 배경

수도권을 둘러싸고 있는 그린벨트는 시가지 개발의 급속한 확대를 막고 녹지를 확보하기 위하여 1971년부터 1976년까지 지정되었다. 최초 지정 시에는 서울시 행정구역의 경계로부터의 반경 15km 지점으로부터 25km 지점까지 약 10km의 폭으로 둥근 형태로 설정되었으나 안산시의 개발지역 확산을 막고 수도권의 상수원인 팔당댐 인근의 환경파괴를 막기 위해 남측 및 동측으로 서울 도심 반경 40km 지점까지 연장하였다. 이로써 총 1,566.8㎢의 그린벨트가 최종적으로 지정되었다. 한국 인구의 절반이 거주하는 수도권에서 그린벨트는 수도의 무차별한 확산을 막는 역할과 수도권의 생태를 보전하고 다양한 생태계서비스를 제공하는 중요한 역할을 해 왔다. 현재까지 그린벨트의 중요성에 대해서는 모두가 인지하고 있으나 실제 그린벨트가 갖는 경제적 가치에 대한 연구는 이루어지지 않았다.

본 연구에서는 그린벨트 지역을 대상으로 자연이 제공하는 생태계서비스의 경제적 가치를 평가하는 것이다. 이를 위해 생태계와 생물다양성의 경제학(TEEB)연구의 평가방법을 근거로 첫째, 가치추정이 가능한 생태계서비스의 리스트를 만들고, 둘째, 선행연구를 통해 생태계서비스 가치추정 방법론을 개발하여 생태계서비스별 가치를 추정하였다.

2) 방법

생태계서비스 가치산출을 위해 TEEB에서 제시하고 있는 평가방법을 인용하였다. 첫째, 가치 인식단계에서는 환경부에서 제공하는 토지피복도를 이용하여 그린벨트의 토지피복을 살펴보고 토지피복별 생태계가 제공하는 생태계서비스를 분석하였다. 둘째, 가치 입증단계에서는 생태계서비스별로 평가방법 및 가치산출방법을 도출하고 직접 가치를 산출하였다. 생태계서비스 분석 및 평가방법은 TEEB 연구의 기초가 된 MA(2005) 및 de Groot(2002)의 생태계서비스 산출지표와 산림과 농업분야

09 류대호, 이동근. 2013, 수도권 그린벨트 지역의 생태계서비스 가치 평가 연구, 국토계획 48(3), 279-293.

의 선행연구 결과를 이용하였다. 가치산출방법은 식량 및 임산물 등의 공급서비스는 시장분석법을 적용하였고 물공급 서비스와 조절서비스는 대체비용법을 적용하였다. 문화 서비스는 선행연구에서 산출한 지불의사금액을 적용하여 경제적 가치를 산출하였다.

3) 결과

수도권 그린벨트의 1ha당 생태계서비스의 경제적 가치는 아래 표와 같이 도출되었다. 이를 수도권 그린벨트 내 대상지별 면적(산림 81,392ha, 논 12,982ha, 밭 16,015ha, 전체 110,389ha)과 곱하여 총 생태계서비스 가치를 구하였다. 수도권 그린벨트의 산림 및 농경지가 제공하는 생태계서비스의 연간 경제적 총가치는 산림 1조 8,600억원, 농경지 6,029억원으로 총 2조 4,629억원이 산출되었다. 서비스별 산출 결과는 공급서비스 5,339억원(21.7%), 조절서비스 1조 3,459억원(54.6%), 문화 서비스 5,831억원(23.7%)이었다. 조절서비스가 공급서비스와 문화 서비스의 2배 이상으로 산출되어 생태계의 조절기능이 공급기능이나 문화 서비스 제공 기능보다 훨씬 큰 것을 알 수 있었다.

전체적으로 산림은 1조 8,600억원의 가치가 산출되었고 농경지는 6,029억원이 산출되어 수도권 그린벨트 지역에서 산림이 주는 생태계서비스 가치가 농경지에 비해서 약 3배 이상 큰 것을 알 수 있었다. 단위면적당 가치를 비교해보면 ha당 산림은 22,852천원, 논은 23,964천원, 밭은 18,222천원이 산출되었다. 산림과 비교하여 농경지의 생태계서비스 가치가 작지 않게 산출된 것은 논과 밭이 작물생산으로 인한 식량공급 기능이 크게 산출된 결과로 분석된다.

표 4-1. 수도권 그린벨트의 ha당 생태계서비스의 경제적 가치

생태계서비스	평균 (Th.Won)	산림 (Th.Won)	농경지 (Th.Won)	
공급서비스 (Provisioning Service)				
식량 (Food)	2,424		7,240	10,830
물 (Water)	2,210	2,447	3,319	150
임산물 (Raw materials)	202	275		
조절서비스 (Regulation Service)				
기후조절 (Climate regulation)	7,353	8,429	3,935	4,337
대기질 조절 (Air quality regulation)	1,343	1,743	222	217

생태계서비스	평균 (Th.Won)	산림 (Th.Won)	농경지 (Th.Won)	
침식방지 (Erosion prevention)	1,877	2,363	1,144	
자연재해완화 (Moderation of extreme events)	1,356	778	5,434	1,339
폐기물처리 (Waste treatment)	149	152	316	
생물학적 조절 (Biological control)	114	155		
문화 서비스 (Cultural Service)				
미적 정보 (Aesthetic information)	800	649	1,435	1,435
휴양 및 관광 (Recreation & tourism)	4,482	5,800	918	918
합계 Total	22,311	22,852	23,964	23,964

4) 시사점

본 연구는 그린벨트가 가지고 있는 경제적 가치를 산출함으로써 수도권에 거주하는 2,400만 명 이상의 주민들에게 제공하고 있는 각종 생태계서비스의 가치를 인식하게 하는 출발점이라는데 의의가 있다. 인간의 복지를 위해 생태계서비스의 기능과 전달 과정을 지속시키기 위해서는 생태계가 어떻게 기능하고 서비스를 제공하는지, 다양한 외부 압력으로부터 어떤 영향을 받는지 잘 알고 있어야 한다. 또한 자연자산의 효율적 관리를 위해서는 다양한 생태계서비스의 경제적 가치에 대한 정보가 필수적이며, 향후 지역단위 공간정책 수립 시 자연자산의 생태계서비스 가치를 반영하는 것이 중요한 정책 요소 중 하나가 될 것으로 예상된다. 특히, 녹지총량제 설정 시 질적인 녹지 총량 유지에 도움을 줄 수 있다.

(2) 수자원 부문 수혜자부담원칙 경제적 평가[10]

1) 배경

우리나라는 1999년부터 한강수질보호를 위한 개발제한으로 인한 상류지역의 손실을 보상하기 위해 수혜자부담원칙에 의해 물이용부담금을 한강 하류지역의 서울을 포함한 27개 시에 부과하고, 이를 통해 모아진 재원으로 한강수계기금을 운영하여 상류지역을 지원하고 있다. 이 정책의 취지는 생태계서비스의 혜택을 받는 수

10 윤재현, 2014, 수자원관리 부문에서 수혜자부담원칙 경제적 평가에 관한 연구: 남양주시 사례분석, 한국환경영향평가학회지 (2014년 10월호 게제 예정)

혜자가 서비스를 제공하는데 필요한 비용을 부담하게 하는데 있다. 한강수계의 경우, 상수원지역인 팔당호의 수질을 보호하기 위해 인근지역을 수질보호구역으로 지정하고 개발을 제한하고 있다. 이로 인해 상수원지역의 주민들은 재산권 침해를 겪고 있고, 이를 보상하기 위해 물이용부담금이 하류지역 주민들에게 부과되고 있다. 하지만, 물이용부담금이 상류지역 주민들이 겪는 재산권 침해를 적절하게 보상하고 있는지에 대한 문제제기가 계속되고 있으며, 지속 가능한 수자원 관리를 위해 재산권 침해에 대한 가치 평가와 이를 기초로 적절한 생태계서비스 지불제(Payment for Ecosystem Service, PES)를 제안하는 것이 필요하다.

2) 방법

한강 상수원지역 중 하나인 남양주시가 수질보호구역으로 인해 겪는 재산권 침해로 인한 손실을 헤도닉 가격기법을 활용한 표준지 공시지가 분석을 통해 계산하고 적절한 보상액을 제시하였다. 남양주시가 수질보호구역으로 인해 겪는 경제적 손실을 계산하기 위해 1,084개의 2012년도 남양주시 표준지 공시지가를 종속변수로 사용하였다(그림 4-1 참조). 또한, 수질보호구역 여부, 근린변수(초등학교, 편의점, 병원, 도로, 서울까지의 거리), 토지 크기, 맹지 여부, 지목 종류가 독립변수로 사용되었으며, 회귀분석을 통해 수질보호구역이 지가에 미치는 영향을 측정하였다. 더 나아가 회귀분석 결과를 활용하여 남양주시가 겪는 재산권 침해에 대한 보상액을 추정하였다.

그림 4-1. 남양주시의 표본 지도

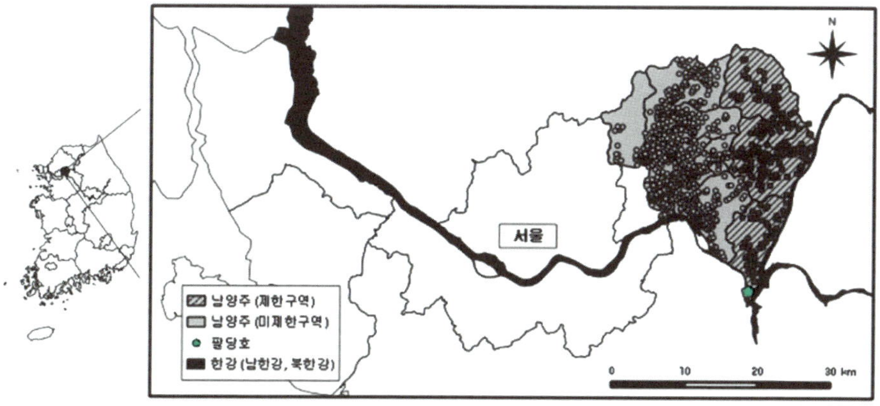

3) 결과

2012년도 남양주시의 지가분석 결과, 수질보호구역으로 인한 지가 손실률은 약 19.8%로 추정되었다. 또한, 회귀분석 결과에 따른 남양주시에 대한 적정 보상액은 2012년도 기준 약 8.6조원으로 추정되었다. 10% 할인율 기준, 영구연금지급방식에 따른 남양주시에 대한 적정 연간 보상금은 약 0.9 조원으로 추정되었다.

4) 시사점

위 사례 분석결과에 따른 연간보상금(약 0.9조원)은 2012년에 징수된 한강수계에 대한 물이용부담금 총액(약 0.5 조원)보다 높은 것으로 나타났다. 특히, 팔당지역의 국유지를 제외한 수질보호구역의 면적이(약 2,572 km^2) 남양주시의 수질보호구역 면적(약 140 km^2)의 18 배가 넘는 점을 고려할 때, 재산권 침해에 대한 적절한 보상을 위해서는 현재 시행되고 있는 물이용부담금의 인상과 추가 부담금 징수가 적절한 수자원부문 생태계서비스 지불제(PES)를 위해 필요할 것으로 보인다. 더 나아가 본 사례분석 결과를 근거로 수혜자부담원칙에 의한 물이용부담금을 높인다면, 기존에 오염자부담원칙에 근거하여 물 이용자에게 부과되는 금액에 더해져 천문학적인 사회적 비용이 발생하게 된다. 이러한 잠재 사회적 비용을 고려할 때 수질보호구역에 의존하는 수자원 관리 정책을 대체할 수 있는 시장중심적 제도에 대한 연구가 필요하다.

(3) 연안습지의 경제적 가치 평가[11]

1) 배경

연안습지의 경우 생물군계(biome) 중에서도 경제적 가치가 가장 높은 영역으로 주목받고 있음에도 불구하고 우리나라는 1980년대 중반을 기준으로 약 10년 동안 전체 연안습지의 25%가 손실되었다. 이는 대부분 서해안 지역에서 있었던 매립 사업에 의한 것이었다. 그 이후 2000년대부터는 새만금사업을 추진하는 과정에서 연안습지에 대한 국민적 관심이 증대되었고, 이와 함께 1999년 「습지보전법」 제정 등 중앙정부와 지방정부 차원에서 연안습지 보전과 복원에 정책적 지원이 이루어졌기

11 황민섭, 이명균, 정태용, 2014. 순천만 생태복원에 따른 경제적 가치 평가. 한국환경복원기술학회지, 제17권 제4호, p69~79.

때문에 연안습지 손실의 속도는 줄어든 상태이다.

하지만 우리나라의 연안습지뿐만 아니라 전 세계 도처의 습지들은 여전히 개발 압력으로부터 자유롭지 못하다. 물론 각종 보호구역의 설정이나 람사 협약과 같은 국내외의 보전 노력이 있지만, 습지가 지니고 있는 자체적인 경제적 가치를 증명해 보이지 못한다면 개발과 보전의 경쟁에서 여전히 힘겨운 싸움을 해 나가야 할 것이다.

특히, 순천만의 경우 지방정부의 정책적 노력으로 인해 보전과 복원에 가장 성공적인 사례 중 하나로 평가받는다. 따라서 이에 대한 경제적 가치 평가 시도는 향후 연안습지의 보전과 활용을 둘러싼 정책결정에 중요한 자료를 제공할 것으로 보인다.

2) 방법

순천만에 대한 경제적 가치를 직접 사용가치, 간접 사용가치, 옵션가치, 존재가치 등으로 분류하고, 직접 사용가치 중에서 특히 여가와 관광으로 인해 발생하는 경제적 가치에 초점을 맞추었다. 해당 생태계서비스에 대한 시장이 직접적으로 형성되지 않을 경우 그 가치를 어떤 방식으로 계량화할 것인지가 중요해지는데, 본 연구는 일종의 대리시장(surrogate market)을 통해 간접적인 방식으로 경제적 가치를 측정하는 여행비용 접근법(TCM)을 활용하였다. 이는 관광·여가 및 생태계서비스 제공으로 인해 발생하는 경제적 가치가 입장료 수입에서만 나오는 것이 아니라 여행에 필요한 교통, 숙박 및 시간비용을 함께 고려해야 한다는 입장을 반영한 것이다.

이렇게 추산된 여행의 총 비용과 관광객 수 사이에는 수요곡선이 도출될 수 있고, 이론상으로 수요곡선의 아래 부분, 즉 소비자잉여에 해당되는 부분이 해당 장소에 대한 경제적 가치와 동일하다고 본다. 본 연구는 수요함수를 도출하기 위해 권역별로 총 여행비용을 추산하였고 이를 바탕으로 회귀분석을 실시하여 비용증가에 따른 기대 관광객 수의 변화를 살펴보았다.

3) 결과

승용차, 관광버스, 고속철도 등 각종 교통수단에 따른 비용, 입장료 및 숙박료, 여행 시간에 따른 기회비용을 합친 총 여행비용의 경우 순천을 포함하고 있는 전라남도가 약 97,200원으로 가장 낮게 추산되었고, 강원도의 경우 평균 약 380,800원으로 가장 높게 추정되었다. 이렇게 계산된 권역별 평균 여행비용에 각각 1만원씩 추가비용을 증가시켜가며 예상되는 관광객 수의 변화를 따져볼 때, 각 권역별 평균 여행비용에 68만원이 추가된다면 예상 관광객 수가 전국적으로 0이 된다는 사실이 드러났다. 이를 바탕으로 순천만에 대한 수요곡선을 도출하면 다음의 그림 4-2와 같다.

그림 4-2. 순천만의 수요곡선

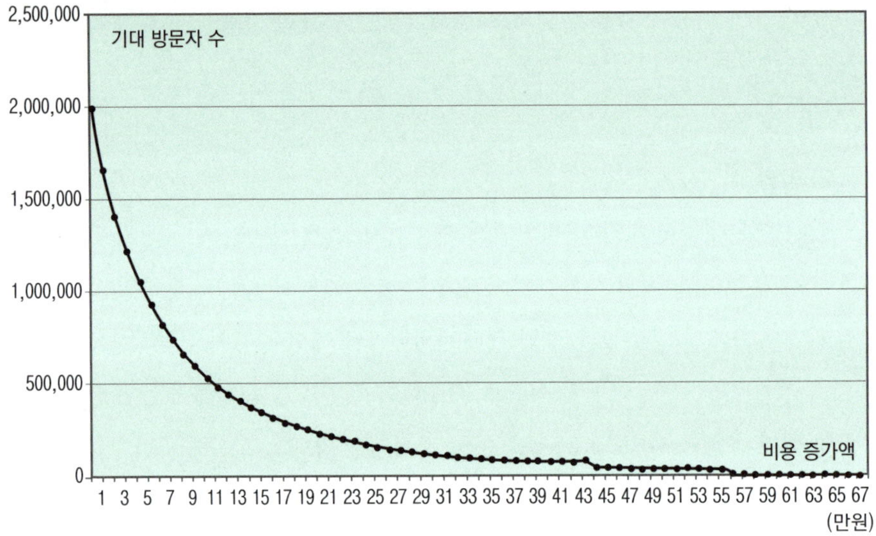

수요곡선의 아래 부분, 즉 소비자잉여에 해당되는 부분의 면적을 통해 추산된 순천만의 연간 경제적 가치는 약 1,746억 6천만원에 해당된다. 이는 할인율을 10%로 잡고, 편익 발생기간을 50년으로 설정하여 다소 보수적으로 계산할 때, 현재가치가 약 1조 9,049억원으로 계산되어 매우 높은 경제적 가치를 지니는 것으로 평가할 수 있다.

4) 시사점

연안습지가 제공하는 생태계서비스는 어패류 공급, 농작물 재배, 생태관광, 탄소 격리, 오염물질 여과 및 해상재해와 해안침식 방지 등의 사용가치(use values)뿐만 아니라, 각종 동식물에 대한 서식지 제공, 천연기념물 및 멸종위기종 보호에 따른 생물다양성 보전, 교육적 · 과학적 · 문화적 · 역사적 기능 등을 포함하는 비사용가치(non-use values)에 이르기까지 매우 다양하다. 향후 이러한 편익이 모두 고려되는 후속 연구가 필요할 것으로 보인다. 다만 본 연구는 연안습지뿐만 아니라 시장가격이 형성되어 있지 않은 여러 생태계서비스의 경제적 가치 평가에 대한 한 실증 사례를 제시한다는 측면에서 그 의의를 찾을 수 있다.

(4) 마을숲의 경제적 가치 평가[12]

1) 배경

마을숲은 특별한 목적 아래 보호되거나, 특별한 용도로 활용되어 온 마을 문화의 일부로서, 마을의 전통 및 상징이 되기도 하고, 종교행사나 의식의 장으로 이용되기도 하며, 마을 사람들의 휴식 공간 및 기타 자원으로서 이용되기도 하고, 풍수해를 막기 위한 목적으로 이용되기도 하는 등 다양한 생태계서비스를 지역사회에 제공한다. 하지만, 마을 사람들에 의해 보호되고 유지되어 온 마을숲은 주로 역사, 종교, 풍수, 지리, 조경 등과 같은 인문학 및 미학, 종교학 등의 관점에서 연구와 분석이 이루어져 왔으며, 경제적 관점에서 마을숲이 제공하는 서비스에 대한 가치 평가는 마을숲에 대한 직접적인 시장 가격정보가 부재한 관계로 충분히 이루어지지 않았다.

주로 정성적, 감성적 평가가 이루어진 마을숲에 대한 경제적 가치를 경북 안동군 하회마을과 의성군 점곡면 사촌리의 사례 분석을 통해 평가하였다. 분석 방법으로는 조건부 가치측정법(CVM, Contingent Valuation Method)이 사용되었다. CVM은 시장에서 거래되지 않는 재화의 가치를 측정하기 위해 이용되는 평가방법 중의 하나로 소비자들의 구매 혹은 지불 의사(WTP, Willingness to Pay)를 묻는 방식으로 측정하고자 하는 재화나 서비스의 가치를 평가한다. 특히, CVM은 대기질이나 자연경관, 야생동식물의 존재가치 등과 같은 공공재의 가치 평가에 자주 이용된다.

2) 방법

본 사례분석을 위해 총 210명의 안동군 하회마을과 의성군 사촌리 지역 주민

12 이명균, 임동순, 2007. 마을숲의 경제적 가치 평가: 조건부 가치측정법(CVM)의 적용, 마을숲과 참살이, 계명대학교 한국학연구원, 계명대학교 출판부

과 방문객들에 대한 설문조사가 2006년 9월15일부터 25일까지 일대일 면접형식으로 실시되었다. 설문조사에서 지불의사 유도방법으로 이중양분선택형(dichotomous choice with a follow-up) 질문형식이 사용되었다. 이 질문형식은 일단 어떤 특정한 금액을 제시하고 이 금액을 지불할 용의가 있다고 응답하는 경우 첫 번째 제시금액의 약 2배에 해당하는 금액을 제시하는 한편, 그렇지 않다고 응답하는 경우에는 첫 번째 제시금액의 약 1/2에 해당하는 금액을 제시하는 방식으로 진행된다. 이 조사방식은 일정한 금액을 낼 의사가 있는지를 단 한번만 제시하고 응답하게 하는 단일양분선택형(dichotomous choice or take-it-or-leave-it) 질문형식에 비해 통계적 효율성의 측면에서 상대적으로 더 나은 점이 있을 뿐 아니라 제시금액(bid)들의 설계가 잘못되는 경우에도 이를 수정할 수 있는 장점이 있다.

3) 결과

설문조사 통해 얻은 데이터(표 4-2, 4-3)를 분석하여 마을숲의 보존에 대해 사람들의 지불의사를 측정하였으며, 이를 기초로 마을숲의 경제적 가치를 분석하였다. 지불의사금액은 효용격차모형(utility difference model)을 사용하여 추정되었다. 분석결과, 추정된 마을숲의 보호, 유지를 위한 가구당 지불의사액은 안동 하회마을의 경우 연간 19,636.2원, 의성 사촌리의 경우 18,210.6원으로 추정되었다. 또한, 이를 일정지역 전체로 환산하여 마을숲의 경제적 가치를 환산한 결과에 따르면 안동지역 하회마을숲의 경우 연간 마을숲 보존을 위하여 지불하고자 하는 지역지원금의 총액 즉 해당 마을숲의 연간 경제적 가치는 약 345억 7,500만원(전국으로 확대할 경우 3,139억원), 의성지역의 마을숲의 경제적 가치는 연간 약 4억 5,700만원(대구경북으로 확대할 경우 320억 6,400만원)으로 추정되었다.

안동군 하회마을과 의성군 사천리의 마을숲에 대한 지불의사가 이렇게 큰 차이를 보이는 것은 하회마을은 전국적인 지명도를 가짐으로 인해서 대구/경북 지역의 전 가구를 지불의사 대상에 포함시킨 반면 의성 사천리는 의성군 지역으로 지불의사 대상을 제한하였기 때문이다. 만일 의성 사천리 마을숲의 지불의사 대상을 하회마을과 같이 대구/경북 지역까지 확대한다면 거의 비슷한 지불의사를 보임을 알 수 있다.

마을숲 가치의 보전은 해당 마을숲이 개발되어 주거지, 공장부지 혹은 황폐화 등 다른 용도로 전환되는 것에 대한 포괄적 의미를 담고 있다. 따라서 연간 지역지원금 지불의사금액은 현재의 마을숲이 주는 환경자산의 서비스 혹은 마을숲의 포괄적 가치의 연간 흐름(flow)을 의미하며, 환경자산 혹은 자본형태로의 마을숲의 가격을 의미하기 보다는 마을숲의 존재로 인하여 응답자가 현재 수준의 환경자원의 가치를 연간 향유하기 위하여 가구소득에서 일정부분 포기하고 지불할 의사가 있는 금액으로 이해될 수 있다.

4) 시사점

본 연구는 CVM을 활용하여 지역사회(local community) 단위의 특정 자연환경자산에 대한 가치 평가가 가능함을 보여준다. 특히, 1992년 UN 환경개발회의(UNCED)에서 채택한 '환경과 개발에 관한 리우선언'에 포함된 "환경적으로 건전하고 지속 가능한 발전(Environmentally Sound and Sustainable Development, ESSD)"이라는 개념의 확산 이후, 전 세계적으로 선진국뿐만 아니라 개발도상국에서도 환경자원에 대한 의식은 지속적으로 제고되고 있다. 전 세계적으로 진행되고 있는 세계화의 물결 속에서도 지역 공동체의 역할은 오히려 더욱 증가하고 있으며, 지역의 지속 가능한 발전 및 환경의제는 우리 사회와 경제가 선택하는 의사결정의 시발점이라는 측면에서 매우 중요하다. 따라서 지역 단위의 자연환경자산에 대한 경제적 가치평가는 환경자산 보호에 필요한 재원 확보 및 정책 시행에 중요한 판단의 근거를 제시할 수 있다는 점에서 본 사례분석은 향후 지역사회의 생태계 보호를 위해 시사 하는 바가 크다.

표 4-2. 환경 및 개발에 대한 주민의견: 안동 하회마을숲 (단위:%, 점)

구분	전적으로 동의한다 (1점)	동의한다 (2점)	보통이다 (3점)	동의하지 않는다 (4점)	전적으로 동의하지 않는다 (5점)	평점
동식물이나 자연경관 등이 인간에게 아무런 이익을 주지 않더라도 보호되어야 한다	32.7	48.2	16.4	1.8	0.9	1.90
환경파괴나 환경오염이 발생하더라도 일자리와 소득을 늘리기 위해 자연자원을 개발해야 한다	3.6	7.3	40.0	37.3	11.8	3.46

표 4-3. 환경 및 개발에 대한 주민의견: 의성 사천리 마을숲 (단위:%, 점)

구분	전적으로 동의한다 (1점)	동의한다 (2점)	보통이다 (3점)	동의하지 않는다 (4점)	전적으로 동의하지 않는다 (5점)	평점
동식물이나 자연경관 등이 인간에게 아무런 이익을 주지 않더라도 보호되어야 한다	27.0	53.0	19.0	0.0	1.0	1.95
환경파괴나 환경오염이 발생하더라도 일자리와 소득을 늘리기 위해 자연자원을 개발해야 한다	3.0	9.0	28.0	39.0	21.0	3.66

(5) 공원의 접근성을 고려한 경제적 가치 평가[13]

1) 배경

도시 내의 녹지공간은 지속적으로 감소하고 있으며 그에 따라 도시민들이 받을 수 있는 생태계서비스 또한 줄어들고 있다. 하지만 도시 내 공원은 레크리에이션과 레저의 기회, 교육의 기회를 제공하며, 스트레스와 공포, 폭력성을 줄여주는 등의 효과를 제공하고 있으며(Vandermeulen et al., 2011), 주 5일제의 확산으로 이러한 생태계서비스의 수요는 꾸준히 증가하고 있다. 이는 도시 내 녹지공간을 늘릴 필요성이 있다는 것을 보여주고 있으며, 정책적으로도 도시 녹지를 늘리려는 경향이 나타나고 있다. 정부는 환경복지 제공을 주요 업무로 추진하고 있으며, 그 방법으로 도시공원을 안전하고 쾌적한 휴식공간으로 조성하는 것을 계획하고 있다(대한민국정부, 2013).

생태계서비스와 어메니티에 대한 인식이 증가하면서 그에 대한 가치를 알려고 하는 노력 또한 증가하고 있다. 과거 아파트 가격에 영향을 미치는 요인이 역세권과 학군이었다면 최근에는 쾌적한 단지 환경 등으로 변화하였다(길기석, 2007). 하지만 생태계서비스에 대한 가치는 인식하고 있지만 경제적 가치로는 평가되고 있지 않아서 도시 계획이나 정책 결정 시 도외시 되고 있는 실정이다(Sander et al., 2012).

따라서 본 연구에서는 서울시 공원이 제공하는 생태계서비스의 가치를 추정하고, 이는 향후 도시민들의 삶의 질을 개선하는 녹지 자원분배에 도움이 될 수 있을 것이다.

---

13 Park, J.H., Lee, D.K., Kim, H.G., Jung, T.Y., Sung, S.Y., Mo, Y.W., 2014, Estimation of economic values of public parks in South Korea, Environmental and Resource Economics (논문심사중).

2) 방법

본 연구의 공간적 범위는 서울시 송파구에 위치한 올림픽공원과 서울시 동작구에 위치한 보라매공원이다. 올림픽공원과 보라매공원의 가치를 추정하기 위해서 각각 강동구 성내동과 동작구 신대방동의 2012년 아파트 실거래가 자료를 이용하였다. 대부분의 사람들은 아파트 선택에 있어 공원이 제공하는 생태계서비스를 사전에 인지하고 있기 때문에 본 연구에서는 특성가격법을 사용하였다.

특성가격법을 사용하기 위하여 문헌 고찰 및 전문가 3인의 인터뷰를 통하여 주거 면적, 건물 연한, 주거 세대의 층수, 아파트 건물의 층수, 아파트 단지의 세대수, 가장 가까운 지하철역과의 거리, 가장 가까운 버스정류장과의 거리, 초등학교와의 거리, 각 공원과의 거리 등 9가지의 변수를 설정하였다. 또한 본 연구에서는 하나의 모형으로 가치를 추정하는 것이 아니라 선형, 분수형, 로그형, 지수형 등 4가지 모형을 이용하여 가치를 추정하였다.

분석의 정확도를 높이기 위하여 주거면적은 현재 가장 인기 있는 132.55㎡ 이하로 설정하였으며, 건물 연한은 20년 이하, 세대수는 성내동은 150가구 이하, 신대방동은 500가구 이하로 설정하였다. 성내동은 주로 소규모의 빌라로 이루어졌으며, 신대방동은 대규모의 아파트 단지로 구성되어 있기 때문이다.

마지막으로 가치 추정 방법은 만약 아파트의 모든 조건이 같다면 공원의 거리에 따라서 아파트의 가격은 달라질 것을 가정하고 진행하였다. 즉, 다른 조건은 동일하게 설정하였을 때, 거리에 따른 아파트 가격의 차이를 지불용의로 가정하고 그 차이의 합을 공원의 가치로 추정하였다.

3) 결과

공원의 거리에 따른 아파트의 가격곡선은 아래 표 4-4와 같으며 각각의 모형별 R^2값은 모두 0.7 이상의 값을 가진다.

표 4-4. 올림픽공원과 보라매공원의 함수별 가격곡선

공원명	함수종류	가격곡선	R^2	공원의 가치 (단위 : 천원)
올림픽공원	선형	$P=37816.53-2.03d_x+\epsilon$	0.776	229,368
	지수형	$P=e\hat{}(10.62-6.8E-0.5d_x+\epsilon)$	0.753	290,000
	준로그형	$P=37500.65-212.42\ln(d_x)+\epsilon$	0.832	23,387
	로그형	$\ln P=10.53-0.01\ln(d_x)+\epsilon$	0.843	38,631
보라매공원	선형	$P=51747.19-3.55d_x+\epsilon$	0.889	117,832
	지수형	$P=e\hat{}(10.74-7.15E-0.5d_x+\epsilon)$	0.887	104,366
	세미로그형	$P=52940.64-578.23\ln(d_x)+\epsilon$	0.912	27,861
	로그형	$\ln P=10.89-0.021\ln(d_x)+\epsilon$	0.922	47,616

※ d_x : 공원까지의 거리

특성가격법 분석 결과 가구별 아파트 가격에서 올림픽공원은 1%, 보라매공원은 2% 정도의 지불용의를 나타낸다. 또한 가격곡선을 이용한 공원의 가치는 올림픽공원은 약 2천 3백만 원에서 약 2억 9천만 원, 보라매공원은 약 2천 7백만 원에서 약 1억1천만 원의 범위를 갖는다. 하지만 이는 공원의 가치가 아니라 분석에 사용된 성내동과 신대방동의 126가구와 120가구의 지불용의로써, 공원의 최소한의 가치로 볼 수 있다. 실제 성내동의 가구수는 29,964가구, 신대방동은 18,388가구로써 올림픽공원과 보라매공원의 가치는 본 연구 결과보다 훨씬 더 높을 것이다.

또한 공원 뷰(view)의 가치는 다음 표 4-5와 같다.

표 4-5. 공원뷰에 따른 아파트 가격의 차이

함수종류	아파트가격 (단위 : 천원)	
	공원이 보이는 경우	공원이 안 보이는 경우
준로그형	500,039	470,573
로그형	466,650	439,913

뷰에 따른 가치 차이는 약 2천 6백만 원에서 2천 9백만 원 정도이다. 이는 집값

의 약 5% 정도로 주택 가격에서 공원의 접근성에 따른 가치보다 뷰에 따른 가치가 더 크게 영향을 미치는 것을 알 수 있다.

4) 시사점

도시화가 진행되면서 도시 녹지와 도시 생태계는 거의 무시되고 있었다. 하지만 국민 소득이 증가하고 여가시간이 늘어나고 웰빙에 관심을 갖게 되면서 도시 녹지에 다시 주목하기 시작하였다. 특히 도시에서의 공원은 다양한 생태계서비스를 제공하고 있으며 교외 지역과 비교한다면 더 높은 가치를 가진다.

본 연구에서는 공원이 제공하는 다양한 혜택을 생태계서비스로 가정하고 특성가격법을 이용하여 올림픽공원과 보라매공원이 제공하는 생태계서비스의 가치를 추정하였으며, 모두 아파트 가격의 약 1~2% 정도를 지불할 용의가 있다는 것을 밝혔으며, 뷰의 가치는 접근성의 가치보다 더 큰 5% 정도를 지불할 용의가 있다는 것으로 나타났다.

(6) 택지개발사업에 대한 생태계서비스 고려 환경영향평가[14]

1) 배경

현재 개발사업의 시행에 앞서 개발계획이 생태계에 미치는 영향을 평가하는 정책도구로 환경영향평가제도가 운용되고 있다. 환경영향평가는 지속 가능한 발전을 구현하기 위해 개발계획을 수립할 때 환경에 미치는 영향을 사전에 파악하여 해로운 영향은 피하거나 줄일 수 있는 방안을 모색한다. 그러나 개발사업으로 인한 생태계 훼손 논쟁에서 환경영향평가는 제대로 영향력을 발휘하지 못하였다. 이것은 훼손문제를 다루는 계획이나 환경성 검토과정이 미흡하기 때문이다.

개발사업에 대한 환경영향평가 과정에서 매체별 환경영향을 평가하고 인위적 저감방안을 모색하였으나 생태계에 미치는 영향과 기능에 대한 종합적인 평가가 미흡하고 생태계를 평가할 수 있는 수단이 구조화되어 있지 못하다. 우리나라 국민의 91% 이상이 도시지역에 살고 있고, 공동주택비율이 전체 가구유형의 47%로 높기 때문에 개발대상 주거지역의 생태계서비스에 대한 평가기준과 기법의 마련이 필요하다.

따라서, 생태계서비스 개념에 대한 이해를 바탕으로 도시지역 택지개발사업이

14 구미현, 2014. 택지개발사업 생태계서비스 평가모형 개발 및 적용 : 4개 보금자리주택지구를 사례로, 서울대학교 박사학위 논문.

생태계서비스에 미치는 영향을 정량화한 평가모형 개발이 필요하다. 이를 통해 개발사업 시행 전과 시행 후 전체 생태계서비스에 대한 상태변화를 평가할 수 있을 것이다. 본 연구는 도시지역 택지개발사업을 대상으로 생태계서비스에 미치는 영향을 정량적으로 평가할 수 있는 모형을 개발하는 것이다. 개발 전과 개발 후 생태계서비스 상태변화를 객관적으로 예측하고 정량적으로 평가한다. 이를 통해 생태계서비스를 증진하는 방향으로 택지개발을 유도하고 도시자연환경의 지속 가능성을 도모하며 인간의 복지증진에도 기여할 수 있는 토대를 마련하고자 한다.

2) 방법

생태계서비스 평가지표가 가져야 할 조건은 생태계서비스 평가체계에 대한 문헌연구를 통해 다음 네 가지로 요약할 수 있었다. 첫째, 생태계의 구조와 기능을 고려한 평가가 가능하고, 둘째, 인간에게 혜택을 제공하는 측면을 포함하여야 한다. 셋째, 개발에 따른 생태계서비스 변화량을 평가할 수 있고 개발 전·후 상태 비교가 가능하며, 마지막으로, 지표로써 용이성을 가지고 있어야 한다. 이와 같은 조건을 충족하여 개발사업에 적용할 수 있는 생태계서비스 평가지표는 생태계서비스 개념을 대표하고 측정이 용이하며 정량적인 평가가 가능하여야 하므로 대표성, 측정용이성 그리고 정량성을 지표 선정기준으로 삼았다. 이를 위해서 문헌조사와 1차 전문가 심층인터뷰와 설문조사 결과를 토대로 평가지표를 설정하였다.

3) 결과

방법에서 제시된 것과 같은 기준을 통해 설정된 지표에 대해 3차례에 걸친 전문가 심층인터뷰와 설문조사를 실시하였고, 최종적으로 20개의 평가지표를 선정하였다. 지표 선정 후 전문가 조사에 기반하는 측면에서 AHP를 사용하여 개별지표의 가중치를 도출하였다. 평가지표의 가중치 산정에 사용된 위계도는 2단계로 구성되어 있다. 여기서 1단계는 공급, 조절, 지원 그리고 문화 서비스의 각 평가지표에 대하여, 2단계는 서비스 유형에 대한 것이다. AHP 분석 결과 생태계서비스 유형에 속한 평가지표별 그리고 서비스 유형별 상대적 중요도를 가중치로 도출하였다. 생태계서비스 유형에 따른 가중치는, 조절서비스(0.374)가 높았고, 뒤이어 공급서비스(0.262)와 지원서비스(0.227)였으며 문화 서비스(0.136)는 낮았다. 즉, 조절서비스를 1이라 가정하면 공급서비스는 0.7, 지원서비스는 0.6에 해당하고 문화 서비스는 0.4에 불과한 것으로 나타났다(표 4-6).

표4-6. 생태계서비스 평가지표의 중요도

평가지표	평가지표 가중치(1단계)		서비스 유형	서비스 가중치(2단계)		종합가중치 (C=A×B)	중요도*
	1차	2차(B)		1차	2차(A)		
총계	1	1		1	1		
소계	1	1	공급	0.258	0.262		
농산물생산량	0.238	0.239				0.063	5
침투량	0.136	0.123				0.032	14
식물현존량	0.203	0.217				0.057	6
생태1·2등급 권역	0.424	0.420				0.110	2
소계	1	1	조절	0.394	0.374		
대기오염물질흡수량	0.132	0.138				0.052	9
수·녹지면적	0.139	0.133				0.050	10
탄소저장량	0.202	0.201				0.075	3
활엽수·혼효림면적	0.175	0.146				0.055	8
투수성지반면적	0.122	0.148				0.055	7
수질오염정화능	0.126	0.126				0.047	11
완경사지피복면적	0.104	0.108				0.040	13
소계	1	1	지원	0.233	0.227		
서식규모의 안정성	0.653	0.534				0.121	1
서식공간의 이질성	0.156	0.186				0.042	12
지형보전·복구면적	0.190	0.280				0.064	4
소계	1	1	문화	0.115	0.136		
경관미	0.218	0.183				0.025	16
레크리에이션활동공간면적	0.158	0.152				0.021	18
분산도	0.138	0.143				0.019	20
다양성	0.145	0.146				0.020	19
근접성	0.208	0.206				0.028	15
잠재성	0.134	0.170				0.023	17

4) 시사점

생태계서비스는 생태계가 잘 유지됨으로써 인간에게 주어지는 다양한 혜택이라고 정의할 수 있다. 생태계서비스는 인간이 자연과 더불어 조화롭게 살아갈 수 있도록 도와주는 한편, 나아가 삶의 질을 향상시키는 데 중요한 역할을 한다. 생태계서비스 측면에서 살펴보면 택지개발사업도 생태계의 변화를 유발하게 되며, 그로 인해 그곳에 거주하는 시민 삶의 질에 직접적인 영향을 미친다. 이에 따라 본 연구에서는 택지개발사업 시행 전과 후의 생태계서비스 상태변화를 정량적으로 파악할 수 있는 평가모형을 개발하여 수도권 4개 보금자리주택지구에 적용하여 보았다. 그 결과 본 논문에서 제시된 평가모형을 적용한다면, 향후 개발사업에서 생태계서비스의 증감 여부를 파악할 수 있는 평가모형임을 확인하였다.

본 평가모형은 개발계획에 대한 생태계의 구조와 기능을 평가함에 있어서 다음과 같은 효용성을 갖는다. 첫째, 개발사업을 대상으로 생태계 기능에 대한 평가요소와 평가체계를 개발하였다. 이를 통해 생태계가 인간에게 제공하는 다양한 혜택을 평가할 수 있게 하였다. 둘째, 개발사업의 시행으로 초래된 생태계서비스의 상태변화에 대해 개발 전·후의 비교·평가가 가능하도록 하였다. 셋째, 개발에 따른 생태계서비스 감소분을 상쇄한 상태에서도 일정수준 이상의 생태계서비스를 유지할 수 있도록 일률적인 평가기준의 적용이 아닌 대상지별 특성을 반영한평가를 실시하였다. 이에 따라 향후 개발사업 추진 시 기존의 틀을 크게 바꾸지 않은 상태에서도 생태계서비스를 향상시키는 방향으로 개발사업의 추진이 가능할 것으로 본다.

2. 해외사례

(1) 중국[15]

1) 문제점

싱궈현은 중국 동부의 양쯔강 사우스뱅크에 위치한 장시성 지방에 속해있다. 이 지방의 총 넓이는 1,670만ha에 달하며 36%는 산지, 42%는 경사지, 남은 22%는 평야지대와 수역으로 이루어져 있다. 2009년, 이 지방의 경작 가능한 지대는 280만 ha였다. 숲이 차지하는 비중은 60%이다. 이 중, 42만ha의 수변 지역이 수경재배 목적으로 사용되고 있다. 총 155 종류의 종들 가운데 약 30종의 어류(붕어, 잉어, 청어, 백련어)는 매우 중요한 역할을 담당한다. 대부분의 지표면은 포양호(Poyang)로 흘러들어가며 이는 푸(Fu)강, 간(Gan)강, 라오(Rao)강, 신(Xin)강, 수(Xiu)강에서 그 물을 공급받는 장시성의 주요 수역이다.

1960년대와 1970년대, 장시성 일대는 전체적으로 심각한 환경 파괴에 시달렸다. 1980년대 초의 숲의 범위는 31.5%에 불과했다. 1980년에는 물, 토양 침식이 잦은 가뭄, 홍수, 생물 자원의 손실과 토양의 질과 사막화의 악화를 초래하는 심각한 문제가 되었다. 토양 침식은 싱궈현의 85%(약 190,000ha)에 영향을 미쳤다.

2) 접근 방식

1980년대 초, 장시 지방 정부는 중앙 정부의 도움으로 통합된 환경 복원 및 빈곤 감소 프로그램을 시작했다. 이 프로그램은 산은 원천이며, 강은 연결 그리고 호수는 저수지라는 이해를 바탕으로 한다. 이 방법은 세 가지 물 생태계의 상호연관성을 강조함으로써 통합적인 이해를 보였다. 1980년대에, 가정용 책임 시스템이라고 하는 또 다른 토지 이용 정책이 중국에 도입되었다. 이 시스템은 수확생산을 높이고 농민 가정에 공동 토지를 재할당하기 위해 설계되었으며, 따라서 토지 이용 결정과 작물 선택에 상대적 자율성을 지닌 수 억명의 소작농을 탄생시켰다. 이 정책에 따라 싱궈현의 삼림지대 96%는 개별 가구 계약을 체결했다. 이것은 그들에게 유역의 생태

15 TEEB case, 2012. 'Industries share revenue for watershed protection, China' - compiled by Rodricks, S. available at: TEEBweb.org.

계 관리와 보호에 관련하여 큰 책임을 가져다주었다. 이들 가정의 활동을 지원하기 위해서, 싱귀현 지방 정부는 공공 지불 계획을 세웠다. 이 요금은 개별가정이 나무를 심고 토양 보전을 위한 삼림생태계 관리를 하는 데에 금전적인 인센티브를 제공한다. 삼림 활동을 위해 투자된 50% 이상이 이 요금에 의한다.

3) 고려된 생태계서비스

주요 초점은 토양 보존과 같은 조절기능의 생태계서비스 뿐만 아니라 나무에 의한 충분한 양의 물 생산 등의 제공기능의 서비스에도 있었다. 따라서, 유역 관리 및 산에서 토양 침식의 방지가 고려되었다. 이러한 목적은 명백하게 빈곤 감소와 연결되어 있다. 이는 농민들에게 특정 관리 방법에 더 많은 자유를 주며 나무를 심고 토양 보전 대책에 투자할만한 인센티브를 제공하기 때문이다. 싱귀현은 유역 보호 요금을 부과했으며 이는 유역 보호에 금전적인 지원을 위함이다. 따라서, 유역 보호 요금으로 야금 산업은 매출액의 0.5%를 내며, 화학 산업은 3%, 석탄기업은 100톤당 1달러 그리고 수력 발전 회사는 1만kw당 1달러를 지불한다. 이 정책과 삼림활동에 대한 투자의 결과는 놀라웠다. 1999년에 이르러서는 심각한 토양 침식에 의해 영향을 받는 지역은 41,000ha로 거의 80% 감소했다.

4) 정책 시사점

빈곤 감소는 환경 보전활동과 완벽하게 함께 갈 수 있다. 분배적 측면과 빈곤 감소에 대한 관심은 생태 문제의 투쟁에서 성공을 담보짓는 결정적인 역할을 한다. 따라서 통합적인 정책이 개발되어야 하며 이는 사회와 자연 간의 연관된 문제에 대한 포괄적인 답변을 담아내고 있어야 한다. 오염자 부담 원칙이 세련되고 적절한 방식으로 정해진다면 많은 개선이 신속하게 이루어 질 수 있다.

(2) 일본[16]

1) 문제점

산림은 일본 국토의 67%에 해당한다. 이 삼림지대의 41%는 조림지이다. 반세기 전의 삼림지역은 일본의 산업화와 도시화를 이끄는 활동적 산업이었다. 따라서 일본의 인공삼림은 일본의 숲의 많은 부분을 차지하게 되었다. 현재의 상황은 조금 다르다. 값이 싼 외국산 목재 수입과 고령화, 쇠퇴하는 국내 임업 등의 상황 때문에 일본에는 점차 관리되지 않는 산림지대가 많아지고 있다. 따라서 최근 대부분의 일본 삼림은 관리되고 있지 않으며 산림이 제공하는 생태계서비스는 점점 감소하고 있다. 일본의 삼림과 관련해 가장 주요한 이유는 감소하고 있는 삼림지대의 문제보다 관리소홀로 인한 인공삼림이 제공하는 생태계서비스의 감소인데 이는 사유지의 경우 더욱 심각하다. 따라서 산림의 적절한 관리가 매우 필요한 실정이다. 일본의 많은 음료회사들은 오랫동안 지하수를 생산 및 냉각목적 혹은 주류 제조를 위해 사용해왔다. 지속 가능한 사업 모델을 추구하는 몇몇 회사들은 삼림 수자원 보존 프로젝트를 지주들과 체결하여 실시했다. 이것은 생태계서비스 지불제(PES)로 생태계서비스 수혜자와 삼림 소유자 간의 직접적인 협상으로 분류되어 있다. 달리 말해, 수혜자인 음료회사와 비용 부담자인 삼림 소유자들은 더 나은 삼림 수자원에 관한 계약을 체결한 것이다.

2) 고려된 생태계서비스

PES의 목적은 지하수가 다시 풍족해질 수 있도록 수자원의 근원이 되는 삼림을 보존하는 것이다. 음료회사의 시각으로 PES의 목적을 바라본다면, 그들의 공장으로 인해 사용되는 물의 양보다 지하수의 보충이 더 많아야 함을 의미한다.

예를 들어, Suntory Holdings Limited라는 일본 음료회사는 2003년부터 산림물 관리 프로젝트를 실시했다. 회사는 우선 지하수에 대한 수문학적, 지질학적 조사를 실시했다. 이 조사를 통해 음료 공장에서 사용되는 물의 출처와 지하수를 파악해 내었다. 공장에 실제적으로 물을 공급하는 수원을 파악한 후, 이들은 수원지대의 지주

16 TEEB case by Kiichiro Hayashi, 2010. Water Source Forest Management by Private Sector in Japan, available at: TEEBweb.org.

들과 지방 그리고 중앙 정부와 컨설팅을 실시했다. 이후 이들은 삼림관리 지역을 설정했다. 그리고 관련 있는 삼림의 적절한 현장 조사를 실시했으며 각 분야의 과학자들과 함께 삼림 관리 계획을 만들었다. 마지막으로 간벌과 같은 삼림 유지에 필요한 비용을 지불하였다. 또한 직원들과 소비자들을 교육시키는 데에 기존 삼림 유지 경험을 활용하였다. 현재 이들은 2011년까지 물 보충 지대를 7,000ha로 확장시킬 계획을 가지고 있다.

3) 정책 시사점

이 사례는 일본의 직접적 협상기반의 PES의 좋은 예시이다. 회사는 생태계서비스가 그들의 사업 모델에 필수적이라는 것을 깨닫고 그들의 사업 모델을 유지하기 위한 비용을 감수했다. 이들은 과학적 조사를 통해 그들이 사용하는 물의 출처를 파악했다. 중요한 정책적 시사점 중 하나는, 생태계서비스에 많은 의존성을 가지는 기업은 과학정보를 통해 생태계 편익을 더 잘 깨달을 수 있다는 점이다. 이 점은 기업이 스스로의 사업적인 메리트로 인해 자발적인 보존활동에 힘쓰도록 장려한다.

(3) 몽골[17]

1) 문제점

울란바토르는 몽골 GDP의 70%를 담당하고 있는 경제 및 산업의 중심지이다. 인구는 약 100만 명 정도로 2만여 개의 산업체, 경제주체를 비롯해 400ha의 관개농업시설이 분포해있다. 그 중 Tuul 계곡 상류는 이 주변 지역에서 가장 주요한 생태계로서 울란바토르로 공급되어 사용되는 물의 유일한 수원이자, 국내외적으로 유명한 관광 중심지이다.

따라서 상류의 건강한 생태계는 울란바토르에 깨끗하고 안정적인 지하수를 공급하는 주요 자원이라고 할 수 있다. 하지만 Tuul 계곡 상류 유역은 이 지역에서 지속적으로 증가하는 자원 수요를 충족하기 위해 목초지와 목재생산이 진행되고 있으며 이로 인한 산림황폐화를 겪고 있다. 결과적으로 울란바토르는 대수층의 지하수 충전

---

17 Almack K. and Chatreaux M. (UFZ) based on Emerton et al. 2009; TEEB case: Watershed services crucial for economic development, Mongolia, 2010, available at: TEEBweb.org.

량보다 사용량이 많아져 안정적인 물 공급에 어려움을 겪게 되었다. Tuul 계곡 상류 생태계가 저하되고 산림을 잃어가면서 앞으로 수자원이 더욱 부족해질 것으로 예상되고 있다. 따라서 Tuul 계곡 상류 유역의 생태계 질 저하에 따른 경제적인 영향을 평가하여, 이 문제를 해결하기 위해 적절한 정책적 개입의 필요성을 인지시키려는 노력이 요구되고 있다.

2) 고려된 생태계서비스

몽골 중앙정부와 세계은행(WB)은 자연환경이 경제에 어떤 영향을 미치는지 밝히기 위한 연구를 수행했다. Tuul 계곡 상류는 다양한 생태계서비스를 제공하고 있었는데, 그 중에서 가장 주요한 서비스를 깨끗한 물의 공급이라고 평가하였다. 다른 서비스로는 매년 약 100만의 사람들이 상류 Tull지역에서 야영을 즐기고, 약 17만 ha의 땅이 목초지로, 8,500㎥의 나무가 장작으로 이용되고 있으며, 3,300㎥의 목재, 20,000kg의 과일, 열매, 채소, 견과, 의료식물 등이 재배되었다. 이 분석은 위 서비스들에 초점을 맞추고 있고, 이 지역의 생태계서비스 손실로 인해 발생하는 경제적 영향을 분석하고자 하였다.

3) 접근 방식

이 연구는 경제적 가치 평가와 생태 - 수문학적 분석방법을 통합하는 방법을 사용하는데, 이 방법은 생태 - 수문학적 분석방법은 모델링 시스템을 통해 대상자의 서비스를 모의할 수 있다. 이렇게 통합된 수문학적 모델링 시스템은 유역을 대상으로 하는 모델로서, 강수량, 증산량, 해빙(snow melt)으로 인한 하천유량, 저수지로 흘러 들어가는 유량을 자연 수문학적 시스템에 따라 시뮬레이션하는 것이다.

생태계서비스의 가치를 평가하는 방법은 생태계서비스의 가치를 수행한 선행 연구와, 비용 기반 기술을 통해 도출하였다. 이 부분에서는 물 공급, 관광 수입, 가축 생산, 목재 수입, 장작 수입, 비목재생산물의 가치를 도출하였다.

유역 내의 경제적 가치의 변화는 세 가지 시나리오를 통해 검증하였다: ① 지속적으로 생태계의 질이 저하되는 경우(현재 상태가 지속되는 상태), ② 급격한 자원 고갈과 토지피복이 저하되는 경우, ③ 보전을 통해 지속 가능한 사용이 가능한 경우.

위 세 가지 시나리오에 따라 개별 가정의 인터뷰, 지방 정부의 데이터, 기초 데이터 수집, 컴퓨터 모델링, GIS 분석을 통해 상류 Tuul 생태계의 가치의 추정치가 도출되었다.

연구 결과, 상류 Tuul 유역에서 제공하는 생태계서비스는 유역 내 지역 커뮤니티와 울란바토르에 사는 거주민 뿐 아니라 전 지구적 구성원에게 혜택을 주는 가치를 제공하는 것으로 나타났다. 보전을 통해 지속 가능한 사용이 가능한 시나리오에 의해 도출된 서비스의 가치는 25년 동안의 서비스에 대한 현재가치로 US 115만 달러로 나타났다. 이는 현재대로 계속 생태계를 파괴하는 시나리오의 현재가치인 109만 달러, 급격한 자원고갈과 토지피복 저하 시나리오의 현재가치인 105만 달러보다 높게 나타난 것이다. 즉, 수자원 뿐 아니라 다른 여러 생태계서비스 가치를 고려할 때, 이 지역에서 1Tug의 투자는 15Tug 이상의 경제적 가치를 창출하는 것으로 나타났다. 또한 이 연구 결과에서, 생태계시스템의 질적 저하는 경제 및 개발에 부정적인 영향을 미치는 것으로 나타났으며 이는 몽골 경제에 33,800만 달러의 총 손실을 유발할 것으로 나타났으며, (2009년 기준) 25년 이후에는 52,800만 달러까지 경제적 손실을 입을 것으로 나타났다.

게다가 Tuul 상류 유역에 위치하는 보호지역 두 곳에서, 현재 이 보호지역으로서 받고 있는 경제적 지원금은 현재 이 지역에서 제공하는 생태계서비스의 경제적 가치보다 훨씬 적은 것으로 나타났다. 그리고 현재 이 지원금은 이 생태계를 적절하게 관리할 수 있는 수준보다 매우 낮은 수준이었다. 따라서 이 보호지역과 이 지역에서 창출되는 생태계서비스의 효과적인 유지관리를 위해 더 많은 경제적 지원금이 필요한 것으로 나타났다. 이를 실현하기 위해서 생태계서비스 지불제(Payment for Ecosystem Services)를 통해, 생태계서비스를 제공하는 토지주들이 금전적인 보상을 받을 기회에 대해서도 검토할 필요가 있는 것으로 나타났다.

4) 정책 시사점

지금까지 본 유역의 생태계서비스를 보호하기 위한 정책이 전무하였기에, 본 연구에서는 이 지역의 생태계를 보전하기 위해 장기적으로는 인센티브제도 구축, 단기적으로는 토지 및 자원이 더 많은 서비스를 제공할 수 있도록 하는 정책을 개발하는 것이 가장 필요하다고 판단하였다.

(4) 베트남[18]

1) 문제점

생태계는 다양한 수단으로 사람에게 서비스를 제공하며, 지금까지 무상으로 대가없이 이용하던 이 서비스들은 최근 생태계서비스라는 개념으로 인간이 누리는 가치로서 재조명됨에 따라 이 가치를 정량화하여 정책에 반영하려는 연구가 활발히 진행되고 있다.

특히 많은 국가 중 특히 동남아시아, 남아메리카, 아프리카 등의 저개발국가에서 생태계서비스의 가치판단을 반영한 정책 연구가 활발한데 이는 저개발국가의 특성상 경제발전을 위해서는 생태계 파괴가 불가피하지만 동시에 세계적인 생태계의 가치가 높은 지역의 비율이 높아 개발과 보전 사이의 딜레마를 겪고 있기 때문이다. 따라서 위 국가에 대해 세계은행(WB), IUCN, USAID 등을 비롯한 국제적 원조단체와 다양한 NGO 등이 생태계서비스 개념을 도입하여 생태계 보전지역을 설정하고 불가피한 개발에 대한 책임을 보상하기 위해 생태계서비스 개념을 적용하는 시도를 수행해오고 있다.

아시아지역에서는 중국과 베트남이 선구적이고 적극적으로 생태계서비스 개념을 도입한 것으로 알려져 있다. 그 중 베트남은 동남아시아에서 유일하게 생태계서비스 지불제(Payment for Ecosystem Services, PES)를 법적으로 규정하고 있으며, 이 정책은 베트남 내에서 생태계 보전과 빈곤 경감을 동시에 달성할 수 있을 것으로 기대되고 있다. 베트남은 과도한 벌목과 고산지대에 거주하는 산악 소수민족의 화전으로 1990년 산림면적이 최저를 기록한 이후 대규모 국가 녹화사업(Greening the Barren Hills Program, Five Million Hectare Reforestation Program)을 통해 산림 확대를 위한 노력을 수행해왔다. 그리고 복원된 산림을 효과적으로 관리하고 보전을 위한 기금을 마련하기 위해 PES 정책을 도입하게 된 것이다.

18 Inhye Kong, Dongkun Lee, 2014, Establishment of priority forest areas based on hydrological ecosystem services in northern Vietnam, Journal of Korea Society of Environmental Restoration Technology(게재예정)

2) 고려된 생태계서비스[19]

베트남에서 PES 정책의 도입은 2006년 USAID와 ARBCP(Asia Regional Biodiversity Conservation Programme)를 통해 도입되었다. 이 계기를 통해 베트남은 북부지역의 손라(Son La)와 남부지역의 람동(Lam Dong) 지방에서 2년간의 파일럿 테스트를 거쳐 PES를 위한 항목 및 서비스지불자(payee)를 설정하였고 이를 바탕으로 법령 제정을 거쳐, 국가전체로 확대 시행하는 법령을 채택했다.

베트남에서 PES를 통해 법적으로 지정되어 보상할 의무가 있거나 보상받을 수 있는 생태계서비스 항목은 5가지이다; [20](GOV, 2010)

a) 토양 보호, 토양부식작용 저감, 저수지나 강 등의 퇴적작용 유예

b) 생산이나 생활 활동에 필요한 수자원의 유지 및 조절

c) 산림 탄소 격리, 온실가스 배출 저감

d) 자연경관의 보호 및 산림생태계의 생물다양성 보호를 통한 생태관광

e) 산림이나 수생태계에서의 유전자원의 이동 및 번식 등의 보호

이 중에서 가장 적극적으로 추진되고 있는 분야가 댐으로 인한 수도사업자가 얻는 생태계의 물공급서비스, 수력발전으로 인한 전력생산서비스, 생태관광을 통한 수입을 얻을 수 있는 서비스이다. 하지만 현재 추진단계에 비해 생태계서비스의 보상에 대한 금액에 대한 집행률이 매우 낮은데, 이는 법적으로 생태계서비스의 지불자(Payer)가 명확히 제시되어 있는 반면 혜택자(Payee)가 모호하게 지정되어 있고, 금융시설의 낙후 및 먼 곳에 소수로 거주하는 인구와 토지에 대한 관리가 매우 미흡하기 때문이다. 또한 이러한 문제점은 주요 생태계서비스를 제공하는 공간적 우선순위의 파악의 부재로부터 연유한다고 볼 수 있는데, 어느 지역에서 많은 생태계서비스를 제공하는지에 대한 정보가 부족하기 때문에 거두어들인 수입을 누구에게 얼마나 분배해야 할지에 대한 정보가 명확하지 않은 것이다.

3) 접근 방식

Kong and Lee(2014, in progress)는 베트남 수도 하노이를 구성하는 북부 유역 중

19 Pham.T.T, Bennett K., Vu T.P., Brunner J., Le V.D. and Nguyen D.T. 2013. Payments for forest environmental services in vietnam: From policy to practice. Occasional paper 93. Bogor, Indonesia: CIFOR

20 Government of Vietnam, Decree 99/2010/ND-CP on PFES (Payment for Forest Environmental Service)

가장 많은 유량을 보유하면서 가장 큰 다목적댐이 위치하는 Da 강 유역에서 생태계의 물공급서비스와 토사유실방지서비스에 대해 지역적 서비스 정량화를 실시한 뒤 산림생태계의 건강성을 고려하여 우선순위를 도출하여 인센티브 분배지역을 선정하고자 하였다.

우선 최신의 토지피복 현황 파악을 위해, 30m 해상도의 Landsat 영상을 이용하여 2009~2013년 사이의 건기와 우기를 구분하여 토지피복분류를 실시하였으며, 물수지이론(Water Balance Theory), USLE 공식을 통해, 연간 수원제공량 및 토사유실방지량을 계산하였다.

토지피복분류 결과 해당 유역의 상록수림은 39%, 낙엽수림은 13%, 초지는 13%, 경작지는 23%, 나지는 9%, 시가화지역은 0.8%, 수역은 2%로 나타났다. 그리고 토지피복분류 결과를 바탕으로 평가한 수자원제공 및 토사유실방지기능의 우선지역의 면적은 아래 표 4-7과 같다.

표 4-7. 베트남 Da 강 유역에서 수문학적 생태계서비스를 고려한 산림의 보전우선지역 면적

우선순위		면적 (㎢)	면적 (%)
1	높은 수원제공, 토사유실방지기능	4,071.4	32.45
2	중간 수원제공, 토사유실방지기능	3,452.7	27.52
3	높은 수원제공기능	2,639.5	21.04
4	중간 수원제공 또는 토사유실방지만 제공	2,360.1	18.81
5	서비스 없음	24.5	0.20

4) 정책 시사점

이 연구는 지금까지 산림의 생태계서비스 지불제를 법적으로 시행하고도 생태계서비스가 제공되는 지역에 대한 과학적 근거가 부족한 상태로 인해, 상류지역에 거주하는 주민에게 적절한 보상이 수행되지 않았던 점을 보완할 수 있는 정책적 근거를 제공하고자 하는데 의의가 있다. 이를 위해 계절적 강우 변동이 크고 산림 비탈면의 경작지 확장이 활발하여 여러 가지 환경적 문제를 겪고 있는 지역적 특징을 바탕으로 산림의 수문학적 생태계서비스 정량화를 통해 인센티브 지급을 위한 우선순위 지역을 도출하여 혜택분배를 위한 근거를 마련하고자 하였다.

(5) 인도네시아[21]

1) 문제점

인도네시아 서쪽 자바섬에 위치하는 Cidanau 지역은 자바섬 Banten Province에 가정 · 공업용수를 제공하는 주요 유역이며, 인구 30,767명의 Cilegon 지역과 주변 100여개 공업단지에 물을 공급하는 주요 수원이다. Cidanau 유역은 131종의 고유종이 서식하는 200ha의 Rawa Danau 보전지역과, 자바섬에서 마지막으로 남아있는 저지대 습지를 보유한 22,260ha 규모의 유역이다.

Cidanau 유역은 지난 20여년동안 매우 급격한 토지피복변화를 겪어왔다. 농업으로 살아가는 인구가 증가하면서 산림지역이 농경지로 변화한 것이다. 이에 Rawa Danau 보전지역도 극심하게 산림이 감소하였는데, 2000년까지 기존 숲의 20%가 파괴되었으며(Darmawan et al., 2005), 동식물상의 생물다양성도 매우 저하되었다.

Cidanau 유역에 살고있는 수자원 소비자들이 겪는 주된 문제점은 유역을 통해 흘러내려오는 물이 상류의 토양유실로 인해 오염된다는 점과 계절에 따라 유량이 극심하게 변화하는 점이다. 이 지역의 평균 유출량은 12.3㎥/s인데, 연중 최소유출량이 건기에 1.2㎥/s인 반면 우기의 최대유출량이 44㎥/s에 달한다.

2) 고려된 생태계서비스

Rawa Danau 보전지역을 비롯하여 Cidanau 유역의 환경질 저하를 늦추기 위해서 Forum Komunikasi DAS Cidanau(FKDC)[22], 비정부기구(NGO), The Institute for Social and Economic Research, Education & Information(LP3ES)에 의해 프로젝트가 개발되었다. 이 프로젝트의 목적은 Cidanau 유역의 생태계서비스를 정량화하고 가치를 산정하는 것이다.

생태계서비스 지불제(Payment for Ecosystem Services, PES)를 구성하기 위해서는 서비스 판매자와 구매자가 있어야 한다. 판매자 그룹은 상류에 거주하는 농업인

---

21 TEEB case by E. Mbak, 2010, Cidanau Watershed PES scheme, Indonesia available at: TEEBweb.org.

22 상류와 하류의 이해당사자 64명으로 구성된 포럼. 상류 이해당사자는 농업인 집단, Serang District 공무원, Serang지역 입법부, 광역 농업청(Provincial and District Forestry and Environment), 광역 계획청(BAPPEDA), 광역 인적자원 및 개발청, 광역 정주 및 지역인프라청, 비정부기구로 이루어져 있음. 하류 이해당사자는 기업(PT.Krakatau Tirta Industry : KTI), Cilegon지역 입법부, 농업인 및 수도 이용 시민들로 이루어져 있음. 이 조직은 이후 PES 매커니즘을 구성하는 주요한 모체가 됨.

집단의 지역 주민들로 구성되었고, 구매자는 하류에 위치하는 지역 산업체, 수도공급자 등 물을 이용하는 사람들로 구성되었다. 현재, 실제로 환경 서비스에 대한 보상을 수행하고 있는 구매자는 하류의 산업체인 PT. Krakatau Tirta Industry(KTI)이다. 이 기업은 철강공정 과정에서 물을 사용하며 이 유역 안에서 물을 관리하여 이용할 수 있도록 허가를 받은 유일한 기업이다. 하지만 장기적으로는 이 기업 뿐 아니라 많은 기업과 산업체들이 잠재적인 구매자라고 볼 수 있다.

현재 구매자(KTI)와 판매자(농업인) 사이에는 환경 서비스 이용에 대한 보상을 위해 협상을 수행하였으며 다음과 같은 조항을 체결하였다. 우선 KTI는 연간 국가가 나무를 심는데 사용하는 예산과 별도로, 상류지역의 농업인들이 산림복원을 하는데 드는 비용을 지불해야 한다. 그 비용은 연간 ha당 350달러로 산정하였으며, 이는 KTI와 FKDC(Banten Province 대표자) 사이에 이루어진 합의각서(Memorandum of Agreement)에 기반하며, 지불된 금액의 분배는 FKDC가 모니터링하여 관리한다. 이 합의각서에 따라 두 개의 농업인 집단이 계약을 체결하였다. 현재까지 합의각서에 의해 규정된 보상금액은 175,000달러(100ha × 350달러/ha/1년 × 5년)에 달한다.

이 합의각서는 KTI가 2005년부터 2010년까지 3단계에 걸쳐 보상액을 지불할 것을 명시하고 있다. 우선 초기에 제안된 금액은 ha당 75달러였지만 나무심기가 초기 할당량을 만족하는 경우를 가정하여 ha당 120달러를 지불하는 것으로 조정되었다. 금액 상향조정의 또 다른 원인은 KTI가 이후 지불능력을 상실하여 의무를 다하지 못하는 경우를 위하여 대비 펀드(buffer fund)를 위한 금액을 마련하기 위한 목적도 있다(Leimona et al., 2009).

마찬가지로 농업인들로 구성된 판매자 집단은 소유하고 있는 땅을 잘 유지하고 산림을 복원할 의무를 가진다. 프로젝트에 참여하는 농업인 그룹의 수는 2007년에 2개에서 4개로 증가하였으며 4개 그룹은 Citaman마을(43명), Cibojong마을(29명), Cikumben마을(32명), Kadu Agung마을(38명)이다. FKDC가 추산한 바에 따르면, 연간 거래비용은 전체 지불액의 14%이며, 전문역량훈련, 추가구매자 탐색, 모종보급, 모니터링 등에 이용될 계획이다.

표 4-8. 보상금액의 분배

지불액 배당	달러	비율
계약 기반 농업지역(100ha당) • 모종 구입 및 식재 95% • 지역 비즈니스 투자 5%	60,000	80%
거래 비용 -전문역량훈련 및 구매자 탐색 40% • 토지 이용 모니터링 및 확인 27% • 운영비용 33% -직원 5명의 인건비 16% -회의 조직비 11% -행정업무 6%	10,500	14%
세금	4,500	6%
합계 * 이 금액은 KTI가 1, 2단계(4년)동안 지불하는 금액이며, 3단계에 나머지 차액(100,000달러)을 현재와 같은 비율로 지불해야 함.	75,000	100%

3) 결과 및 한계점

이 프로젝트를 통한 환경적 결과를 판단하기에는 아직 이르다고 할 수 있는데 유역 상류를 보호하는 활동이 수자원 공급에 미치는 영향이 불확실하기 때문이다. 지금까지의 진행상황으로 판단했을 때 유역 보호의 영향은 미미한 것으로 나타났다. 게다가 Cidanau 유역은 매우 광범위하기 때문에 이러한 프로젝트를 통한 영향을 제대로 확인하기 위해서는 더 넓은 지역을 대상으로 프로젝트를 적용할 필요가 있다. 하지만 본 프로젝트를 통한 분명한 성과는 상류지역에 거주하는 농업인들이 토양부식이나 산사태, 하류로의 토사유실 등에 대한 환경적 문제를 인식하게 되었다는 점이다. 농업인들은 토양부식을 방지하는 방법과, 산림이 물과 토양 보전에 기여하는 것을 배우게 되었다. 이 밖에도 이 프로젝트를 통해 개별 가정의 수입이 30% 증가했다는 보고가 확인되었고, 다른 보고서에서는 50개의 가정에 깨끗한 용수를 공급하기 위해 100m 파이프라인이 설치되었다고 보고했다.

하지만 여전히, 판매자가 구매자에게 보상받는 금액이 생태계서비스의 가치를 대표한다고 볼 수 있을지에 대해 불확실한 점이 있다. 현재 추산된 가치는 과학적으로 검증되지 않았고, 협상을 통해 도출된 가격이기 때문이다. 따라서 협의된 가격은 급전이 필요한 가난한 농업인이나 협상에 참여한 중재인에 의해 결정되었기 때문에 실제로 농업인들이 다른 활동을 통해 얻을 수 있었던 실제 기회비용을 고려하지 못하고 있다.

앞으로는 해당 유역에서 발생하는 구체적인 서비스를 밝혀내는 작업과 수질향상에 기여하거나 수질저하를 유발하는 원인을 수문학, 토지피복, 유사부하량 등을 고려할 수 있는 지표 등을 통해 확인하는 작업이 수행되어야 할 것이다. 또한 PES를 로컬 수준에서 국가가 관리규제할 수 있는 방법이 개선되어야 할 것이며, 이는 대기업 등의 지불의사액(Willingness to Pay)을 통해 추정할 수 있을 것이다. 더 나아가 개선된 PES의 적용을 위해서는 지구단위계획, 지역 예산을 고려하는 방향으로 나아가야 할 것이다.

(6) 몰디브[23]

1) 문제점

몰디브는 세계에서 가장 풍부한 해양 생물다양성을 보유한 국가이다. 특히 산호초가 세계에서 7번째로 많은 국가이며, 전 세계 산호초의 5%가 이 지역에 있다. 몰디브는 국내 경제 복지 및 개발에 있어 해양 및 해안 자원에 많은 의존을 하고 있다. 몰디브 경제의 대부분이 생물자원과 자연생태계에 의존적이기 때문에 경제 정책 및 예산에 생태계 및 생물다양성 보전이 고려되지 않는다면, 지속적이고 평등한 경제 성장의 기초에 악영향을 끼칠 것이다. 현재 생물다양성에 대한 투자는 국가 경제와 미래 발전에 있어 큰 가치로 반영되지 않고 있다. 그 결과, 몰디브의 필수적인 '자연자본'은 다양한 수산 종(상어, 바다가재, 해삼, 암초 물고기 등)의 수확량 감소, 건설로 인한 암초 오염 및 손상이 나타나고 있다. 이러한 생물다양성 감소는 몰디브 경제에 심각한 문제를 일으킬 수 있다. 따라서 생물다양성 보전의 필요성이 생물 및 환경적 이유뿐만 아니라 경제적인 관점에서 강력하게 입증될 수 있다.

2) 접근 방식

Atoll 생태계 보전 프로젝트는 해안 및 해양 생태계의 다양성의 경제 가치 강조를 목표로 GEF와 UNDP의 지원을 받아 주택, 교통 및 환경부에 의하여 도입되었다.

23 TEEB case by S. Baig, 2010, Tourism more valuable than fisheries, Maldives, available at: TEEBweb.org.

이 연구는 몰디브의 연안 및 해양 생물다양성에 크게 의존하는 경제 분야인 어업과 관광을 분석하였으며, 어업 및 관광 산업이 제공하는 이득을 소득, 고용, 정부소득, 외환, 수출 등으로 나누어 보았다.

3) 고려된 생태계서비스

몰디브는 국제적으로 중요한 의미가 있는 풍족한 연안 및 해양 생물의 서식지이다. 이 지역은 인도양에 21,000㎢ 규모의 커다란 산호초 군락을 갖고 있으며, 산호초가 있는 총 면적은 35,000㎢이다. 또한 1,100종의 암초 물고기와 250종이 넘는 산호가 서식하고 있다. 녹색바다거북, 대모거북과 같은 멸종위기의 동물들을 몰디브에서 찾아볼 수 있다. 또한 몰디브의 산호 생태계가 얕고 깊은 늪, 깊은 경사, 모래사장, 맹그로브, 해초 지역 등 다양한 서식지로 구성되어 있다. 이 연구는 생물다양성 보전이 직·간접적으로 존재가치가 크다는 것과, 지역주민과 해외 관광객들의 보전에 대한 지불의사액(WTP)을 통해 생물다양성 보전이 논리적이고 합리적이라는 결론을 보여준다.

4) 설문조사와 평가 가치

1차 데이터는 Baa Atoll의 민간 관광업계, Baa Atoll 가구, Baa Atoll 지역 몰디브인 주민, Male 지역의 몰디브 주민들을 대상으로 한 네 가지 설문조사를 통하여 수집되었다.

어업과 관광업계의 직접 이익은 시장가격방식(market price method)으로 평가되었다. 관광업계에는 노동력의 58%인 64,000명이 종사하고 있다. 직접적 및 간접적 생산, 소비, 소득, 현재의 GDP의 67%인 764백만 달러(9,741백만 루피야)가 관광업에서 창출된다. 반면 어업은 885백만 루피야의 소득을 창출하며, 이는 GDP의 8.5% 수준이다.

산호초의 해안선 보호를 통한 혜택은 대체비용법으로 계산되었으며, 또한 생물다양성 보전의 WTP방식이 이용되었다. 영적, 문화적, 미학적 가치는 지역주민과 관광객들의 WTP가격으로 추정되었으며, 산호초를 대체할 인공 설치물 가격은 설치물의 종류에 따라 200억~340억 루피야로 추산되었다. 대부분의 사람들이 생물다양성 보전에 대해 보전가격 혹은 사용자 가격에 대한 WTP를 보여주었다. 약 80%의 응답자가 매년 생물보전 기금에 지불할 의사를 밝혔다. 응답자의 선호도 비율에 따라, 광범위하게 추산된 간접 및 존재가치는 연 200만 루피야(170달러)이다. 또한, 해외관광객의 WTP로 추산된 존재가치는 2억 3천만 루피야이다.

5) 정책 시사점

이 연구는 생물다양성 보전을 위하여 다음과 같은 결산시정에 대한 정책적 제안을 하였다. 인센티브, 세금, 수입관세, 쿼터, 가격통제와 제품 및 경제활동에 대한 기타 요금 등이 적절히 고려되어야 하며, 사용자 기준 지불방식이 도입되어야 한다. 또한 이 프로젝트는 다른 국제적 보전 프로젝트에 긍정적인 영향을 주었다. 예를 들어 베트남의 해안 및 해양 생물다양선 보전을 위한 프로젝트를 도입하는데 있어 대체 생계수단 지원 프로젝트 개발의 범위와, 해외 샥스핀 시장을 위해 지속 가능하지 않은 상어조업에 대한 문제를 다루며 몰디브의 산호섬 사례가 참고되었다.

이 연구는 2009년 2월 몰디브 대통령의 요청에 의해 시작되었다. 대통령은 생물다양성이 몰디브 경제에 미치는 영향과 생물의 경제적 가치를 중요시하고, 몰디브 관광과 어업 분야 등 모든 프로젝트를 시행하는데 생물 보전이 우선시될 필요성을 판단하였다. 몰디브 농수산부 장관 Ibrahim Didi에 따르면, 2010년 7월 1일부터 상어 수출을 전면 금지하였다. 이러한 금지는 연구 결과의 경제적 논리에 따른 정책적 결정이다. 지난해 호주 제임스쿡 대학의 연구원은 회색암초상어 한 마리가 몰디브 관광산업에 있어 3,300달러의 가치를 지닌다고 밝혔다. 이는 상어 한 마리를 포획함으로써 어부 한명이 얻는 32달러의 수익과 비교되는 수치다.

(7) 호주[24]

1) 문제점

호주에서는 국가지정 위기 생태공동체의 40%가 도심지역에 위치해 있으며, 손실률은 확대되는 도시화 때문에 높아지고 있다. 뉴사우스웨일즈(New South Wales)는

24 Rodricks, S. mainly based on Department of Environment Climate Change and Water 2009 & Mamouney et al. 2009; TEEB case: Biodiversity Banking and Offset Scheme of New South Wales, Australia, 2010, available at: TEEBweb.org.

호주 남동쪽에 위치해 있으며 염수화, 수질 악화, 산림 감소, 생물다양성 손실과 같은 환경 문제를 경험하고 있다. 약 1,000종의 식물, 동물, 생태공동체가 위협받고 있다. 서식처 훼손과 손실은 과도한 목초지 조성, 농업을 위한 토지 개간, 도시화를 위한 원작물 제거로 인해 발생하였다. 뉴사우스웨일즈에서 목초지 지역은 총 243,155 ha가 감소한 것으로 추정된다. 이 중 202,437 ha는 산불, 18,667 ha는 농작물을 위한 개간, 18,246 ha는 임업, 3,805 ha는 도로, 건물, 전기선, 수도관 등을 포함하는 농촌 및 인프라 건설 및 광산 개발로 인해 손실된 것으로 추정된다.

2) 접근 방식

뉴사우스웨일즈 생물다양성저장 및 상쇄 제도(The Biodiversity Banking and Offset Scheme of New South Wales)는 2008년 7월 11일에 생물다양성 보존을 장려하고 생물다양성에 대한 영향을 줄이기 위한 시장중심 인센티브제를 도입하기 위해 시작되었다. 뉴사우스웨일즈의 환경, 기후변화, 수자원과(DECCW, Department of Environment, Climate Change, Water)는 자발적인 상쇄제도가 생물다양성에 대한 영향을 원래 균형 있는 상태로 돌릴 수 있다고 믿고 있다. 이 제도는 이전에 위기생물종, 서식처, 생태공동체를 보존하기 위해 시행했던 과거 정부의 관련 활동들을 기초로 설계되었다.

생물다양성저장(Biodiversity banking)은 어느 지역에서 발생된 환경영향이 생물다양성저장소로도 알려진 다른 지역에서 감축되는 시스템이다. 토지 주인은 총 생물다양성 가치를 개선하거나 유지하기 위해 그들의 생물다양성저장소를 관리하게 된다. 개발자는 그들의 개발지역에서 발생하는 영향들을 상쇄하기 위해 생물다양성저장소 소유주로부터 생물다양성 크레딧(Credit)을 구입하게 된다. 크레딧이 판매가 되면 판매액에서 사전에 정해진 소액이 생물다양성저장 신탁기금으로 보내지게 된다. 이러한 크레딧들은 생물다양성저장소가 개발로 인한 영향을 감축하거나 상쇄하는 복원 및 보호 활동을 할 수 있게 해준다. 크레딧에 대한 수요는 생물다양성저장소 설립과 크레딧 생산을 촉진한다. 생물다양성저장들이 판매할 수 있는 크레딧의 공급은 관련 부처가 크레딧의 수를 정하고 인증하기 때문에 규제의 산물이다.

3) 고려된 생태계서비스

생물다양성 가치 시험을 개선하고 유지하는 것은 생물다양성저장 제도에서 주요한 부분이며 생물다양성저장 평가방법에 기초하고 있다. 여기서 생물다양성 가치는 수질, 염도, 생물다양성, 토양 훼손 등을 반영한다. 평가방법은 개발이 진행될 수 있는 여부를 알려주는 기준을 제공한다. 인증된 생물다양성저장 평가자는 생물다양성 가치에 대한 시험을 하고 생물다양성저장 크레딧 계산기를 사용하여 2003년에 제정된 원작물법(Native Vegetation Act 2003)에 따라 생물다양성 및 위기종에 대한 평가를 해야 한다.

4) 활용 데이터

생물다양성저장은 1995년 위기종 보전법(Threatened Species Conservation Act of 1995)에 의해 시작되었다. 이 법은 생물다양성저장 평가방법과 생물다양성저장 신탁기금을 설립하는데 근거가 되었다. 또한, 생물다양성저장소, 생물다양성저장 증명서 및 생물다양성 크레딧 거래 관리를 위한 제도에 대한 지침을 제공한다. 그리고 생물다양성 크레딧 생산과 크레딧 거래 감독 및 승인에 대한 법적 기반을 제공한다.

5) 정책 시사점

생물다양성저장 제도의 장점은 소유권 침해없이 사유지에 생물다양성 보존을 위한 투자를 촉진할 수 있는 것을 포함한다. 그리고 생물다양성을 긍정적인 가치로 고려하게 하고, 토지의 보존가치를 높이는 것이 손해가 아니라는 것을 인식하게 해준다. 뉴사우스웨일즈에서는 Newmont사와 Rio Tinto사와 같은 광산 회사가 생물다양성저장 프로그램에 자발적으로 참여하였다. 호주에서는 생물다양성저장과 상쇄제도가 최근에 도입되었고, 아직 시장이 미성숙하다. 법 제정 전에는 원작물지 제거를 허가한 구역의 크기가 연 100,000 ha에 달했지만 2005년부터 2007년까지 2년간의 허가된 구역의 크기는 3,786 ha에 불과하다.

장점에도 불구하고 환경운동가들의 반대도 있다. 이들은 생물다양성저장 제도가 생태계 가치가 특별하게 높은 지역의 훼손을 다른 지역을 보호하는 대가로 훼손되게 하여 뉴사우스웨일즈의 위기종 보존에 악영향을 미친다고 주장한다. 한 지역을 개발하고 대신 다른 지역을 보존하는 상쇄제도는 반드시 전제적인 생물다양성 보존 증가로 이어지지 않는다. 생물다양성 가치 평가에서 효과적인 정성적인 평가와 함께 개발에 의해 발생하는 영향과 상쇄를 통해 얻어지는 편익을 정량적으로 추정하는 것은 대단히 어려운 문제이다. 또한, 상쇄 인센티브제를 운영하는데 있어 가장 중요한 문제는 법 준수 문제이다. 2006년 뉴사우스웨일즈 위기종 보존 개정법안에는 위법에 대한 내용을 포함하고 있지만, 크레딧 생산 관련 협상 이후 감독 및 관리에 대한 문제는 여전히 존재한다.

(8) 영국[25]

1) 문제점

기후변화의 결과로 인해 잉글랜드와 웨일즈 지역 해안들의 침식과 범람 위협이 증가하고 있다. 주거 지역을 보호하기 위해 방파제와 같은 해안 방어시설이 건설되었다. 하지만 이러한 방어시설이 오히려 해안 서식지나 조간대 서식지의 손실 및 질 저하를 가져오고, 홍수 방제와 같은 원래 자연적인 생태계서비스 기능을 저하시키는 원인이 된다. 공학적으로 견고한 방어시설이 제공하는 안전 때문에 각종 인프라들과 인간의 거주지는 해안에 더 가까이서 개발되고 있는데 이로 인해 훼손의 위험도 증가하고 따라서 보호의 필요성 또한 커지고 있다. 더욱이 방파제의 건설과 유지는 높은 비용을 초래하는 반면, 조간대 서식지로 인한 홍수 방제는 이러한 지역이 자연적으로 제공하는 생태계서비스 중 하나이다. 따라서 해안 보존 전략을 개발할 때에는 방파제와 조간대 서식지의 비용과 편익이 주의 깊게 고려될 필요가 있다.

2) 접근 방식

영국 정부의 환경 식품 농촌부(DEFRA)에 따르면, 해안 및 홍수 위험 관리에서 고려될 수 있는 정책 옵션으로는 "현재 방어선 유지 노력", "한정된 관여", "아무 것도 하지 않는 것", "현재 방어선 변경" 등이 있다. "방어선 변경"은 더 높은 지역으로 방어시설 후퇴, 내륙으로 방어시설 이동, 범람원 확장, 짧아지거나 낮아진 방어시설

25 TEEB case, 2011. Managed realignment for coastal protection, UK. Compiled by Förster, J. and L. De Muelenaere mainly based on Turner et al. 2007 and DEFRA and EA 2002. Available at: TEEBweb.org.

에 대한 확장 및 보강 등을 포함하는 적극적으로 통제되는 과정이다. 방어선을 변경하는 것이 어떤 장소에서 경제적으로 효율적일지 아닐지에 대해 결정하기 위해서는 다른 종류의 변경 시나리오가 비교될 필요가 있다.

Luisetti 등의 사례연구에서는 해안 방어시설 변경 전략에 대한 경제적 가치 평가의 중심 기준을 규정하였다. 생태계서비스 접근 방식을 활용하는 것이 환경에 대한 가치 평가와 정책 평가에서 중요하다. 이 때 기본적인 분석 단계는 생태계서비스에 대한 공간적으로 명확한 평가, 한계 변화 파악, 이중 집계될 수 있는 편익이나 비용 규정, 비선형성 고려, 문턱효과(threshold effect) 고려 등을 포함한다. 이 때 통합된 해안 지역 관리를 목표로 하는 순차적 의사결정 지원시스템을 활용하는 것이 매우 도움이 된다.

3) 고려된 생태계서비스

방어선 변경 정책은 해안 보존이나 홍수 방제와 같은 수많은 생태계서비스를 제공하는 갯벌과 염습지 등의 새로운 조간대 서식지를 만들어낸다. 이러한 지역들은 식물이나, 무척추동물, 연체동물을 위한 생산적인 서식지를 제공하며, 어류 양식을 위해서도 매우 중요한 지역이다. 또한 조류를 위한 먹이활동과 보금자리를 제공하는 지역이기도 하다.

염습지는 파도의 힘을 소멸시키고 특히 폭풍우가 칠 때 조수와 파도에 대한 1차적인 방어선을 제공한다. 따라서 염습지는 고정된 홍수 방제시설에 대한 자금과 유지비용을 감소시켜준다. 또한 조간대 서식지들은 오염물질과 탄소의 흡수원으로 작용하며, 휴양의 기회를 제공하기도 한다. 뿐만 아니라 전 세계적으로 감소하고 있는 매우 중요한 서식지가 만들어진다. 그래서 방어선 변경 정책은 보존과 해안 방어 편익 둘 다 제공한다.

방파제 변경의 몇 가지 시나리오를 BAU(business-as-usual) 전략과 비교하는 비용편익 분석이 잉글랜드 북동부 험버 강어귀를 대상으로 수행되었다. 현재 이 지역은 약 235km에 달하는 해안 방어시설로 보호되고 있다. 비교되었던 시나리오는 다음과 같다.

첫째, HTL(hold-the-line) 시나리오는 만족할만한 기준에서 현재의 방어시설을 유지한다. 그러나 조간대 서식지는 지속적인 개발과 해안의 축소로 인해 손실된다. 둘째, BAU(business-as-usual) 시나리오는 현재의 변경 제도를 고려한다. 하지만 EU의 서식지에 관한 지침(Habitats Directive)을 준수하는 것은 충분하지가 않다고 간주하며, 지속적인 경제 개발은 해안 축소에 따른 서식지 손실을 야기시킨다는 입장이다. 이 시나리오 하에서는 매 평가기간 동안 항상 마이너스의 순현재가치(NPV)를 가진다. 셋째, EDG(extended deep green) 시나리오는 서식지를 만드는데 더 큰 강조점을 두며, 방어시설 변경을 위해 적합한 지역을 찾는 데에 있어서 제약을 더 적게 두고 시작한다. 5ha 미만의 지역에서부터 해당 지역 강어귀의 매립되지 않았던 지역에 이르기까지 모든 종류의 지역이 고려된다. 또한 다른 시나리오들은 변경되는 방어시설의 최적 길이가 기존의 방어시설 길이를 초과하지 않는데 반해, EDG 시나리오에서는 그러한 한계를 두지 않는다. EDG 시나리오는 장기적인 관점에서 더 효율적이다. 마지막으로, PT(policy target) 시나리오는 EU의 '서식지에 관한 지침'에 따라 홍수방제시설 지출 감소를 위한 방파제 변경과 과거와 미래 조간대 서식지 손실에 따른 보상 등 환경 보호를 경제성장과 함께 고려한다. 이는 절충적인 해결안이며, BAU 시나리오만큼 마이너스 NPV를 가지는 것도 아니며, EDG 시나리오만큼 플러스 NPV를 가지는 것도 아니다.

각각의 시나리오에서 방어시설을 제공하는 데에 따르는 순현재가치(NPV)를 평가하기 위해, 모든 편익에 대한 현재가치에서 모든 비용에 대한 현재가치를 뺐다. 그런 후에 각 시나리오별로 해안 방어선 변경에 대한 순현재가치를 계산하기 위해 BAU, PT, EDG 등의 각각 시나리오의 현재가치에서 HTL 시나리오에 대한 현재가치를 뺐다. 분석 결과는 BAU 시나리오의 순현재가치는 25년, 50년, 100년의 기간에서 모두 음수의 값을 가진다는 것을 보여주고 있다. 반면에 EDG 시나리오와 PT 시나리오 등 다른 두 가지 변경의 시나리오들은 50년과 100년의 기간 후에는 확실한 양의 순현재가치를 보여주어 경제적으로 효율적이었다.

표 4-9. 두 시나리오 간의 순현재가치(NPV) (단위: 백만)

시나리오	25년	50년	100년
BAU 시나리오 NPV(BAU)-NPV(HTL)	€ -5.44	€ -4.81	€ -4.35
EDG 시나리오 NPV(EDG)-NPV(HTL)	€ -30.45	€ 16.73	€ 57.83
PT 시나리오 NPV(PT)-NPV(HTL)	€ -3.75	€ 5.5	€ 12.57

4) 정책 시사점

해안 방어시설에 대한 변경이 정책으로 선택될지 아닐지 여부는 입지여건에 달려있다. 더 짧은 방어선, 더 낮은 높이의 제방, 파도 에너지를 줄여주는 조간대 서식지의 효과 같은 것들은 유지비용을 줄일 수 있다. 더군다나 해안 보존과 같은 편익을 넘어 탄소 격리나 멸종위기종을 위한 서식지 제공 등 새롭게 조성된 조간대 서식지로 인한 생태계서비스가 고려되어야 한다. 하지만 인프라, 주거용, 농지 등 보호될 필요가 있는 토지의 가치는 지역적으로 다양하면서도 중요한 요인이다. 따라서 해안 방어시설에 대한 변경은 조간대 서식지 형성에 알맞은 장소나 현재 질이 낮은 농지로 이용되고 있어서 토지 이용 변경을 했을 때 기회비용이 높지 않은 장소에서 적합하다. 반면에 이미 잘 개발된 도심 지역이나 생산성이 매우 높은 농지에서는 부적합하다.

2002년 DEFRA에 의해 수행된 연구에서는 잉글랜드와 웨일즈 지방을 대상으로 해안 보존을 위한 전략을 검토하였는데, 방어선 후퇴가 결정되었던 곳은 151개 해안 지역이었다. 이 장소 중 41%는 실제 '해안 방어선 변경 지역'으로 분류가 되었고, 59%는 방어선 후퇴 절차가 실제적으로는 진행되지 않았기 때문에 '한정된 관여 지역'으로 분류되었다.

(9) 핀란드[26]

1) 문제점

보호지역은 다양한 사회·경제적 이익을 제공한다. 하지만 의사결정자들과 대중들에게 이러한 이익들이 평가를 받지 못하거나 인정받지 못한 채로 남아있는 경우가 종종 있다. 따라서 보호지역 관리에 투자되는 공공예산은 우선순위가 낮은 경우가 많다. 결과적으로, 레크리에이션과 관광으로부터 얻는 지역경제의 이익과 같이 보호지역이 제공하는 사회·경제적 이익에 대한 정보들은 보호지역의 유지 및 관리에 기여할 수 있을 것이다.

26 Kajala, L. (2013) TEEB Nordic case: Estimating local economic benefits of visitors' spending in protected areas. In Kettunen et al. Socio-economic importance of ecosystem services in the Nordic Countries - Scoping assessment in the context of The Economics of Ecosystems and Biodiversity (TEEB). Nordic Council of Ministers, Copenhagen. Available also at: www.TEEBweb.org.

핀란드의 Metsähallitus(자연유산 서비스)는 주 예산의 지원을 받는 국립공원과 주립 보호지역을 관리하는 역할을 하고 있다. 핀란드에서 보호지역의 사회 · 경제적 이익에 대한 정보 요구도는 분명하다. 많은 정치인, 지역 의사결정자, 투자자들이 생물다양성 보전관리에 따른 효과의 모니터링뿐만 아니라 보호지역의 경제적 효과에 대한 정보 또한 요구하고 있다. 하지만 보호지역과 관련된 모든 사회 · 경제적 가치 예를 들면 문화적 가치들이 모두 화폐가치로 평가될 수는 없다. 인간의 이용과 관련된 일부 가치만이 관광객의 공원입장으로 인한 경제적 수익, 관광객들이 지불한 비용이 지역경제에 어떻게 유입되는지, 축적되는지를 추정함으로써 평가될 수 있다.

이처럼 공공투자의 이익을 강조하는 것뿐만 아니라 관광객의 지불에 의한 경제적 영향 또한 의사결정자들에게 국립공원의 증가를 이해시키는데 이용될 수 있다. 그리고 이 방법은 서로 다른 공원 간의 경제적 이익을 비교가능하게 함으로써 성공요인을 확인할 수 있는 유용한 관점을 제공할 수도 있으며, 더 나아가 사회 · 경제적인 기초개발계획 수립 시 적용될 수 있을 것이다.

2) 고려된 생태계서비스

핀란드의 국립공원과 주립 보호지역의 사회 · 경제적 이익을 추정하기 위하여, Metsähallitus과 핀란드 산림연구원(Metla)은 공원방문이 가져다주는 누적 경제적 영향을 평가하기 위하여 표준화되고, 이용하기 쉬운 방법을 개발하였다. 이 방법은 생태계서비스에 관하여, 등산, 스키, 낚시, 캠핑과 같이 국립공원에서 할 수 있는 레크리에이션, 관광과 관련된 경제적 이익을 정량화하는데 초점을 두고 있다.

이 방법은 미국의 Money Generation Model2을 기반으로 만들었으며, 다음 세 가지의 변수계산을 기초로 한다. 관광객 수, 관광객의 지불금액, 어떻게 관광객의 지불금액이 지역경제에서 순환되고, 공급되는 지를 반영하는 여러 가지 승수가 이용되었다. 이 방법은 2010년에 Metsähallitus의 국가 관광객 정보데이터(ASTA)에 통합되었으며, 국립공원과 그 외 보호지역에서의 레크리에이션 수요를 추정하기 위해 개발되었다. 이처럼 통합된 데이터의 활용은 각 주요 보호지역에서 얻어지는 연간 이익과 관광객 지불금액 추정이 가능하다.

3) 결과

2011년 통계에 의하면, 핀란드 국립공원과 주요 보호지역에 300만 명이 방문하였다. 이에 따른 지역경제의 이익은 한 공원당 연간 10만~3,060만 유로(EUR)로 추정되며 이는 연간 1~400명의 고용창출 효과를 일으킬 수 있는 규모로 평가되었다. 전체 국가단위에서 이 이익들을 종합하면, 국립공원이 지역경제를 지원하는 금액이 연간 1,394명을 고용할 수 있는 1억 830만 유로(EUR) 정도로 계산되었다. 본 연구결과로 국립공원과 주요 보호지역에 1 유로(EUR)를 투자하면 지역경제에 10 유로(EUR)가 돌아올 수 있음을 알 수 있었다.

4) 정책 시사점

2010년 가을 Metsähallitus는 급격한 예산 삭감에 직면하였다. 이때, 지역경제의 경제적 이익 평가가 의사결정자들에게 보호지역에 대한 공공투자가 많은 경제적 보상이 있음을 확신시키는데 중요한 요소로 작용하였고, 결국에 예산 삭감은 취소되었다. 더 실질적인 수준에서, 국립공원들이 지역경제에 미치는 영향의 차이는 생태관광 기업가, 개발자, 행정가들에게 보호지역과 관련된 사업기회를 알려 준다. 또한 관리활동 및 민간분야 개발에 대한 투자가 해당지역에 큰 소득을 안겨주기 위해 꼭 필요하다는 점이 분명해진다.

본 사례는 연구와 실제 적용에 있어 협력의 중요성을 알게 해준 사례이다. 이론적이고 실제적인 지식의 조합은 방법을 개발하는데 유용한 관점을 제공하며, 결과의 신뢰성을 향상시키는데 기여할 수 있다. 앞서 보호지역의 이익을 평가할 수 있는 방법은 너무 다양해서 다른 지역, 국가 간의 결과를 비교하는 것이 불가능하다. 하지만 장기적 관점에서 본 연구의 결과는 우선 국가의 표준화된 데이터로 평가하여 비교가능성을 확보하였다는 점에서 의의가 있다. 또한 본 연구에서 개발한 방법은 이용자 친화적이며, 누구나 접근가능하다는 장점을 가진다.

표준화된 관광객 모니터링 시스템은 보호지역의 경제적 영향을 지속적으로 평가하기 위한 선결과제이다. 이것이 핀란드에서는 모든 국립공원이 국가기관에서 관리하고 있기 때문에 상대적으로 쉬웠다. Metsähallitus는 SMART라는 전문가그룹을 만들었고, 국립공원과 주요 보호지역에 대하여 관광객 모니터링과 관련된 이슈에 대하여 조언과 가이드를 제공하는 역할을 주었다.

마지막으로 공원 방문객들의 지불에 의한 지역의 경제적 영향이 정책형성에 중요한 역할을 하지만, 이 방법은 특정유형의 가치만을 다루고 있음을 명심해야 한다. 국립공원과 그 외 보호지역에 의한 사회·경제적 중요성과 가치의 완벽한 계산은 문화적 서비스, 건강 및 웰빙에 미치는 영향 등 다른 생태계서비스와 사회·경제적 영향들을 측정함을 요구하기 때문이다.

(10) 미국[27]

1) 문제점

온대 초원지대는 전 세계에서 가장 위협받고 있는 생물군계 중 하나이다. 북 아메리카 북부 그레이트 플레인의 프레리 팟홀 지역에서는 초원의 70% 이상이 손실되었다. 이 지역의 동쪽 지역은 심지어 초원의 1% 미만만 남아 있으며, 상대적으로 초원이 더 풍부한 지역에서 토지를 전환하고자 하는 압력이 매우 높다. 초원의 손실은 대초원에서만 살고 있는 야생동물의 서식지, 물 여과, 휴양을 위한 기회 등의 중요한 생태계서비스의 손실을 동반한다.

초원 전환의 중요한 요인은 작물 재배이다. 2002년부터 2007년 사이 초원 475,000 에이커 이상이 노스다코타와 사우스다코타 두 주에서 농경지로 전환되었다. 바이오 연료 생산을 위한 법규로 인해 일부 농작물의 가격이 높게 형성되었고, 심지어 생산성이 형편없는 땅에서도 농작물을 재배하게 만드는 강력한 인센티브가 만들어졌다. 또한 미국 농업법은 작물 생산에서 발생할 수 있는 위험(풀을 주식으로 하는 가축 목장의 반대 등)에도 보조금을 지급하였는데, 결국 이로 인해 원시 초원을 농경지로 전환하고자 하는 더 큰 인센티브가 만들어졌다.

초원은 어떻게 보전될 수 있을까? 원시 초원의 전환을 제한하는 법은 없다. 심지어 노스다코타 주에서는 주법을 통해 Ducks Unlimited(DU)와 같은 보호 단체들이 토지를 소유하는 것을 상당부분 제한하고 있다. 이것은 더 이상 토지 취득이 대규모 보존 전략으로 역할을 할 수 없음을 의미한다. DU는 습지 및 기타 다른 물새 서식지 보존과 관련된 NGO이다. 이 NGO는 주로 물새 사냥꾼들에 의해 지원을 받고 있다.

27 TEEB case by Almack K. (2010) Carbon finance for conservation of native prairie, USA, available at: TEEBweb.org.

연방기구인 미국 야생동물 서비스(The United States Fish and Wildlife Service)는 초원 지역권(Grassland Easement) 프로그램을 제공하고 있다. 자연 보존에 있어서 지역권이란 토지소유자들이 자신의 부동산에서 현재의 토지 이용을 영구히 보존하고자 자발적으로 참여하는 법적 수단이다. 하지만 노스다코타에서 지역권 프로그램은 재정지원이 충분하지 않으며, 심지어 토지소유자들에게 제공되는 보상도 일반적으로는 시장에서의 토지 가치보다 낮다. 이런 어려움에 직면한 상황에서 DU는 대안적 해결책을 개발했다.

2) 고려된 생태계서비스

위에서 언급한 것처럼 노스다코타의 원시 초원은 야생동물이나 야생식물의 서식지, 빗물의 여과, 휴양 기회 등과 같은 엄청난 생태계서비스를 제공하고 있다. 더군다나 초원은 엄청난 양의 온실가스를 격리시키는 데에도 도움을 준다. DU는 이러한 서비스를 분석했고, 해당 초원에 포집되는 토양 유기 탄소의 평균 양이 ha 당 67~94톤 정도라고 결론을 내렸다. 하지만 농경지로 전환된다면 초기 토양 탄소 포집량의 20~50% 가량이 산화되고 대기 중으로 방출됨으로써 이러한 탄소 포집 편익은 반감된다.

3) 정책 실행 도구

자발적 탄소 상쇄 시장이 북아메리카에서 등장하기 시작했다. DU는 초원을 보호하고 회복시키는 탄소 편익이 시장에서 팔릴 수 있다는 사실과 이로 인해 보존 지역권을 위한 필요 경비를 만들 수 있다는 것을 알게 되었다. DU와 파트너들은 'Avoided Grassland Conversion Carbon Program'을 개발했고 이 프로그램을 통해 초원의 포집 탄소를 보존하고 이 초원의 다른 광범위한 생태계서비스를 보존한다.

어떻게 이것이 가능할까? DU는 토지소유자로부터 탄소 크레딧을 구매한다. 또한 이를 통해 초원의 영구적인 지역권 구매에 사용될 수 있다.

이 프로그램을 통해 토지소유자들은 탄소 크레딧의 완전한 구매에 대해서는 에이커당 20~35 달러를 받았고, 나중에 DU가 크레딧을 구매할 권리를 가진다는 옵션에 대해서는 에이커당 1 달러를 받았다. 이 프로그램에 등록된 지역권의 평균 크기는 360 에이커이다.

이후 지역권은 국립 야생동물 보호구역 시스템의 한 부분이 되었다. 이 프로그램의 재원을 조달하기 위해 DU는 초원으로부터 나온 탄소 크레딧을 탄소시장에서 재판매한다. 지역권을 위한 재원 부족은 많이 감소되었고 토지소유자들은 그들의 부동산에 있는 초원을 농경지로 전환함으로써 얻었던 수익보다 더 많은 보상을 받았다.

4) 결과와 정책 시사점

생태계서비스 관점으로 문제에 접근함으로써, DU는 탄소 금융을 통해 노스다코타의 프레리 팟홀 지역에서 50,000 에이커가 넘는 원시 초원을 보호할 수 있었다. 또한 초원의 편익에 대해 정책결정자들과 활발한 토론을 할 수 있었고, 초원에 기반한 온실가스 감축 전략에 대한 인식을 제고시켰다. 심지어 프레리 대초원에 대한 보전이 미 연방 의회에서 고려되고 있는 기후 법안 하의 잠재적 탄소 상쇄 프로젝트의 한 유형으로 주목을 받고 있다.

(11) 브라질[28]

1) 문제점

브라질 아마존에서의 도로 건설과 포장은 지난 10년 동안 커다란 논쟁거리였다. 특히 지역적 개발로 인한 환경적 황폐화, 산림 황폐화와 같은 측면에 대한 모호한 영향이 논의되어 왔다. 대표적인 사례로, 브라질 정부가 성장 가속화 계획의 일환으로 2005년에 공표한 아마조나스 주와 론도니아 주 사이의 도로(BR-319) 재건이 있다. 이 도로는 한때 포르토 벨로의 수도와 마나우스를 연결했지만 사실상 1986년부터 통행이 불가했으며, 현재 대규모의 포장공사, 교각, 406km 구간의 재건이 요구되고 있다. 그러나, 최근 관련된 연구들에서 지적되고 있는 바와 같이, 효과적 조치를 통해 산림 벌목을 제한하지 않는 한 재건축 사업은 푸루스와 마데이라 강 사이의 지역을 황폐화시킬 것이다.

---

28 TEEB case: Cost-benefit analysis of road construction considering deforestation, Brazil (2011) by R. S. Cassola mainly based on Fleck (2009). Available at: TEEBweb.org.

2) 고려된 생태계서비스

공식적인 경제적 실현 가능성을 고려한 연구가 반드시 필요하므로 비정부기구인 보전 전략 기금(Conservation Strategy Fund, CSF)은 비용편익 분석을 이용하여 BR-319의 실현 가능성을 사전에 평가하는 연구를 수행했다. 환경적 외재성을 포함하거나 포함하지 않았을 때의 효과를 명확하게 하기 위해 2가지 분석 시나리오가 고려되었다.

ⅰ) "전통적 시나리오"는 일반적으로 포함되는 요소들을 반영하는 시나리오로, 화물과 승객 교통 절약과 관련된 지역적(local), 권역적(regional) 편익, 도로 건축, 유지 비용과 같은 측면을 고려한다.

ⅱ) "통합적 시나리오"는 황폐화와 관련된 비용들 또한 고려한다. BR-319 사업에 대해서는 전통적 시나리오에서 이미 경제적 실현가능성이 없는 것으로 나타났다. 약 1억 5천만 달러(US$)의 순손실로 인하여 1달러당 33센트의 편익만 발생하기 때문이다. 여기에 산림 황폐화, 보호지역에 대한 최소 관리비용을 추가할 경우, 순손실은 매우 높을 것으로 예상된다.

통합적 시나리오는 산림황폐화 비용이 고려되어 순손실이 7배나 높아져, 10억 5천만 달러(US$)에 달하는 것으로 나타났으며, 1달러당 6.5센트의 편익만 발생하는 것으로 파악되었다. 산림황폐화로 인한 비용편익을 추정하기 위하여 사업으로 인해 발생하는 추가적인 산림황폐화 면적 4,613,400ha에 대해 25년의 기간에 대한 분석을 실시하였다. 손실되는 산림의 가치는 선행연구 리뷰에 기반하며, 다음을 포함한다:

ⅰ) 선택 가치(약학적 생물 보호)

ⅱ) 존재 가치(생물다양성 보전에 대한 지불의사)

ⅲ) 간접적 이용(탄소 축적)

아마존 숲에 대한 경제적 가치 평가 사례가 매우 제한적이므로 숲이 갖는 경제적 가치의 일부만 포함되었다. 또한 직접적 사용(목재추출, 관광 등)의 가치는 지역적 이익을 위해 채택된 간접적인 추정과의 중복 또는 충돌을 막기 위해 고려되지 않았다.

존재가치의 경우, 연구는 연간 US$ 31.2/ha를 채택했다. 이는 추정된 편익의 27.4%를 나타내며, 아마존 산림 보전에 대한 평균 지불의사를 반영한다. 선택 가치는 약학적 생물 보호에 기반하며, 연간 US$ 0.20/ha로 가정했다. 이는 편익의 0.2%를 나타낸다. 간접적 이용으로 인한 편익은 탄소축적과 연관되며, 72.4%를 차지하여 높은 기여도를 보였다.

3) 정책 시사점

본 연구는 생태계서비스의 가치를 고려한 비용-편익 분석을 실시함으로써, 사업의 실제비용에 초점을 맞추어, 브라질 당국, 의사결정자, 국민들에게 정보를 제공하고자 하였다. 구체적인 사례로서, 보전 전략 기금(CSF) 연구는 브라질 감사 법원(TCU, Tribunal de Contas da União)에 의한 사업 평가 요구와 관련된 브라질 상원의 결정에 영향을 미쳤다. 비록 브라질 감사 법원(TCU)의 결정은 교통부에 의해 주장된 사회적 이익과 국가 안보의 측면을 고려하더라도, 경제적 실현가능성이 충족되지 못한다는 것이었다.

다른 사례로, 검찰청(NPF, National Public Prosecutor)의 사무실에 의해 홍보된 공청회에 대한 연구결과를 발표하기 위해 보전 전략 기금(CSF)이 초대되었다. 그 이후로 검찰청은 연방 환경기관인 IBAMA에 환경 허가 과정에서의 결함을 설명하는 제안 보고서를 발행했다. BR-319의 재건은 반드시 브라질 법규와 환경 허가 과정을 따라야 하며, IBAMA는 환경적으로 실행이 가능한지를 정의해야 한다고 서술되었다. 이 과정은 여전히 진행되고 있으며, 보전 전략 기금(CSF) 연구와 검찰청(NPF)의 제안에 의해 영향을 받았다.

4) 성공 요인

연구에 영향을 미친 한 가지 사실은 일련의 연구내용들이 평균적인 공공에게 일반적으로 이해될 수 있는 형태로 기재되어야 한다는 것이다. 그리고 정책 결정자들이 짧은 시간 내에 쉽게 이해할 수 있도록 간략한 정책적 함의를 가지고 있어야 한다는 것이다. 일반적으로 이런 종류의 연구들은 수많은 경제적 전문어와 방정식으로 쓰이기 마련이지만, 이는 대부분의 독자들을 겁먹게 한다. 본 연구에서는 많은 노력이 의사소통과 일반 대중이 이해할 수 있는 정보를 만드는데 소모되었다.

(12) 튀니지[29]

1) 문제점

튀니지의 산림 생태계는 가치가 높다. 그러나 대부분 비시장재화이고, 실제 산림 생태계를 통한 수입은 매우 낮다. 게다가 산림 자원의 자유로운 접근은 과도한 사용을 유도한다.

이러한 튀니지의 숲을 보호하고 확장시키기 위해서는 큰 투자를 필요로 한다. 하지만 경제적 관점을 어떻게 판단할 것인가? 국가 산림 프로그램(National Forest Programme, NFP)과 식량농업기구(Food and Agriculture Organization, FAO)는 이 문제를 해결하기 위해 다음과 같이 접근하였다.

2) 고려된 생태계서비스

본 연구에서는 산림 생태계가 제공하는 생태계서비스 중 목재 공급, 비목재 생산품(NWFP), 목초지 서식지, 사냥과 레크리에이션의 잠재성, 유역 보호, 탄소 격리, 생물다양성 보존 등을 대상으로 하였다.

숲이 제공하는 편익의 생물·물리학적 정량화와 경제적 가치 추정을 위해 각각 다른 방법론을 적용하였다. 목재 공급, 유역 보호, 탄소 격리 등의 생물·물리학적 정량화는 현재 존재하는 숲의 인벤토리, 위성영상, 현장 샘플링 등을 기초로 추정하였다.

또한, 퇴적에 영향을 주는 산림 피복의 차이를 알아보기 위해서 산림 피복의 유무의 상태 차이에 따른 퇴적률을 추정하였다. 퇴적은 MMF(Morgan, Morgan and Finney) 모형과 PSIAC(Pacific Southwest Inter-Agency Committee) 모형을 이용하여 추정하였으며 탄소 격리는 IPCC 모형을 이용하여 추정하였다.

경제적 가치 또한 재화 또는 서비스에 따라 아래와 같이 다양한 방법을 기반으로 추정하였다.

① 시장가격법(목재, 연료, 비목재생산품, 탄소 격리 등)

② 대체제의 가격(사료, 비목재생산품 등)

---

29 TEEB case (2013): Economic valuation of forest goods and services, Tunisia, by Hamed Daly-Hassen, available at: TEEBweb.org.

③ 편익이전 방법(레크리에이션 등)

④ 생산함수 접근법(유역 보호 등)

⑤ 예방 비용법(생물다양성 보존 등)

⑥ 피해 비용법(산불, 벌목 등)

⑦ 대체 비용법(야생 동물에 의한 피해)

3) 결과

2010년의 튀니지 산림의 총 경제적 가치는 142만 달러, 120달러/ha이며 이는 전체 GDP의 약 0.3% 정도이다. 목초지가 전체 가치의 55%를 차지하고 유역 보호가 21% 정도의 가치를 차지한다.

그림 4-3. 튀니지 산림의 생태계서비스의 가치 분포 (2010년 기준)

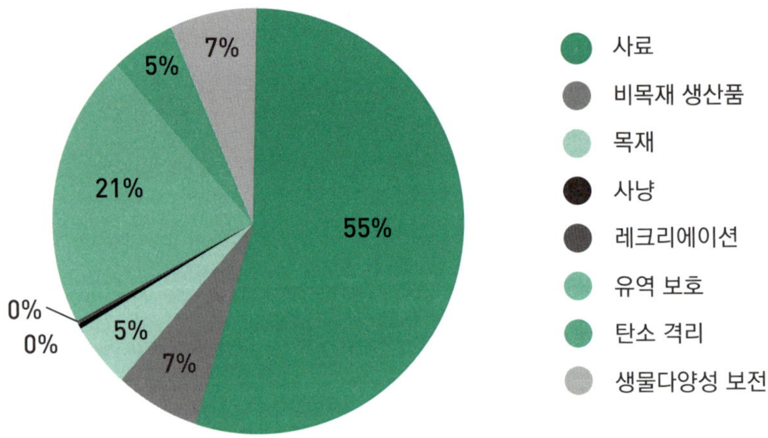

동시에 산림 자원의 남용과 산불로 인하여 높은 사회적 손실을 야기한다. 또한 야생동물을 위한 먹이의 부족은 주변 농경지에 심각한 피해를 끼칠 수 있으며, 이러한 외부 비용은 산림 전체 편익의 약 6% 정도를 감소시킬 수 있다.

지역의 주민들은 주로 가축 방목을 통해서 전체 편익의 61% 정도를 차지하고 있다. 튀니지 전체는 토양과 물의 보존을 통해 총 경제적 가치의 22% 정도를 차지하고 있으며, 국제 사회는 탄소 격리 및 생물다양성 보존을 통해 약 12% 정도의 편익을 받고 있다. 튀니지 전체 인구의 7% 정도가 산림 근처에서 살고 있으며, 이들은 인당 연간 약 120달러의 혜택을 받는다.

4) 정책 시사점

가치 평가의 단위는 방법에 따라 다른 결과를 제공한다. 국가 단위에서는 방목과 유역 보전의 통합 계획을 통하여 지역 관리 전략과 계획을 세워야 하고, 산림의 가치 사슬을 높이기 위해 노력해야 한다. 지역 단위에서는 곡물보다는 침식을 막기 위한 식재가 더 가치 있음을 여러 연구들에서 보여주고 있다. 하지만 개인의 소득과 사회적 편익 사이에서 균형을 유지하기 위해서는 자금 지원과 관련된 메커니즘이 필요하다.

주요 직면 과제는 산림 생태계서비스의 생산과 지역 주민의 사회 · 경제 발전 사이의 균형을 조절하는 것이다. 산림 감독관은 지역 주민들의 활발한 참여를 통한 산림 관리의 향상과 함께, 환경 서비스와 지역 주민들의 생계를 향상시켜야 한다. 정책 및 경제적 수단은 이러한 환경적 관심과 빈곤 완화 및 국가 발전의 목표 사이에서 균형을 지켜질 수 있게 개발되어야 할 것이다.

CHAPTER

05

생물다양성 보전의 향후과제

1. 비전과 목표

국제기구를 포함한 관련 기관들의 연구 결과들은 생물다양성과 생태계서비스가 인류에게 다양한 혜택을 가져다 줄 수 있다는 것을 보여주고 있다. 하지만 생물다양성과 생태계서비스 보전을 위해서는 시급한 당면과제들을 해결해야 한다. 당면과제 해결을 위해 UN을 비롯한 국제기구들은 미래의 지속 가능한 발전에 기여하는 생물다양성과 생태계서비스를 보전하기 위하여 다양한 활동과 프로그램을 시행하고 있다. 또한, 국제사회의 움직임에 맞춰 정부, 지자체, 학계 등 모든 분야에서 생물다양성과 생태계서비스 보전을 위한 다양한 정책 및 프로그램들이 시행될 것으로 예상된다.

생물다양성 보전을 위해 국제사회는 다양한 비전과 목표를 제시하고 있다. 특히, UN은 1992년 리우에서 개최된 유엔환경개발정상회의(UNCED, United Nations Conference on Environment and Development)에서 생물다양성협약(CBD, Convention on Biological Diversity)을 채택하였다. CBD의 목적은 생물다양성 보전, 생물다양성 구성요소의 지속 가능한 이용, 유전자원 이용으로 발생하는 이익의 공정하고 공평한 분배를 포함한다.

제12차 생물다양성협약 당사국총회가 제7차 바이오안전성의정서 당사국회의와 함께 2014년 9월 29일부터 10월 17일까지 강원도 평창에서 개최될 예정이다. 제12차 당사국총회의에서는 2020년까지 달성하기로 합의한 '생물다양성 전략계획 및 목표(2011-2020)' 이행을 위한 구체적인 행동계획과 관련한 국제사회의 논의 및 협의가 이루어질 예정이다. 특히, 주요 의제는 '생물다양성 전략계획 및 목표(2011-2020)'의 일부인 아이치 목표 (Aichi Target) 달성과 밀접한 연관이 있으며 주요 전략목표는 다음과 같다(표 5-1).

표 5-1. 아이치 목표(Aichi Targets)의 주요 전략목표

전략목표	내용
A	생물다양성을 정부와 사회 전반에 주류화하여 생물다양성 손실의 근본적인 원인에 파악한다. Address the underlying causes of biodiversity loss by mainstreaming biodiversity across government and society.
B	생물다양성에 대한 직접적인 압박을 줄이고 생물다양성의 지속 가능한 이용을 증진시킨다. Reduce the direct pressures on biodiversity and promote sustainable use.
C	생태계, 종 및 유전적 다양성을 보전하여 생물다양성의 상태를 개선시킨다. To improve the status of biodiversity by safeguarding ecosystems, species and genetic diversity.
D	모든 시민들에게 제공되는 생물다양성 및 생태계서비스의 혜택을 증진시킨다. Enhance the benefits to all from biodiversity and ecosystem services.
E	참여형 계획수립, 지식관리, 역량강화를 통해 이행을 강화한다. Enhance implementation through participatory planning, knowledge management and capacity building.

생물다양성과 생태계서비스는 생물다양성협약 이외에도 UN의 새천년개발목표(Millenium Development Goals; MDGs)와도 밀접하게 연관되어 있다. 새천년개발목표는 2000년 UN 총회에서 채택된 의제로써, 빈곤, 질병, 환경파괴 등과 같이 개발을 저해하는 문제들을 해결하기 위해 국제사회가 2015년까지 추진하기로 합의한 목표이다. 새천년개발목표의 8대 주요 목표는 아래와 같다(표 5-2).

표 5-2. 새천년개발목표 8대 주요 목표

목표	내용	목표	내용
1	절대빈곤 및 기아를 퇴치시킨다. To eradicate extreme poverty and hunger	5	모성보건을 증진시킨다. To improve maternal health
2	보편적 초등 교육을 실현한다. To achieve universal primary education	6	AIDS 등 질병을 퇴치시킨다. To combat HIV/AIDS, malaria, and other diseases
3	양성평등 및 여성의 능력을 높인다. To promote gender equality and empower women	7	환경 지속 가능성을 보호한다. To ensure environmental sustainability
4	유아사망률을 감소시킨다. To reduce child mortality	8	개발을 위한 글로벌 파트너십을 구축한다. To develop a global partnership for development

새천년개발목표 중 빈곤 퇴치, 양성 평등, 여성인권, 모자보건, 지속 가능한 환경 보호과 관련된 목표들은 생물다양성 보전과 밀접한 관계가 있다(표 5-3).

표 5-3. 생물다양성 및 생태계서비스와 새천년개발목표(MDGs)의 연관성

새천년개발목표(MDGs)	목표와 연관 있는 생태계서비스
목표 1. 절대빈곤 및 기아 퇴치를 퇴치시킨다.	식량, 연료용 목재, 식수, 생물다양성은 사람들의 최소 생활 기준과 더 나아가 빈곤과 기아 빈도에 직접적인 영향을 미친다.
목표 3. 양성 평등 및 여성의 능력을 높인다.	가용한 연료용 목재와 식수는 통상 여성들에게 노동의무를 줄여주며 성 평등에 기여한다. 여성들의 수입은 종종 생태계서비스에 직접 의존하고 있다. (예, 목재 수집)
목표 4. 유아사망률을 감소시킨다. 목표 5. 모성보건을 증진시킨다.	가용한 식수, 깨끗한 공기, 약용 식물 그리고 생물다양성은 질병의 전염을 막을 수 있다. 건강한 생태계는 언급된 것들을 제공하는데 도움을 준다.
목표 7. 환경 지속 가능성을 보호한다.	자연의 하수 정화, 흙 생성, 생태계 통제 및 유지 능력은 생태계 탄력성과 생물다양성을 유지하는데 기여한다.

출처: TEEB in National Policy, Chapter 3-5.

표 5-3과 같이 생물다양성과 생태계서비스 보전은 빈곤 퇴치를 포함하는 다양한 국제사회의 목표들을 달성하는데 긍정적인 기여를 할 수 있다. 이를 위해 2015년부터 새롭게 추진될 예정인 지속 가능발전목표(Sustainable Development Goals; SDGs)에는 생물다양성에 보전과 관련 있는 목표가 보다 명확하게 명시될 예정이다.

2000년 도입된 새천년개발목표(MDGs)는 서구중심의 원조가 지속 가능한 개발로 이어지지 못하는 경험과 함께 2007년 말 세계 금융위기로 경제성장에 집중된 발전 목표에 한계가 있음을 확인하였다. 2015년 종료되는 새천년개발목표의 목표들을 보다 폭 넓게 대체하기 위해 지속 가능한 발전 목표(SDGs)는 2012년 리우+20 회의에서 논의가 시작되었다.

지속 가능한 발전목표에는 경제, 사회, 환경의 포괄적인 내용이 포함될 예정이고 목표 달성 주체가 개발도상국뿐만 아니라 선진국을 포함한 전 세계이다. 새천년개발목표의 모든 목표들은 2015년까지 달성하는 것으로 계획된 반면 지속 가능한 발전목표는 세부목표마다 달성 목표 년도가 2020년, 2030년 등으로 세분화되어 있다. 또한 오픈워킹그룹 회의 등을 통해 섹터별 시민사회와 민간, 학계 등 다양한 의견을 반영하고 있다. 2014년 6월 기준 제12차 오픈워킹그룹 회의가 진행되었으며, UN경제사회이사회에 등록된 NGO들이 의견을 개진하여 17개의 목표와 세부 목표가 논의 중이다. 현재 협의된 17개의 지속 가능발전목표는 다음과 같다(표 5-4).

표 5-4. 지속 가능발전목표(SDGs) 17대 목표 (2014년 6월 기준)

목표	내용
1	모든 곳에서의 빈곤을 퇴치한다. End poverty everywhere
2	기아를 종결하고, 식량안보 및 모두를 위한 충분한 영양, 지속 가능한 농업을 증진한다. End hunger, improve nutrition and promote sustainable agriculture
3	전 연령의 건강한 삶을 살 수 있게 한다. Attain healthy lives for all
4	양질의 교육과 평생 교육을 모두에게 제공한다. Provide quality education and life-long learning opportunities for all
5	성평등 및 여성의 권리를 신장한다. Attain gender equality, empower women and girls everywhere
6	모든 사람에게 지속 가능한 물이용 및 접근성 그리고 위생을 보장한다. Ensure availability and sustainable use of water and sanitation for all
7	모든 사람에게 지속 가능한 에너지 제공을 보장한다. Ensure sustainable energy for all
8	지속적인, 포용하는, 지속 가능한 경제발전을 장려하고 모든 사람에게 생산적인 고용과 양질의 일자리를 제공한다. Promote sustained, inclusive and sustainable economic growth, full and productive employment and decent work for all
9	지속 가능한 인프라 건설 및 산업화를 지원하고 혁신을 촉진한다. Promote sustainable infrastructure and industrialization and foster innovation
10	국가 내 및 국가 간의 불평등을 감소시킨다. Reduce inequality within and between countries
11	포괄적이고, 안전하고, 지속 가능한 도시와 주거지를 조성한다. Make cities and human settlements inclusive, safe and sustainable
12	지속 가능한 소비 및 생산 방식을 증대한다. Promote sustainable consumption and production patterns
13	기후변화와 그에 따른 영향에 대응한다. Tackle climate change and its impacts
14	해양자원을 보존하고 지속 가능한 사용을 장려한다. Conserve and promote sustainable use of oceans, seas and marine resources
15	육상 생태계를 보호하며, 지속 가능한 사용을 장려하고 사막화, 토지 훼손, 생물다양성 손실을 막는다. Protect and promote sustainable use of terrestrial ecosystems, halt desertification, land degradation and biodiversity loss

목표	내용
16	평화적이고 포괄적인 사회, 모든 사람들을 위한 법치주의, 효율적이고 역량 있는 제도를 정착시킨다. Achieve peaceful and inclusive societies, access to justice for all, and effective and capable institutions
17	지속 가능한 발전을 위한 방법과 국제파트너십을 강화한다. Strengthen the means of implementation and the global partnership for sustainable development

출처: UN Department of Economic and Social Affairs, Division for Sustainable Development.

2014년 6월 기준으로 합의된 17개의 목표들 중 세 개가 환경과 관련된 목표이다(목표 13, 14, 15). 특히, 목표 14(해양자원 보호 및 지속적인 이용), 목표 15(육상 생태계 보호 및 복원, 생물다양성 손실 중단)은 생물다양성 보전을 직접 명시하고 있다. 해양 생물다양성 보전을 위한 세부목표 중에는 2020년까지 해양오염을 일으키는 모든 요소를 차단 및 관리를 통해 오염을 50% 이상 줄이기, 산성화된 해양의 생태계 복원력 증진 및 추가적인 산성화 방지, 어류자원 보호 및 남획 중단, 소규모 어업 시장 지원, 해양 및 해안의 20%를 보호구역으로 지정 및 보호 등의 내용이 포함되어 있다. 이러한 세부목표를 통하여 어업활동과 관련된 경제적 이해관계자 및 사회적인 장치 등을 전 방위적으로 고려하고 있다. 또한, 육상 생물다양성 보전을 위한 세부목표에는 2020년까지 습지와 숲을 중심으로 생태계 보존 및 지속적인 이용 가능성 확보, 2030년까지 지역 주민의 권리를 고려한 산림 벌채 중단 및 숲 복구 비율 증대, 자연토양 비료 생산 확대를 통한 토양 오염 및 사막화 중단, 자연자원 사용 관리에 있어 정부의 투명하고 책임감 있는 역할, 야생동식물 보호 등의 내용이 포함되어 있다. 이는 육상 생물다양성 보전에 있어서 원주민과 지역 사회의 결정과 관행을 존중하면서도 자연자원과 생물다양성이 지역과 국가적인 선택에 앞서 전 세계의 공공재임을 고려하는 방향으로 정책이 시행되어야 함을 시사한다.

생물다양성협약, 새천년개발목표, 지속 가능발전목표와 같은 국제사회의 비전과 목표는 세계 각국에서 생물다양성 보전의 필요성을 인식하는데 크게 기여할 것으로 기대된다. 더 나아가 생물다양성 보전과 관련된 정책 기획 및 시행의 기준으로 활용될 것으로 보이며, 앞으로 추가적인 국제사회의 논의와 협의를 통해 보다 구체적으로 확대될 것으로 예상된다.

2. 생물다양성협약의 주요 의제

(1) 생물자원 이용 및 접근(ABS)

생물다양성 보전을 위한 인센티브 제도를 구축하기 위해 국제사회는 생물자원 이용과 접근에 따른 공정한 이익 배분에 대한 논의를 계속하고 있다. 특히, 생물다양성협약(CBD)은 세 번째 목표로 유전자원의 사용에서 발생하는 이익을 공정하고 공평하게 공유하도록 명시하고 있다. 그리고 2010년 10월 29일 일본 나고야에서 열린 CBD 제10차 총회에서는 법적 구속력이 있는 '유전자원 접근 및 이익공유'(ABS, Access to Genetic Resources and Benefit Sharing)에 관한 국제적 규범을 명시하는 나고야 의정서가 채택되었다.

나고야 의정서의 주요 목적은 생물유전자원을 경제적, 상업적 가치를 가지는 지적 재산으로 인식하여 생물다양성을 보전하고 자원의 황폐화를 막는데 있다. 생물다양성협약이 체결된 이후에는 생물유전자원 보유국의 주권적 권리가 인정되어 일부 보유국에서는 자국의 생물유전자원에 대한 접근통제, 해외반출 규제와 같은 국내 법적 조치를 시행하였다. 하지만 국제사회는 국내법만으로는 생물유전자원 보전에 한계가 있다는 것에 인식을 같이하고, 자원보유국과 이용국 간의 적절한 이익공유를 위한 국제적인 규범 제정을 추진하였다. 특히, 생물자원이 풍부한 국가는 주로 개발도상국인 반면 생물자원을 상업적으로 이용할 수 있는 기술은 주로 선진국들이 보유하고 있어 선진국과 개발도상국간 대립구도가 형성되었으며, 이러한 국가 간의 이해충돌을 막고 생물다양성 보전을 극대화할 수 있는 합의점을 찾는 방향으로 국제사회의 논의가 진행되어왔다.

나고야 의정서는 유전자원 접근 및 이익공유(ABS)에 대해 생물유전자원에 대한 국가의 주권적 권리를 인정하고, 생물유전자원을 이용할 국가는 해당 자원을 제공하는 국가의 절차에 따라 사전 승인(PIC, Prior Informed Consent)을 받은 후 접근해야 한다고 명시하고 있다. 또한, 생물유전자원의 이용으로 발생한 이익에 대해 상호 합의한 계약조건(MAT, Mutually Agreed Terms)에 따라 생물유전자원 제공국과 이익 공유를 해야한다고 규정하고 있다. 협약 가입국은 생물유전자원 접근 및 이익공유 절차에 관한 국내 규정을 마련하고 의정서 이행여부 점검을 위한 국제인증시스템 및 점검기관 설치해야 한다. 이러한 목적에 따라 생물다양성협약 전문 제8조 j항에는 생물자원보유국의 토착지역공통체(ILC, indigenous and local community)의 전통지식(traditional knowledge) 이용에 따라 발생하는 이익을 공정하게 공유한다고 명시하고 있으며, 2014년 10월 평창에서 개최되는 제12차 생물다양성협약 당사국총회 기간 중 열릴 것으로 예상되는 제1차 당사국회의(COP-MOP1)에서는 이익공유체제 운영, ABS 정보공유체계의 운영, 개발도상국의 능력개발, 의무준수 제고 및 미이행 해결을 위한 절차 및 제도적 장치에 대한 당사국들의 심도 깊은 논의와 자국의 이익을 위한 치열한 협상이 이루어 질 것으로 예상된다.

(2) 재원확보

생물다양성 및 생태계서비스 보호를 위한 정책 시행을 위해서는 충분한 재원을 확보하는 것이 필수적이다. 이를 위해서는 공공부문뿐만 아니라 민간부문의 활발한 투자가 요구되는 상황이다. 하지만, 생물다양성 및 생태계서비스에 대한 시장 가격 부재로 인해 정확한 가치 평가가 어려운 실정이며, 이로 인해 현재 충분한 재원을 확보하지 못하고 있다. 이러한 재원 수요와 실재 지원 간의 공백을 메우기 위해 국제사회는 다양한 연구 및 정책을 진행할 예정이다.

고위급패널 1차 보고서는 아이치 목표와 관련하여 요구된 재원과 국가와 국제사회에서 배정한 재원 사이에 큰 공백이 있다는 것을 보여준다. 현재 생물다양성 및 생태계서비스를 위한 전용 예산은 전 세계 재원 수요의 18% 수준밖에 안 되는 것으로 추정된다. 또한, 보호구역을 위한 지출은 개발도상국의 재원 수요의 3분의 1보다 적고 선진국의 재원 수요의 절반보다 적다고 추정된다. 세계 모든 지역의 평가에서 다양한 생물다양성 활동에 대해 유사한 결과가 도출되었다. 이는 세계, 지역, 국가 단위에서의 평가 결과와 맥락을 같이 한다. 한 예로 Global Canopy Programme에서 최근 평가한 생물다양성을 위한 세계의 재원투입은 연 510억~530억 달러이며, 재원 수요는 연 3,000억~4,000억 달러 사이로 추정된다(Parker et al., 2012). 또한, McCarthy et al.,(2012)의 연구결과에 따르면 현재 전 세계 종 보호를 위한 지출은 재원 수요의 8분의 1보다 적다고 추정하고 있다.

이러한 재원 공백을 메우기 위해 생물다양성 및 생태계서비스에 대한 투자가 크게 늘어야 하며, 필요한 투자 유치를 위해 다음과 같은 정책 및 활동이 시행될 것으로 예상된다.

먼저, 상향식(bottom-up) 방식의 가치 평가가 활발히 이루어 질 것이다. 과거 전체 시스템에 대한 연구결과에 따라 수립된 이론을 기준으로 세부 사례들을 설명하는 하향식(top-down) 방식으로 이루어진 가치 평가는 종종 유럽과 같은 각종 물가가 높은 지역의 생물다양성 및 생물다양성 서비스의 가치에 다른 지역보다 상대적으로 높은 물가를 제대로 반영하지 못하는 것으로 나타났다. 이로 인해 해당 가치가 저평가되고 효과적인 정책 시행에 필요한 충분한 재원을 확보하는데 어려움이 있었다. 이런 점에서 세부 사례에 대한 분석하고 각종 사례분석을 수집하여 전체 현상을 설명하는 상향식(bottom-up) 방식의 가치 평가가 더욱 활발히 이루어 질 것으로 예상된다. 또한 상향식 방식의 가치 평가를 통하여 생물다양성 및 생태계서비스에 대한 가치가 적절히 평가될 것으로 기대되며, 이를 기준으로 생물다양성 보전에 필요한 재원의 확보가 보다 수월하게 이루어 질 것으로 예상된다.

생물다양성 및 생태계서비스 전담 예산 확대 이외에 기후 및 다른 연관 활동의 예산을 적극 활용할 것으로 보인다. UN 고위급패널(HLP) 2차 보고서에 따르면 현재 생물다양성 및 생태계서비스 전담 예산은 전 세계 재원 수요에 비해 상당히 적게 책정되어 있다. 이런 점에서 기후변화 대응, 농업, 임업, 오염조절, 활동과 같은 다른 연관 활동을 위한 예산을 활용하는 것이 필요하다. 특히, 생물다양성 보전은 빈곤퇴치, 여성인권 확대, 어류 자원 보호 등 다양한 목표를 달성하는데 긍정적으로 기여할 수 있으며, 이러한 기여도를 바탕으로 다른 연관 활동 예산을 활용한다면 재원 공백을 줄일 수 있을 것으로 기대된다.

재원 확보를 위해 생물다양성 및 생태계서비스 이슈들이 국가 정책에서 주류화될 것이다. 현재 생물다양성 및 생태계서비스 관련 이슈들은 대부분의 국가들에서 주요 이슈로 다루어지지 않고 있다. 하지만, 적절한 경제적 가치 평가를 통해 생물다양성 보전으로 인해 발생되는 편익이 인식된다면, 각종 국가정책에서 중요하게 다루어 질 것이며, 이에 따라 생물다양성 및 생태계서비스 전용 예산의 확대로 이루어 질 것으로 예상된다. 더 나아가, 다양한 지원 정책을 통해 공공부문뿐만 아니라 민간부문에서의 관련 투자가 늘어날 수 있는데 기여할 수 있을 것으로 기대된다.

(3) 과학데이터 구축과 공유

생물다양성 및 생태계서비스 보전을 위한 정책 수립을 위해 생태계에 대한 과학 데이터 수집은 필수적이다. 이러한 필요성을 인식하고 생물다양성협약(CBD)은 전문 제12조에 당사국들이 생물다양성의 보전과 지속 가능한 이용을 위한 과학기술 교육 및 훈련 프로그램을 시행하고 관련 연구를 장려해야 한다고 명시하고 있으며 이를 위해 다양한 지원 프로그램을 지원하고 있다.

제11차 생물다양성협약 당사국총회에서는 전 지구적 분류학 이니셔티브(GTI, Global Taxonomy Initiative)가 채택되었다. GTI는 생물다양성 보전계획 수립의 기반이 되는 생물다양성 인벤토리 정보를 제공하는 것을 목표로 프로젝트 및 프로그램을 시행하고 있다. 하지만, 아직 국제사회는 가시적인 성과는 얻지 못하고 있고 생물다양성에 대한 정보 인벤토리는 부족한 실정이며 정보 공백을 메우기 위해 향후 생물다양성 및 생태계서비스에 대한 과학적 정보를 보다 체계적으로 수집하는데 필요한 인력양성과 시스템 구축에 보다 집중적인 투자가 필요할 것으로 보인다.

(4) 기술이전

생물다양성과 생태계서비스를 위한 보전을 위해서는 국제적 기술 및 과학협력이 필요하다. 특히, 생물자원부국 다수가 개발도상국이지만 개발도상국들은 생물다양성과 생태계서비스 보전에 필요한 기술과 인력지원 부족한 상황이다. 이러한 문제들을 해결하기 위해 생물다양성협약(CBD)에서는 기술이전과 과학협력을 명시하고 있다.

효과적인 과학협력과 기술이전을 위해서 글로벌 데이터베이스 구축이 논의되고 있다. 생물다양성협약은 CHM(정보공유체계, Clearing House Mechanisms) 구축을 추진하고 있다. CHM은 기술이전과 과학협력에 관련된 정보를 수집, 분석, 배포하는 시스템이며, CHM과 같은 국제 데이터베이스 구축은 향후 기술 및 경험이 부족한 개발도상국에서 생물다양성 및 생태계서비스 보전 정책을 시행하는데 필요한 정보를 얻는데 큰 도움이 될 것으로 예상된다.

CHM 이외에도 다양한 원조사업을 통해 기술제공국과 기술수여국 간의 공동연구가 지원되고 있다. 공동연구는 저비용으로 기술이전을 가능하게 한다는 점에서 앞으로 선진국과 개발도상국 간에 더욱 활발하게 진행될 것으로 기대된다.

3. 거버넌스와 의사결정체계

효과적이고 효율적인 생물다양성 및 생태계서비스 보전을 위해서는 체계적인 거버넌스 시스템과 이를 통한 적절한 재원 배분이 필수적이다. 특히, 생물다양성 및 생태계서비스 문제들은 한 지역에만 국한되지 않고 다양한 국가, 인종에 영향을 미치는 국제적인 이슈인 경우가 많다. 이런 점에서 국제기구가 재원배분과 관련하여 중요한 거버넌스 역할을 할 것으로 예상된다.

UN은 산하기구를 통하여 생물다양성 및 생태계서비스 보전 활동을 지원하고 있다. 대표적으로는 UNDP(유엔개발계획), UNEP(유엔환경계획), World Bank(세계은행)이 있다. 특히, 이들 3개 기구는 지구환경관련 투자사업 및 기술지원사업에 대해 무상지원 및 양허성 자금지원을 하는 GEF(Global Environment Facility, 지구환경기금)의 사업을 집행하는 이행기구(Implementing Agency)이다. GEF는 1991년 설립 이래 2009년까지 약 8.6억달러를 환경관련 사업에 직접 투자하였으며, 이러한 재정 메커니즘을 활용하여 국제기구들은 다양한 생물다양성 관련 사업에 대한 투자를 관리하고 있다.

UN은 재정지원외에도 생물다양성 과학기구(IPBES)를 통해 과학과 정책간의 연계 지원을 하고 있다(표 5-5).

표 5-5. 생물다양성 과학기구(IPBES)

UN은 생물다양성 및 생태계서비스 문제 해결을 위해 2012년 4월 21일 생물다양성과학기구(IPBES, Intergovernmental Science-policy Platform on Biodiversity and Ecosystem Service)를 공식 출범하였다. IPBES의 주 설립목적은 생물다양성 감소에 대해 과학적 조사와 연구를 실시하기 위함이며 2014년 6월 기준, 118개의 국가가 가입되어 있다.

IPBES는 다음의 네 가지 목표를 가지고 운영되고 있다.

1. 플랫폼에 주요 기능을 도입하기 위한 과학-정책토대의 역량 및 지식 강화
2. 생물다양성 및 생태계서비스에 대한 지역, 국가 및 국제적 수준의 과학-정책토대 강화
3. 생물다양성과 생태계서비스의 주제 및 방법론과 관련된 과학-정책토대 강화
4. 플랫폼, 산출물, 결과물에 대한 소통과 평가

각국의 정책입안자들은 예산 배정 및 정책시행을 위해 과학적인 근거와 생물다양성과 생태계서비스에

대한 객관적인 정보와 정보 해석을 위한 효율적인 방법을 필요로 한다. 이러한 필요성에 의해 IPBES가 출범하였으며, 과학적인 정보와 데이터를 분석하여 분석결과를 각국 정책에 반영할 수 있도록 정보를 지원하고 있다.

향후 IPBES를 중심으로 자연 과학뿐만 아니라 다양한 분야의 연구와 전문가들의 참여하는 생물다양성 및 생태계서비스에 필요한 국제적인 연구 활동이 진행될 것으로 예상된다. 한 예로 지난 2013년 9월, 아시아 · 태평양 지역 워크숍이 일본 환경성, 유엔대학(UNU), 한국 환경정책 · 평가연구원, 아시아 · 태평양 지구변동 네트워크(APN) 등과 공동으로 아태지역 워크숍이 개최되었다. 워크숍에는 16개국의 정부, 학계 등의 전문가들이 참여해, 주요의제와 협력방안 등이 논의되었으며. 워크숍에서 논의된 내용은 생물다양성협약(CBD) 과학기술자문회의, 세계생물다양성정보기구(GBIF), 생물다양성관측망(AP-BON) 등 관련분야 국제회의에 보고되어 활발한 지식공유와 시너지 효과를 얻을 수 있도록 하였다. 향후 IPBES의 지원하에 언급된 워크숍과 같은 다양한 전문가들 간의 교류가 더욱 활발하게 이루어질 것으로 예상된다.

국제기구 이외에도 각국 정부의 환경부처들은 국내 생물다양성 및 생태계서비스 관련 이슈들을 담당하고 있다. 생물다양성과 생태계서비스 문제들은 환경 분야를 넘어서 재정과 국제협력 등 다양한 분야와 연관되어 있어 향후 각국 정부의 다양한 부처 간에 긴밀한 협의가 필요할 것으로 판단된다.

각국 정부가 생물다양성 및 생태계서비스 관련 정책을 수립하고 시행하기 위해서는 효과적이고 효율적인 의사결정체계를 구축하는 것이 필수적이다. 특히, 생물다양성 및 생태계서비스 관련 정책은 다양한 이해관계자들에게 영향을 미치기 때문에 다양한 주체들이 의사결정과정에 참여해야 한다. 이는 미래에 발생할 수 있는 이해충돌을 방지하고 정책 수립시 필요한 지식 기반을 강화시키는데 필수적이다. 더 나아가, 의사결정체제는 투명하게 운영되어야 하며, 이를 통해 정책결정과정이 대중들에게 신뢰 받을 수 있어야 한다.

의사결정과정 참여자가 가지는 권한에 대한 보다 명확한 기준이 수립되어야 한다. 의사결정과정 참여는 각 주체별로 다른 의미를 갖는다. 개발자들에게는 의사결정과정 참여는 개발 프로젝트의 효율성 및 수익성을 향상시키는 것을 의미하며 지역주민들에게는 관련 보상 및 재산에 대한 권한을 강화시키는 것을 뜻한다. 이런 점에서 참여자들의 권한에 대한 명확한 기준이 미래의 이해 충돌을 방지하기 위해 필요하며, 향후 의사결정체계에서는 이러한 부분이 더욱 강조될 것으로 예상된다.

4. 평창로드맵

(1) 평창로드맵 필요성 및 제안 배경

생물다양성협약은 기후변화협약과 함께 통상 리우협약이라고 부른다. 생물다양성이 현재와 미래 세대를 위한 가치 있는 자산이라는 인식 하에 1992년 유엔환경개발회의(UNCED)에서 생물다양성협약이 채택되어 1993년에 발효되었다. 생물다양성협약은 생물다양성의 보전, 생물다양성 구성요소의 지속 가능한 이용, 유전자원의 이용으로부터 나오는 이익의 공정하고 공평한 분배라는 세 가지 목적을 추구한다.

생물다양성협약의 핵심 의무 조항은 당사국이 총회 결정(decision)으로 정하는 글로벌 생물다양성 목표 달성을 위해 국가생물다양성전략계획(NBSAP)[30]을 수립하고 동 계획의 운영성과를 협약 사무국에 보고하는 것이라 할 수 있다. 아울러 협약 운영의 기본 방향이 되는 글로벌 생물다양성 목표는 당사국 총회를 통해 10년 정도의 단위로 채택하고 있다. 현재 국제사회의 생물다양성 논의는 제10차 생물다양성협약 당사국총회(2010, 일본 나고야)에서 합의한 "생물다양성 전략계획 2011-2020(X/2)"를 바탕으로 진행되고 있다. 동 전략계획은 생물다양성협약에만 적용되는 것이 아니다. 생물다양성 협약이 생물다양성에 대한 포괄적 협약 성격을 가지므로 모든 생물 관련 협약에도 동 전략계획이 적용되는 것이다.

전략계획 2011-2020은 2050년까지의 생물다양성 장기비전과 2020년까지 달성해야 할 세부목표(아이치 타겟)로 구성되어 있다. 장기비전은 "2050년까지 생물다양성이 가치 있게 평가되고, 보전되고, 회복되며 현명하게 이용되며, 그로 인해 생태계서비스와 건강한 지구가 유지되고 모든 사람들에게 필수적인 혜택이 주어지는" 세계이며, 자연과 공생하는 삶(Living in Harmony with Nature)의 실현에 있다. 아울러 2020년까지의 단기목표로 "지구의 생물다양성을 확보하여 인류복지와 빈곤해소에 기여"하기 위한 5개의 전략목표(Strategic Goals)[31]와 20개의 세부목표(아이치 타겟)를 제시하고 있다.

---

30 National Biodiversity Strategy and Action Plan: 협약 제6조가 정하는 생물다양성협약 상 의무조항.

31 전략계획 A: 생물다양성 정책의 주류화, 전략계획 B: 생물다양성 손실의 원인 저감, 전략계획 C: 생물다양성과 생태계 현황 개선, 전략계획 D: 자연으로부터 오는 혜택 증진, 전략계획 E: 이행수단의 강화.

그림 5-1. 생물다양성 전략계획 2011-2020과 아이치 타겟

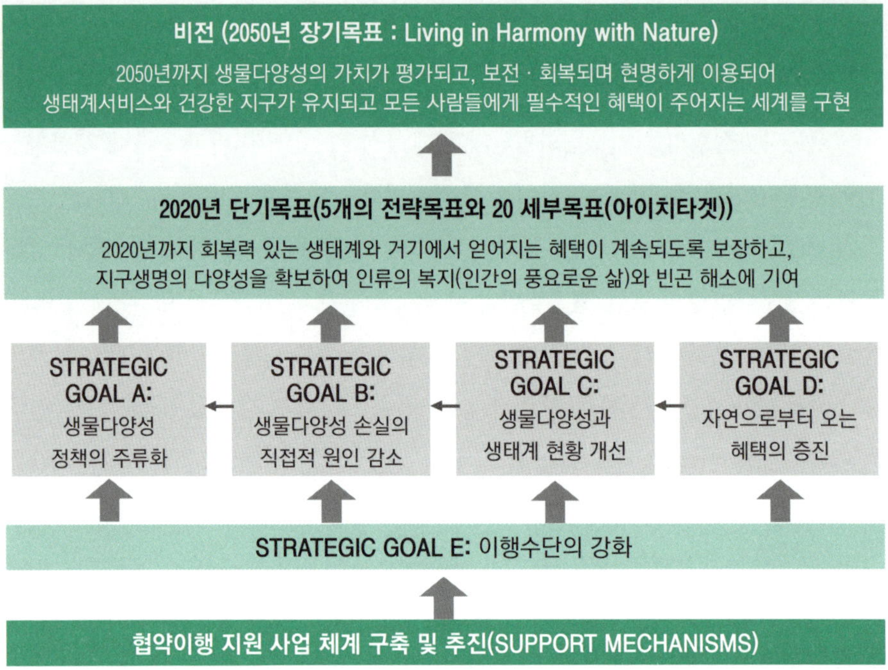

협약 사무국은 당사국 총회의 결정으로 정하는 주기(통상 4~5년)에 따라 글로벌 생물다양성 목표의 달성을 위한 각국의 노력을 국가보고서(National Report)[32]의 형태로 보고 받고 있다. 보고된 국가보고서를 기반으로 글로벌 생물다양성전망(Global Biodiveristy Outlook, GBO)이 발표되고, 당사국은 GBO를 토대로 협약이행 촉진을 위한 일련의 결정문을 당사국총회에서 논의·결의한다.

2002년에 열린 제6차 생물다양성협약 당사국총회(COP6, 네덜란드 헤이그)에서는 "생물다양성 손실속도를 2010년까지 현저히 감소시킨다"라는 글로벌 목표를 채택하였다. 그러나 8년 뒤 발표된 제3차 글로벌 생물다양성전망(GBO-3)은 2010년 목표의 달성이 완전히 실패했다고 결론지었다. 현재의 추세가 계속되면 생태계가 자기 스스로 회복할 수 있는 한계값을 넘어서게 되며, 인류가 과거 1만 년 동안 의존해온 비교적 안정된 환경 조건이 다음 세기 이후에도 계속될 수 있을지 여부는 다음 10~20년의 행동에 의해 결정된다고 지적했다.

32 제5차 국가보고서는 2014.3.31일까지 제출하도록 제10차 당사국총회(2010, 일본 나고야)에서 결정하였다.

이러한 위기감 속에 열린 제10차 생물다양성협약 당사국총회(COP10, 일본 나고야)에서는 2011년 이후의 새로운 생물다양성 전략계획인 생물다양성 전략계획 2011-2020을 채택하였다. 하지만 목표의 채택이 반드시 이행으로 이어지는 것은 아니며, COP10 이후의 논의가 이행수단 확보논의로 귀결되는 것은 당연한 것이라 하겠다.

제11차 생물다양성협약 당사국총회(2012, 인도 하이데라바드)는 COP10에서 채택된 새로운 글로벌 생물다양성 목표 달성을 위한 이행수단을 마련하는 회의라 할 수 있다. 그러나 목표 달성을 위해서는 개도국에 대한 재정 및 기술적 지원이 협약의 핵심의제로 될 수밖에 없으며, 이에 대한 합의는 쉽지 않은 이슈이다. 예정 폐회시간을 훨씬 넘긴 새벽까지의 협상에도 불구하고 재정 및 기술 지원 등에 대한 뚜렷한 합의가 이루어지지 못했다.

평창에서 개최되는 제12차 당사국총회는 이러한 선진·개도국 간의 재정·기술분야 등의 생물다양성분야 합의 목표 달성을 위한 이행 수단 마련이 핵심의제이다. 이것이 평창로드맵의 제안 배경이다. 세계 생물다양성 목표 달성을 위한 방향 및 이행수단에 대한 로드맵을 논의하고, 이에 대한 합의사항을 평창로드맵으로 명명하여 향후 2020년까지 국제사회 생물다양성 논의에 방향을 제시하자는 것이다.

(2) 제4차 글로벌 생물다양성전망(GBO-4) 보고서와 평창로드맵

GBO-4는 국제사회가 글로벌 생물다양성의 현황 및 전망에 대해 발표하는 공신력 있는 보고서이다. GBO-4는 제10차 당사국총회 결정(X/4)에 의해 작성되는 것이며 협약차원에서 4번째로 발간되는 것이다. 제3차 글로벌 생물다양성전망(GBO-3)이 2010년 나고야에서 채택된 2011-2020 생물다양성 전략계획의 바탕이 되었듯이, 제12차 당사국총회(평창)에서 발표될 GBO-4는 각국의 생물다양성 전략계획 이행 촉진을 위한 2020년까지의 로드맵(평창로드맵)의 중요한 근거가 된다. 제12차 당사국 총회에서는 GBO-4와 각국이 제출해야 하는 국가이행보고서를 토대로 중간평가를 진행하게 된다.

그림 5-2. GBO-4에 기반한 2020년 세계 생물다양성목표 이행 중간평가

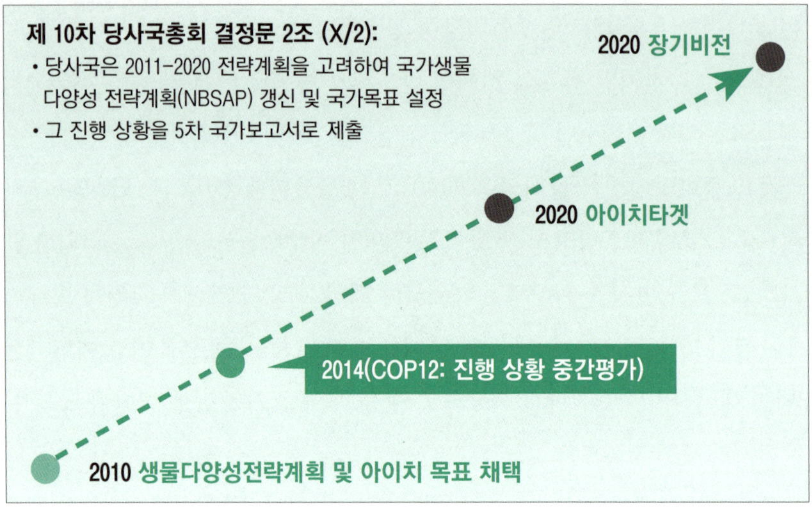

GBO-4의 분석 결과는 생물다양성을 위한 긍정적 조치의 증가와 일부 아이치 타겟에 관한 고무적인 상황을 보여주지만, 대부분의 경우 현재의 진전 상태로는 2020년 목표를 달성하기에 역부족임을 알 수 있다.

아울러, GBO-4는 많은 목표에 있어 일정부분 의미 있는 진전이 있으나 대부분의 경우 2020 목표 달성에 충분치 않은 결과를 보여주고 있다. 또한, 각 세부목표는 상호의존적이라 독립적으로 달성될 수 없음을 지적하고, 일관성 있고 잘 조율된 규제, 인센티브 체계의 전환, 참여기반 정책 추진, 지속적인 모니터링의 필요성을 보여준다. 더 나아가, GBO-4는 아이치목표의 달성은 기아, 빈곤, 전강 등 지속 가능발전 주요 이슈 해결에 큰 기여할 수 있다고 밝히고 이는 생물다양성 이슈를 주류화 할 수 있는 기회임을 보여준다. 또한, GBO-4에 따르면 경제성장, 기후변화 문제를 해결하면서 2050 목표 달성할 수 있는 방안은 여전히 존재하지만, 이를 위해서는 자원의 효율적 사용, 소비습관 개선, 식량 생산 구조의 전환 등 사회의 획기적 변화가 필요하는 것을 지적하고 있다.

위에 언급된 글로벌 생물다양성 목표 달성을 위해서는 추가적인 조치가 필요하다. 이러한 각 목표별 필요 핵심 조치 및 아이티 타겟 달성을 위한 이행 조치를 국제사회가 마련하는 것은 시급히 해결해야 할 과제이며 평창로드맵의 구성 논의의 기본 요소를 제공한다고 할 수 있다.

(3) 평창로드맵의 구성 및 주요내용

평창로드맵의 공식명칭은 "2011-2020 생물다양성 전략계획의 이행 증진과 아이치 생물다양성 목표의 달성을 위한 평창로드맵 2020(Pyeongchang Roadmap 2020 for the enhanced implementation of the Strategic Plan for Biodiversity 2011-2020 and achievement of the Aichi Biodiversity Targets)"이다.

그림 5-3. 평창로드맵 개념도

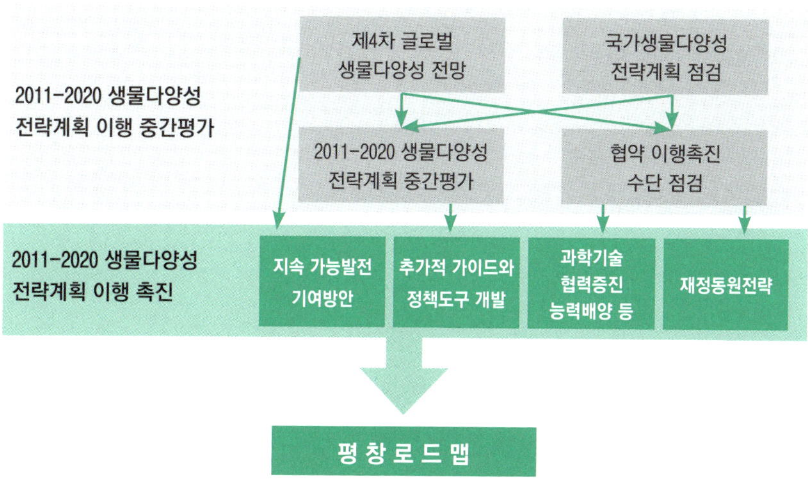

GBO-4의 평가결과와 제출된 국가보고서를 바탕으로 글로벌 차원에서 생물다양성 전략계획 2011-2020의 이행 평가를 통해 향후 아이치 타겟 달성에 필요한 주요 조치 사항과 이를 지원할 수 있는 재정, 기술, 역량제고 등과 같은 지원 수단에 대한 로드맵을 도출한다는 것이다.

평창로드맵은 평창에서 개최되는 제12차 당사국총회의 결정문 중 글로벌 생물다양성 목표 달성에 필요한 일련의 결정문을 통칭하는 것이다. 우리나라가 제시한 평창로드맵의 기본 개념도(그림 5-3)에 따라 지난 6월 사전준비회의(WGRI-5 및 SBSTTA 18)[33]에서 구성요소 및 방향에 대한 합의를 이루었다. 그림 5-4는 평창로드맵의 구성의 기본골격(Framework)을 보여준다.

33 WGRI: Working Group on the Review of Implementation, SBSTTA: Subsidiary Body on Scientific & Technical and Technological Advice.

그림 5-4. 평창로드맵의 구성기본 골격

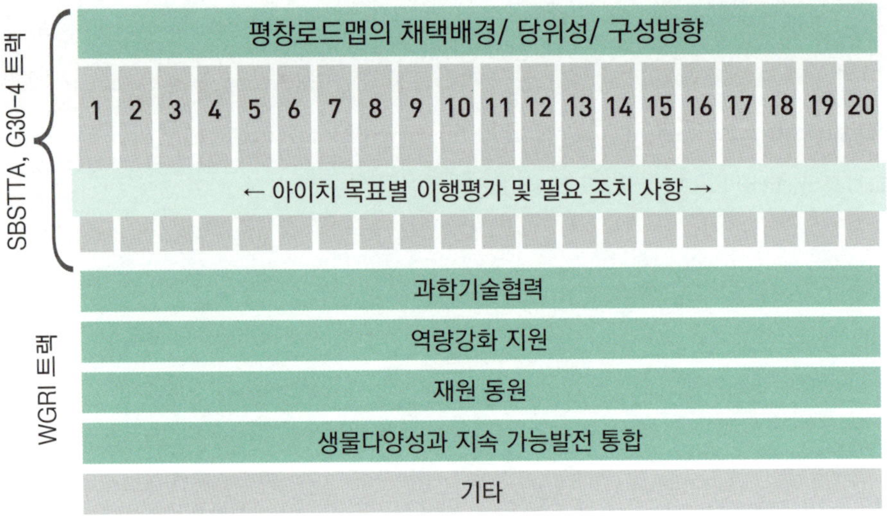

평창로드맵의 주요 내용은 다음과 같으며, 아이치 타겟 세부목표 달성에 필요한 분야별 조치 사항부터 살펴본다. 제18차 SBSTTA는 GBO-4 초안을 검토하는 과정에서 제12차 당사국총회에서 GBO-4 최종안 보고 및 아이치 타겟 달성을 위해 필요한 핵심행동 제시를 사무국에 요청하였다. 여기서 핵심행동이란 각 전략목표 및 아이치 타겟별로 추가적으로 필요한 조치나 가이드 및 정책도구의 개발을 의미하며, 평창로드맵의 가장 중요한 요소이다. 목표별 관련 추가 필요 조치는 표 5-6과 같다. 그러나 이러한 사무국이 제시한 필요 조치 사항에 대한 당사국의 합의는 준비회의에서 이루어지지 않았다. 2014년 10월에 이러한 조치사항에 대한 협상이 진행될 예정이다.

표 5-6. 아이치 타겟 달성에 대한 분야별 필요 조치 사항

전략목표(아이치타겟)	관련 추가 필요 조치(잠정)
전략목표 A 생물다양성 주류화와 근본적 감소 원인 해결 (타겟1~타겟4)	• 사회과학과의 더 깊은 협력 • 저소득국가에 대한 적절한 투자 및 역량강화, 생태계 가치 평가 및 국가회계 통합 • 긍정적, 부정적 인센티브의 개선 • 지속 가능한 조달 정책, 소비자 인식 증진 및 민간부문과의 파트너십
전략목표 B 생물다양성에 대한 직접적인 위해요소 감소 및 지속 가능한 이용 촉진 (타겟5~타겟10)	• 생물다양성 저감의 근본적인 원인에 관한 통합 정책 • 지속 가능한 어업 관리, 장려책, 규제 집행의 확대 • 지속 가능성한 농업정책 • 영양 오염 감소 조치 • 생태계 교란종 정보 체계 및 효율적 관리 정책 도입 • 하천 유역과 연안 지역의 통합 관리
전략목표 C 생태계, 생물종, 유전적 다양성을 보호함으로써 생물다양성의 상태 개선 (타겟11~타겟13)	• 보호지역범위의 확대 • 보호지역관리 평가와 개선 • 보호지역네트워크 확대 및 전략목표 A, B 관련 조치 • 향상된 장려책, 국가 간 협력 및 토착품종 보전 노력 • 현지 내 보전 및 현지 외 보전
전략목표 D 생물다양성과 생태계서비스로부터 얻는 이익을 증진 (타겟14~타겟16)	• 전략목표 A, B, C 달성 지원 • 훼손 생태계의 복원 및 이를 위한 시장 메커니즘 이용 • 산림전용·산림황폐화에 의한 온실가스 배출 감소와 지속 가능한 산림경영 통한 탄소흡수원 확충(REDD+) • 나고야 의정서 준수 및 관련 국가 규제와 절차 정비
전략목표 E 참여적 계획, 지식관리, 역량구축을 통한 이행 증진 (타겟17~타겟20)	• 국가생물다양성 전략계획의 수립과 이행 • 전통지식과 전통언어 보전을 위한 노력 • 생물다양성 자료 공유 및 관련 역량 강화, 생물다양성과학기구(IPBES)의 활동 지원 • 생물다양성 전략계획 이행에 대한 투자 확대

당사국, 특히 개도국의 국가 생물다양성 전략 이행에 있어 가장 큰 도전과제는 재원과 기술 및 역량이라 할 수 있다. 따라서 이러한 이행 지원 수단을 협약 차원에서 어떻게 할 것인가가 글로벌 생물다양성 목표 채택 이후 협약의 가장 큰 협상과제이며 선진국과 개도국의 입장이 대립하는 부분이기도 하다.

지난 사전준비회의에서는 평창로드맵을 구성하는 핵심 과제인 재원동원전략, 과학기술협력 및 역량증진 방안, 지속 가능발전 계획과 생물다양성 통합정책 수립 지원 방안 등 평창로드맵의 구성 핵심 결정문을 합의하였고, 관련 결정문 초안 작성의 기본 방향에 합의하였다.

표 5-7. 평창로드맵의 이행지원 수단 관련 결정문(구성)

분야	결정문 예상 주요내용
새로운 재정동원전략	당사국이 국가 생물다양성 전략계획 수립·이행에 필요한 재원 확충에 위해 일련의 조치(ODA, 국내재원 동원방안 등)에 관한 일련의 결정문
과학기술협력 및 역량증진	국가 생물다양성 전략계획의 수립·이행을 위해 필요한 과학기술정보 생산제공 및 관련 역량제고에 관한 결정문
과학기술협력 및 역량증진	국제개발목표에 생물다양성 반영 및 국가발전계획, 공간계획, 빈곤퇴치계획 등 국가 지속 가능발전계획과 생물다양성 목표를 통합 지원수단에 제공에 대한 결정문

생물다양성협약 제20조(재원, Financial Resources)는 생물다양성협약의 이행을 위해 선진국들이 개도국을 지원해야 한다는 원칙을 다루고 있다. 재원동원전략은 2011-2020 생물다양성 전략계획 이행과 달성, 국가별 전략계획의 이행을 위해서 가장 시급하면서도, 전형적인 선진국-개도국 간 갈등이 표출되어 당사국 간 합의를 위해서는 많은 사전 준비 작업이 필요한 사안이다.

제11차 당사국총회에서 당사국들은 2015년까지 개도국으로 가는 생물다양성 관련 자금의 흐름을 두 배로 늘리고(2006~2010년 평균 대비), 이를 2020년까지 유지한다는 임시목표에 합의하였으나, 최종목표의 설정과 재정보고체계의 정비에 대한 쟁점 사항을 마무리 짓지는 못하였다. 따라서 제12차 당사국총회에서는 전차 총회에서 미합의된 최종 목표의 채택과 재원동원에 관한 보고체계와 기준선(baseline)에 관한 합의가 당면과제이다.

제12차 당사국총회는 2020년 생물다양성 목표 달성을 위한 재원동원 최종 목표를 설정할 계획이다. 제11차 당사국에서 정한 ODA 자금 등 국제적 재정흐름에 대한 임시 목표가 최종 목표로 확정될 가능성이 높으며, 국내재정 동원목표의 신규채택 및 국가차원의 재원동원계획 수립 의무화 등이 협상의제로 올라와 있다. 동 분야에 대한 개도국과 선진국의 입장 차가 여전히 평창총회의 핵심 쟁점이며 합의를 위한 추가적인 준비가 필요한 상황이다.

또한, 국제적 자금 흐름과 별도로, 국가별 공공 및 민간부문의 참여와 혁신 재정 메커니즘(Innovative Financial Mechanism)[34]을 통해 재원 부족의 간극을 줄이는 것에

34 생태계서비스 지불제(PES), 생물다양성 상쇄 메커니즘, 환경 세제 개혁, 친환경 상품 시장, 자선적 기부, 혁신발전재정, 기후기금 등 생물다양성 보전 및 지속 가능한 이용 관련 추가적 재정 및 새로운 경제적 접근법을 의미

대한 당사국의 입장 정립과 IMF의 활용 시 고려해야 할 안전조치(Safeguard)를 마련하는 것이 논의될 예정이다.

생물다양성에 영향을 미치는 보조금의 개혁은 협약과 2011-2020 생물다양성 전략계획의 이행을 위해 매우 중요한 사안이다. 특히 생물다양성에 유해한 보조금 제도를 축소 또는 폐지하는 것은 아이치 타겟 3 이외에 다른 목표의 달성에도 큰 영향을 미친다. 따라서 제11차 당사국총회는 아이치 타겟 3의 전면적 이행을 위한 운영방안과 주요 일정에 대해 제12차 당사국총회에서의 채택을 염두에 두고 고려할 것을 결정하였다. 세부 절차에 대한 합의는 없었지만 CBD 사무국은 의장단의 협의 하에 제5차 WGRI에서 아이치 타겟 3 달성을 위한 운영세칙과 이정표에 관해 보고하였으며, WGRI는 아이치 타겟 3의 전면적 이행을 위한 일정의 채택과 당사국별 이행 보고에 관한 요청을 담은 권고문을 채택하였다.

제11차 당사국총회에서 당사국들은 개도국의 생물다양성 재정 보고를 장려할 수 있는 투명한 보고 절차를 제12차 당사국총회에서 만들기로 결정하였다(Decision XI/4).

새로운 재정보고체계는 국가별 국제 재원 흐름, 개발계획에 있어 생물다양성 고려, 생물다양성의 가치 평가, 국내 지출, 필요 재원의 파악, 국가 재정 계획, 재원동원 진척 등의 요소를 담고 있으며, 제12차 당사국총회를 통해 당사국을 비롯한 여러 이해당사자의 의견이 수렴될 예정이다. 제5차 WGRI는 사무국에게 늦어도 2015년 6월 1일까지 보고체계를 확정할 것을, 당사국들에게는 2015년 12월 31일까지 보고를 완료하도록 요청하였다.

생물다양성 재원동원과 관련하여 각 국가는 필요 재정수요 파악, 국가 재정 동원전략의 개발, 재정보고 등과 관련한 기술과 역량을 필요로 한다. 생물다양성협약 이외의 국제기구들도 이와 관련한 지표 개발, 이니셔티브 지원 및 역량강화에 큰 기여를 해왔다. OECD 개발원조위원회(Development Assistance Committee)의 리우마커(Rio Marker)[35]의 개발과 개선을 위한 노력, UNDP의 생물다양성 재정 이니셔티브(Biodiversity Finance Initiative, BIOFIN), 유엔식량농업기구의 보조금 조치 관련 프로

35 자연과 인간, 환경보전과 개발의 양립을 목표로 한 UN 환경협약(Rio Convention) 지원활동을 파악하기 위해 2009년 도입된 정책 마커로 개발원조위원회(DAC) 회원국은 양자간 ODA 사업에 대해 기후변화 완화 · 적응(UNFCCC), 생물다양성 보전 및 지속 가능한 이용(CBD), 사막화 방지(UNCCD) 지원 여부를 보고함.

그램 지원 등이 이에 해당한다.

제12차 당사국총회에서는 이러한 국제기구의 활동이 지속되고, 생물다양성협약의 재원동원 전략 이행과의 협력체계가 강화될 수 있도록 촉구하며, 그동안의 관련 국가별 경험과 기술이 잘 공유·전달될 수 있도록 필요한 조치를 취할 것을 사무국에 요청할 것이다.

생물다양성협약 제16조(기술에 대한 접근 및 기술이전), 제17조(정보교환), 제18조(기술·과학협력), 제19조(생명공학의 관리 및 그 이익의 배분)에 따라 COP7에서 '기술이전과 협력에 관한 작업 계획'을 채택(VII/29)하고 각 당사국에 작업계획 이행을 권고하였다.

제11차 당사국총회와 그 동안의 이행점검을 통해 제12차 당사국총회에서는 '과학기술협력 및 기술이전(Technical and Scientific Cooperation and Technology Transfer)'과 정보공유체계(Clearing-house Mechanism)에 관한 새로운 결정을 평창로드맵에 포함시킬 예정이다.

과학기술협력과 개도국의 역량강화는 생물다양성협약 이행을 위한 핵심요소이다. 생물자원부국(개도국)의 부족한 역량 보완을 위해 협약 당사국들과 사무국은 과학기술의 이전과 협력에 관한 다양한 이니셔티브와 파트너십을 추진해왔으나, 2011-2020 전략계획의 이행과 아이치 타겟 달성을 위해서는 여전히 부족한 점이 많다는 점을 인식하고 있었다. 이에 제11차 생물다양성협약 당사국총회에서는 과학기술협력을 위한 일관성 있고 통합된 접근법의 개발과 정보공유, 파트너십 및 협력증진, 과학기술 수요평가방법론 검토 및 과학기술협력 강화 지원을 요청하는 결정문을 채택하였다(XI/2).

제12차 당사국총회의 과학기술협력과 및 기술이전과 관련 결정문에는 2011-2020 생물다양성 전략계획과 국가 생물다양성 전략계획의 이행을 위해 필요한 과학기술 수요의 파악, 관련 정보의 공유 및 접근성 향상, 과학기술 수요와 공급의 연결, 주제별 및 지역적 시범 사업에 대한 권고 등이 포함될 예정이다. 또한 과학기술 관련 파트너십의 장려와 관련 국제기구와 당사국에게 과학기술협력을 위한 재원 및 인력의 제공을 요청하는 내용도 관련 결정문에 포함될 것이다.

정보공유체계란 생물다양성 관련 정보를 이해관계자(정부부처, 연구기관, 대학, NGO 등)가 공유하는 협력체계이자 특정 국가의 생물다양성과 관련된 정보를 종합적으로 설명 · 제공하는 시스템을 의미한다. 제5차 WGRI에서는 제11차 당사국총회 이후 정보공유체계의 진척상황에 대한 검토 보고서를 제공하였다. 효율적인 정보교환 서비스 향상, 국가별 정보공유체계의 효율성 증진, 정보공유체계 네트워크 및 서비스의 확장에 대한 검토가 이루어졌으며 향후 추진 과업에 대한 권고문이 합의되었다. 제12차 당사국총회에서는 WGRI의 권고에 따라 국가 정보공유체계의 강화, 지구환경기구(GEF) 및 공여국의 지속적인 재원 지원, 사무국의 지속적인 정보공유체계 서비스 개선에 관한 결정이 논의될 것이다. 협약 내 모든 분야의 정보공유체계(바이오안전성 CHM, 나고야 의정서 CHM, CBD 하의 여러 플랫폼 및 이니셔티브 등)가 서로 중복되지 않고 효율적으로 추진되어야 함이 강조되고 있다.

우리나라는 이와 관련하여 과학기술협력 촉진 및 지원을 위한 이니셔티브(가칭 Bio Bridge Initiative)를 준비 중이며, 본 이니셔티브는 의장국의 평창로드맵 이행을 위한 대표적인 기여사업으로 자리매김할 것이다.

과학기술협력 촉진 및 지원을 위한 이니셔티브는 제5차 WGRI의 결정문에 근거하고 있으며, 크게 세 가지 요소로 구성되어 있다. 첫째는 당사국의 기술수요 조사로, 일관적이고 통합된 관리 시스템을 통해 개도국의 과학기술에 대한 수요를 확인하는 것이다. 둘째는 정보 활용 및 접근성 강화를 위한 지식 생산 및 관리체계 구축으로, 과학기술협력 관련 정보가 분산되어 있으며 주제별 검색이 어렵다는 점을 개선하기 위한 조치이다. 셋째는 기술수요국과 공급의 연결(match-making)로, 이는 개도국의 과학기술 수요 해결을 위해 관련 역량을 가진 국제기관 및 연구기관과 연결시켜주는 것이다.

이러한 과학기술협력 촉진 및 지원 이니셔티브를 통해서 각각의 아이치 타겟 이행을 위한 과학기술에 대한 개도국의 수요를 충족시켜줄 수 있다. 따라서 동 이니셔티브는 2011-2020 생물다양성 전략계획의 달성을 위한 중요한 역할을 할 수 있다.

2012년 유엔지속 가능발전정상회의(United Nations Conference on Sustainable Development, Rio+20회의)에서는 회의 결과문인 '우리가 원하는 미래(The Future We Want)'를 통해 생물다양성은 지속 가능발전의 필수요건이며 생물다양성의 감소와 생태계서비스 저하는 빈곤문제와 지속 가능발전에 큰 위협이 됨을 다시 한 번

확인하였다. 이후, 국제사회는 유엔을 중심으로 지속 가능한 발전목표(Sustainable Development Goals) 수립을 위한 논의를 시작하였으며, 동 논의의 결과는 현재 국제사회 개발논의의 핵심이라 할 수 있는 "Post-2015 개발협력 아젠다(Post-2015 United Nations Development Agenda)"의 협상을 위한 주요 보고서로 활용될 예정이다. 이러한 보고서에 생물다양성 관련 목표를 포함하는 것은 생물다양성협약의 주요한 과제 중 하나이다. 제12차 당사국 총회에서는 이러한 지속 가능발전목표와 2015년 이후 유엔발전목표에 생물다양성 요소가 어떻게 포함되어야 하는가에 대한 결정문을 평창로드맵의 일부로 논의 · 채택한다.

(4) 평창로드맵의 의의 및 주요과제

평창로드맵은 한국 평창에서 개최되는 제12차 당사국총회의 핵심 결과물이라 할 수 있다. 이러한 평창로드맵을 구성하는 결정문들은 정부 간 협상을 통해 최종 채택되는 것이며, 현재 우리나라가 제시한 기본 개념도에 따라 지난 6월 사전준비회의(WGRI-5 및 SBSTTA 18)에서 구성요소 및 방향에 대한 합의가 이루어진 상태이다. 현재 10~20개의 이행지원 수단 관련 결정문을 예상하고 있으며, 전체를 총괄하는 평창로드맵에 대한 별도의 추가 결정문을 구성할 계획이다.

평창로드맵은 2020년까지 달성해야 할 생물다양성 목표 달성을 위한 이행지원 수단에 대한 청사진을 그리는 역할을 하고 있다. 또한 로드맵은 중요한 결정문으로 구성된다는 점에서 당사국들에게 국제개발협력 정책 등 앞으로 이행할 정책과 사업들의 방향성을 제시할 수 있다.

우리나라는 평창 제12차 당사국총회 이후 2년간 생물다양성협약의 의장국으로 활동하게 된다. 평창로드맵은 개최지인 대한민국의 평창에서 그 명칭을 따왔을 뿐만 아니라 평창로드맵 이행 촉진을 통해 우리나라가 국제사회 환경논의에 리더십을 발휘할 수 있는 출발점에 서게 되었다는 점에서 중요한 의미를 지닌다.

평창로드맵은 제12차 생물다양성협약의 결과이며 우리나라가 국제 환경논의에 남기는 유산(legacy)이라고 할 수 있다. 우리나라는 평창로드맵의 이행을 위해서 세 가지 이니셔티브를 지원할 계획이다. 첫째는 앞서 언급한 과학기술협력 촉진 및 지원을 위한 이니셔티브이다. 우리나라에서 새롭게 제안하여 주도할 동 이니셔티브에 대해 국가적 수준에서의 적극 지원이 요구될 것이다. 둘째는 산림 생태계 복원 이니셔티브로, 이는 우리나라에서 독자적으로 추진하고자 하는 이니셔티브이다. 과거 헐벗은 산에 산림을 성공적으로 복원한 경험을 바탕으로, 개도국들의 산림을 보전 및 복원하는 데에 큰 역할을 할 것으로 기대된다. 셋째는 지속 가능한 해양 이니셔티브에 대한 재정 지원이다. 지속 가능한 해양 이니셔티브는 2010년 제10차 당사국총회 이후 추진되고 있는 것으로, 2012년 여수선언을 바탕으로 역량강화 사업을 지원할 예정이다.

이와 같은 세 가지 이니셔티브 지원은 국제사회의 2011-2020 생물다양성 전략계획의 달성에 기여하는 한국의 구체적 지원 사업이 될 것으로 기대된다. 제12차 생물다양성협약 당사국총회 개최국으로서의 위상을 제고하기 위해서는 앞으로 총회가 개최될 때까지 위의 세 이니셔티브의 지원과 총회의 성공적 개최에 총력을 다 해야 할 것이다. 또한, 총회가 종료된 후에도 지속적인 지원을 통해 우리나라가 생물다양성에 대한 국제 논의에서 주도적 역할을 해 나갈 필요가 있다.

제12차 생물다양성협약 당사국총회의 개최와 평창로드맵의 이행 촉진을 위한 우리나라의 리더십은 국내의 생물다양성 정책 발전에도 크게 기여할 수 있을 것이다. 총회 기간 중에 유전자원에 대한 접근과 이익 공유에 관한 나고야의정서가 발효되며, 이는 곧 생물 주권의 시대가 도래한다는 것을 의미한다. 생물다양성의 보전은 단순히 지구 환경을 보호하는 의미를 넘어서 생물자원과 산업계의 성장 동력으로 작용할 수 있다. 따라서 평창로드맵의 이행을 위해 국내적으로 법과 제도를 정비함으로써 이러한 생물 주권 시대에 선제적인 조치를 취할 필요가 있다.

맺음말

생물다양성 및 생태계서비스를 효과적이고 지속적으로 보전하기 위해서는 다양한 분야의 전문가들이 협력해야 한다. 이는 생물다양성 및 생태계서비스가 사회, 경제, 환경을 포함하는 다양한 분야와 매우 관련이 깊기 때문이다. 특히, 효과적인 보전을 위해 학계, 정부, 산업계, NGO간의 긴밀한 협력과 소통이 요구된다.

생물다양성과 생태계서비스부문 다분야 융합 개념도

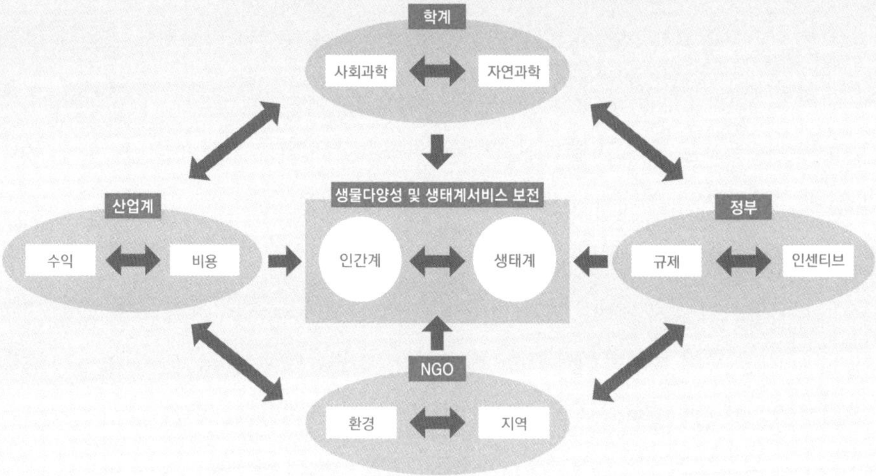

학계의 경우 자연과학과 사회과학의 융합이 필수적이다. 생물다양성과 생태계서비스 문제는 단순히 생태계 문제만을 다루는 것이 아니다. 생태계에 관한 과학적인 연구 이외에도 인간계와 생태계와의 관계를 설명할 수 있는 다양한 연구가 필요하다. 이러한 특성을 반영하여 현재 생물다양성 및 생태계서비스 연구의 범위 및 접근방법은 다양화되고 있으며, 생태학, 경제학, 조경학, 지리학, 식물학, 동물학, 미생물학, 화학, 유전공학, 임학, 농학, 사회학, 인류학 등에 걸쳐 다양한 연구자들에 의해 관련 연구가 진행되고 있다. 이러한 다학제 연구들이 향후 보다 더 활발하게 이루어져야 할 것이며, 더욱 강화될 것으로 예상된다.

생물다양성 보전으로 인해 발생하는 편익에 대한 연구, 경제적 가치 평가에 대한 연구도 순수과학적인 연구와 더불어 활발하게 진행될 것이다. 특히, 생태계 및 생태계가 제공하는 서비스에 대한 경제적 가치 평가는 각국 중앙 및 지방 정부에서 생물다양성 보전에 필요한 각종 관련 규제와 인센티브 제도를 포함하는 정책을 시행하고, 이에 필요한 재원을 확보하는데 기초 정보 및 자료를 제공함으로써 크게 기여할 것이다. 또한, 가치 평가는 산업계가 생물다양성 및 생태계서비스 분야에 대한 적절한 비용분석에 근거한 투자를 장려하는데 중요한 역할을 할 것이다.

생물다양성 보전을 위해서는 과학적인 연구뿐만 아니라 연구의 결과에 근거한 생물다양성 및 생태계서비스와 연계된 환경 및 지역 이슈들을 일반 시민들이 쉽게 이해하여 생태계를 보전하는 활동으로 발전시키는 것이 필수적이다. 이런 점에서 NGO를 포함한 시민사회들의 역할이 필수적이다. 특히, NGO를 비롯한 시민사회의 활발한 활동은 과학-정책, 과학-사회 간의 커뮤니케이션을 보다 원활하게 하는데 중요한 역할을 할 것으로 기대된다.

생물다양성 보전은 비단 생태계만의 문제가 아니다. 이는 인간계를 포함하는 보다 포괄적인 문제로써 학계, 정부, 산업계, NGO를 포함하는 다분야 융합과 긴밀한 소통을 필요로 한다. 향후 국제사회의 협력과 지원아래 이러한 다분야 융합은 보다 더 활발하게 이루어질 것으로 예상되며, 생물다양성 및 생태계서비스 보전이 인류의 지속 가능한 발전에 기여할 것으로 기대한다.

참고문헌

구미현. 2014. 택지개발사업 생태계서비스 평가모형 개발 및 적용 : 4개 보금자리 주택지구를 사례로. 서울대학교 박사학위논문.

국립생물자원관. 2012. 유전자원 접근과 이익공유 사례연구.

국립환경연구원. 1997. 도시유형별 녹지의 환경개선기능 평가.

김광득. 1993. 현대여가론 이론과 실제, 백산출판사.

김광수. 2006. 해양오염방지를 위한 각종 국제협약의 국내 수용 현황. 해양환경안적학회 12(4) : 293~300.

김명수. 2002. 대도시 녹지 연결성과 생물이동성 평가기법 개발. 서울대학교 환경대학원 박사학위논문.

김재근, 박정호, 최병진, 심재한, 권기진, 이보아, 이양우, 주은정. 2004. 생태조사방법론. 도서출판 보문당.

김재석, 이진원. 2008. 도시민의 여가공간선호도: 인구통계학적 특성에 따른 차이분석. 여가학연구 5(3) : 91~107.

김태철, 박승기, 문종필. 1997. DAWAST모형을 이용한 유출곡선번호 추정. 한국수자원학회논문집 30(5) : 423~430.

류대호, 이동근. 2013. 수도권 그린벨트 지역의 생태계서비스 가치평가 연구. 국토계획 48(3) : 279~293.

문석기, 성현찬, 구본학, 변병설, 유헌석, 이동근, 이상문, 이은엽, 이은희, 이재준, 전성우, 전영옥. 2010. 환경계획학. 보문당.

박진한. 2014. Valuation of Olympic Park and Boramae Park by using Hedonic Price Method. 서울대학교 석사학위논문

신화경. 2000. 여가생활패턴과 여가공간의 위치구조. 상명대학교 자연과학연구소 7: 1~12.

윤재현. 2014. 수자원관리 부문에서 수혜자부담원칙 경제적 평가에 관한 연구: 남양주시 사례분석, 한국환경영향평가학회지 (2014. 10. 31. 게재 확정).

윤용남. 1998. 공업수문학. 청문각.

윤희정, 임승빈. 2006. 옥외여가공간의 다중감각 선호 및 이미지 영향력 연구. 한국조경학회지 34(3) : 23~31.

원형규, 구교상, 정진현, 이천용, 이윤영, 김춘식. 2002. 산림재해 발생 및 산림 내 토지이용변화가 토양탄소 저장량에 미치는 영향. 한국환경생물학회 2002년도 춘계공동학술대회 및 심포지움 초록집 p. 80.

이동근, 박진한, 박찬. 2010. 도시 녹지 가치 평가를 위한 탄소 흡수량 추정 -서울시를 대상으로-. 환경영향평가 19(6) : 1~10.

이동근, 박찬, 오영출. 2010. 기후변화에 따른 식생과 토양에 의한 탄소변화량 공간적 분석. 농촌계획 16(4) : 109~116.

이명균, 임동순. 2007. 마을숲'의 경제적 가치 평가: 조건부가치측정법(CVM)의 적용, 마을숲과 참살이. 계명대학교 한국학연구원. 계명대학교 출판부.

이정전. 2001. 환경경제학. 박영사.

조용개. 2008. 생태학적 삶을 위한 환경윤리와 교육. 한국학술정보(주).

최열, 박현정, 임하경. 2011. 여가행태 및 여가공간에 관한 선호 결정요인 분석. 국토계획 46(4) : 271~282.

최재천, 최용상. 2011. 기후변화 교과서. 환경재단 도요새.

한면희. 2007. 미래세대와 생태윤리, 철학과 현실사.

환경부. 2009. DMZ 생태 · 평화공원 조성을 위한 기본계획 수립 연구.

환경부. 2011. 생물유전자원의 접근 및 이익공유에 관한 나고야 의정서.

환경부. 2013. 제12차 생물다양성협약 당사국총회 추진전략 연구.

환경부. 2014. 제12차 생물다양성협약 당사국총회 개최 및 국제협상을 위한 대응전략 수립 연구(1차) 보고서.

황민섭, 이명균, 정태용. 2014. 순천만 생태복원에 따른 경제적 가치 평가. 한국환경복원기술학회지 17(4) : 69~79.

Alexander, S. E., Schneider, S. H., and Lagerquist, K. 1997. The interaction of climate and life. In G. C. Daily, ed. Nature's Services, pp. 71~92. Island Press, Washington DC.

Aoyama, I., Nishizaki, H. and Yagi, M. 1986. Uptake of nitrogen and phosphate, and water purification capacity of water hyacinth, Ber. Ohara Inst. Landw. Biol., Okayama University 19(2) : 77~89.

Australian Government(Department of the Environment). 2010. National Waste Report.

Asian Development Bank. 2012. Green Cities.

Baudouin, L., Piry S. and Cornuet, J. M. 2004. Analytical Bayesian approach for assigning individuals to populations. Journal of Heredity 95 : 217~224.

Bellard, C., Bertelsmeier, C., Leadley, P., Thuiller, W. and Courchamp, F. 2012. Impacts of climate change on the future of biodiversity. Ecology letters : 365~377.

Bengtsson, T., Gunnarsson, C., Dasgupta, P., Folke, C., Mäler, K. G., Sen, A., Holling, C. S.,

Bledsoe, C., Willis, R. J., Birdsall, N., McNicoll, G. and Fogel, R. 1994. Population, Economic Development, and the Environment. Oxford University Press, Oxford, UK.

Boyd, J. and Banzhaf, S. 2007. What are ecosystem services? The need for standardized environmental accounting units. Ecological Economics 63(2): 616~626.

Bradshaw, C. J. A., Sodhi, N. S., Peh, K. S.-H., and Brook, B. W. 2007. Global evidence that deforestation amplifies flood risk and severity in the developing world. Global Change Biology 13 : 2379~2395.

Brauman, K. A., Daily, G. C., Duarte, T. K., and Mooney, H. A. 2007. The nature and value of ecosystem services: an overview highlighting hydrologic services. Annual Review of Environment and Resources 32 : 67~98.

Brost, B. M., and Beier, P. 2012. Use of land facets to design linkages for climate change. Ecological Applications : A Publication of the Ecological Society of America 22(1) : 87~103.

Calder, I. R. and Aylward, B. 2006. Forest and floods: Moving to an evidence-based approach to watershed and integrated flood management. Water International. 31 : 87~99.

Carmargo, J. A. 1993. Must dominance increase with the vumber of subordinate species in competitive interactions? Journal of Theoretical Biology 161 : 537~542.

CBD. 2010. Global Biodiversity Outlook 3.

CBD. 2012. RESOURCING THE AICHI BIODIVERSITY TARGETS: A FIRST ASSESSMENT OF THE RESOURCES REQUIRED FOR IMPLEMENTING THE STRATEGIC PLAN FOR BIODIVERSITY 2011-2020.

Chapin III, F Stuart, Matson, Pamela A., Vitousek, Peter. 2012. Principles of Terrestrial Ecosystem Ecology 2nd ed. Springer.

Chapin III, F. S., Zavaleta, E. S., Eviner, V. T., et al. 2000. Consequences of changing biodiversity. Nature 405 : 234~242.

Chen, I. C., Hill, J. K., Ohlemüller, R., Roy, D. B. and Thomas, C. D. 2011. Rapid range shifts of species associated with high levels of climate warming. Science 333(6045) : 1024~1026.

Clifford, H. T. and Stephenson, W. 1975. An Introduction to Numerical Classification. Academic Press, New York.

Cornuet, J. M., Piry S., Luikart, G., Estoup, A. and Solignac, M. 1999. New methods employing multilocus genotypes to select or exclude populations as origins of individuals. Genetics 153 : 1989–2000.

Cornwell, D. A., Zoltek Jr, J., Patrinely, C. D., Furman, T. D. and Kim, J. I. 1977. Nutrient removal by water hyacinths. Journal Water Pollution Control Federation 57~65.

Costanza, R. and Folke, K. 1997. Valuing ecosystem services with efficiency, fairness, and sustainability as goals, Nature's Services: Societal Dependence on Natural Ecosystems. Island Press. Washington DC : 49~70.

Daily. G. C. 1997. Introduction: What are ecosystem services? In: Nature's Services: Societal Dependence on Natural Ecosystems. G.C.Daily (ed.). Island Press. Washington, DC : pp.1~10.

Daly, H. E. and Farley, J. 2011. Ecological Economics: Principles and Applications.

Dash, M. C. 1993. Fundamentals of ecology. Tata McGraw-Hill Publishing Company Limited.

De Groot, R. S., Wilson, M. and Boumans, R. M. 2002. A typology for the classification, description and valuation of ecosystem functions, goods and services. Ecological Economics 41(3) : 393~408.

De Groot, R. S., Alkemade, R., Braat, L., Hein, L. and Willemen, L. 2010. Challenges in integrating the concept of ecosystem services and values in landscape planning, management and decision making. Ecological Complexity 7(3) : 260~272.

DesJardins, J. R. 1997. Environmental Ethics second edition by DesJardins (옮긴이: 김명식, 1999, 환경윤리-환경윤리의 이론과 쟁점, 자작나무).

Ehrlich, P. R. and Ehrlich, A. H. 1981. Extinction: the causes and consequences of the disappearance of species. Random House. New York.

Eriksson, R. and Andersson, J. O. 2010. Elements of Ecological Economics.

European Environment Agency. 2010. 10 messages for 2010 Urban ecosystems.

Falkowski, P., Scholes, R. J., Boyle, E., Canadell, J., Canfield, D., Elser, J., Gruber, N., Hibbard, K., Högberg, P., Linder, S., Mackenzie, F.T., Moore III, B., Pedersen, T., Rosenthal, Y., Seitzinger, S., Smetacek, V. and Steffen, W. 2000. The global carbon cycle: a test of our knowledge of earth as a system. Science 290(5490) : 291~296.

Fisher, B., Turner, R.K. and Morling, P. 2009. Defining and classifying ecosystem services for decision making. Ecological economics 68(3) : 643~653.

Gómez-Baggethun, E., De Groot, R. S., Lomas, P. L. and Montes, C, 2010. The history of ecosystem services in economic theory and practice: from early notions to markets and payment schemes. Ecological Economics 69(6) : 1209~1218.

Haeckel, H. 1866. Generelle Morphologie der Organismen.

Haines-Young, R. and Potschin, M. 2010. The links between biodiversity, ecosystem service and human well-being, in Raffaelli, D. G. and Frid, C. L.J. eds., Ecosystem Ecology: A New Synthesis. Ecological Reviews : 110~139.

Hannah, L., Midgley, G. F., Lovejoy, T., Bond, W. J., Bush, M., Lovett, J. C. and Scott, D. 2002. Conservation of Biodiversity in a Changing Climate. Conservation Biology 16(1) : 264–268.

Hansen, A. J., Knight, R. L., Marzluff, J. M., Powell, S., Brown, K., Gude, P. H., Jones, K. 2005. Effects of exurban development on biodiversity: patterns, mechanisms and research needs. Ecological Applications 15(1893) : e1905.

Heinsch, F. A., Reeves, M., Votava, P., Kang, S., Milesi, C., Zhao, M., Glassy, J., Jolly, W. M., Loehman, R. and Bowker, C. F. 2003. GPP and NPP (MOD17A2/A3) Products NASA MODIS Land Algorithm, NASA MODIS Land Team.

Heller, N. E. and Zavaleta, E. S. 2009. Biodiversity management in the face of climate change: A review of 22 years of recommendations. Biological Conservation 142(1) : 14~32.

Hill, M. O. 1973. Diversity and evenness: a unifying notation and its consequences. Ecology 54 : 427~432.

Hooper, D. U., Chapin, F. S., Ewel, J. J., Hector, A., Inchausti, P., Lavorel, S., Lawton, J. H., Lodge, D. M., Loreau, M., Naeem, S., Schmid, B., Setälä, H., Symstad, A. J., Vandermeer, J. and Wardle, D. A. 2005. Effects of biodiversity on ecosystem functioning: a consensus of current knowledge. Ecological Monographs. 75 : 3~35.

Hurlbert, S. H. 1971. The nonconcept of species diversity: a critique and alternative parameters. Ecology 52 : 577~586.

Immirzi, C. P. and Maltby, E. 1992. The global status of peatlands and their role in carbon cycling. In: Wetlands and climate change. Feasibility investigation of giving credit for conserving wetlands as carbon sinks. Patterson, J. 1999 (ed), Wetlands International Special Publication. p. 35.

Intergovernmental Panel on Climate Change. 2007. Fourth Assessment Report: Climate Change 2007 (AR4).

International Maritime Organization. 2005. Manual on Oil Pollution. IMO Publishing.

Jha, C. S., Goparaju, L., Tripathi, A., Gharai, B., Raghubanshi, A. S., and Singh, J. S. 2005. Forest fragmentation and its impact on species diversity: an analysis using remote sensing and GIS. Biodiversity & Conservation 14(7) : 1681~1698.

Joosten, H. and Clarke, D. 2002. Wise use of mires and peatlands - Background and principles including a framework for decision-making. International Mire Conservation Group / International Peat Society. p. 304.

Kadlec, R. H. 1987. The hydrodynamics of wetland water treatment systems, Aquatic plants for water treatment and resource recovery, Reddy, K.R., ed., Magnolia, Orlando, Fla : 373~392.

Kempton, R. A. 1979. The structure of species abundance and measurement of diversity. Biometrics 35 : 307~321.

Kim, K. S. 2013. Overview of Major Oil Spill at Sea and Details of Various Response Actions 1. Number and Volume of Marine Oil Spills in Korea and in the World. Journal of the Korean Society of Marine Environment & Safety 19(2) : 129~137.

Kong, I. H. and Lee. D. K. 2014. Identifying priority forest areas for hydrological ecosystem services on northen Vietnam, Journal of korea society of environmental restoration tedrnology (In press).

Kowarik I. 2011. Novel urban ecosystems, biodiversity, and conservation. Environmental Pollution 159 : 1974–1983.

Lakshman, G. 1979. An ecosystem approach to the treatment of waste waters. Journal of Environmental Quality 8(3) : 353~361.

Lal, R. 2004. Soil carbon sequestration impacts on global climate change and food security. Science 304 : 1623~1627.

Landsberg, F., Ozment, S., Stickler, M., Henninger, N., Treweek, J., Venn, O. and Mock, G. 2011. Ecosystem services review for impact assessment: introduction and guide to scoping. World Resources Institute, Washington, DC., http://www. wri. org/publication/ ecosystem-services-review-for-impactassessment.

Liu, J., Daily, G. C., Ehrlich, P. R. and Luck, G. W. 2003. Effects of household dynamics on resource consumption and biodiversity. Nature 421(6922) : 530~533.

MA(Millennium Ecosystem Assessment). 2003. Ecosystems and Human Well-being: A Framework for Assessment, Millennium Ecosystem Assessment Series, Washington, DC(Island Press).

MA(Millennium Ecosystem Assessment). 2005. Ecosystems and Human Well-being: Multiscale Assessment, Millennium Ecosystem Assessment Series, 4, Washington, DC(Island Press).

MA(Millennium Ecosystem Assessment). 2005a. Ecosystems and human well-being: synthesis. Island Press, Washington, DC.

MA(Millennium Ecosystem Assessment). 2005b. Nutrient cycling. World Resources Institute, Washington, DC.

MA(Millennium Ecosystem Assessment). 2005c. Fresh water. World Resources Institute, Washington, DC.

MacArthur R. H. and Wilson E. O. 1967. The theory of island biogeography. Princeton University Press.

Magurran, A. E. and McGill, B. J. 2011. Biological diversity : frontiers in measurement and assessment. Oxford University Press.

Manel, S., Gaggiotti, O. E. and Waples, R.S. 2005. Assignment methods : matching biological questions with appropriate techniques. Trends in Ecology and Evolution 20 : 136~142.

McCann, K. S., Rasmussen, J. B. and Umbanhowar, J. 2005. The dynamics of spatially coupled food webs. Ecology Letters 8 : 513~523.

Naeem, S., Thompson, L. J., Lawler, S. P., Lawton, J. H., and Woodfin, R. M. 1995. Empirical evidence that declining species diversity may alter the performance of terrestrial ecosystems. Philosophical Transactions of the Royal Society B. 347 : 249~262.

Naeem, S. and Li, S. 1997. Biodiversity enhances ecosystem reliability. Nature. 390 : 507~509.

Naeem, S., Chair, F. S. Chapin III, Costanza, R., Ehrlich P. R., Golley, F. B., Hooper, D. U., Lawton, J. H., O'Neill, R. V., Mooney, H. A., Sala, O. E., Symstad, A. J. and Tilman, D. 1999. Biodiversity and Ecosystem Functioning: Maintaining Natural Life Support Processes. Ecological Society of America, Issue in Ecology.

Nilon C. H., 2011. Urban biodiversity and the importance of management and conservation. Landscape Ecology Engineering 7 : 45~52.

Niemela J. 2014. Ecology of urban green spaces: The way forward in answering major research questions. Landscape and Urban Planning 125 : 298~303.

Odum, E. P. 1959. Fundamentals of ecology, Philadelphia: W. B. Saunders Company : p.546.

OECD. 1994. Project and policy appraisal: integrating economics and environment, written by Pearch, Whittington, Georgiou and James.

OECD. 1995. The Economics Appraisal of Environmental Projects and Policies.

Paetkau, D., Calvert, W., Stirling, I. and Strobeck, C. 1995. Microsatellite analysis of population structure in Canadian polar bears. Molecular Ecology 4 : 347~354.

Page, S. E. and Rieley, J. O. 1998. Tropical peatlands: A review of their natural resource functions with particular reference to Southwest Asia. International Peat Journal. 8 : 95~106.

Park, J. H., Lee, D.K., Park, C., Kim, H. G., Jung, T. Y., Sung, S. Y. and Mo, Y.W. 2014. Estimation of economic values of public parks in South Korea, Environmental and Resource Economics (In review).

Pauchard, A., Aguayo, M., Peña, E., and Urrutia, R. 2006. Multiple effects of urbanization on the biodiversity of developing countries: The case of a fast-growing metropolitan area (Concepción, Chile). Biological Conservation 127(3) : 272~281.

Pawson, S. M., Brin, A., Brockerhoff, E. G., Lamb, D., Payn, T. W., Paquette, A. and Parrotta, J. A. 2013. Plantation forests, climate change and biodiversity. Biodiversity and Conservation 22(5) : 1203~1227.

Piry, S., Alapetite, A., Cornuet, J. M., Paetkau, D, Baudouin, L. and Estoup, A. 2004. GENECLASS2 : a software for genetic assignment and firstgeneration migrant detection. Journal of Heredity 95 : 536~539.

Police, G. A. and Hurd, S. D. 1996. Linking marine and terrestrial food webs: Allochthonous input from the ocean supports high secondary productivity on small islands and coastal land communities. American Naturalist 147 : 396~423.

Primack, R. B. 2008. A Primer of Conservation Biology. Fourth Edition, Sinauer Associated Inc.

Raymon, B. and Mountain, J. L. 1997. Detecting immigration by using multilocus genotypes. Proceedings of the National Academy of Sciences 94 : 9197~9201.

Reddy, K. R., Sutton, D. L. and Bowes, G. 1983. Biomass production of freshwater aquatic plants in Florida. Proc. Soil. Crop. Sci. Soc. Florida 42 : 28~40.

Revenga, C., Murray S., Abramovitz, J. and Hammond, A. 1998 Watersheds of the world: ecological value and vulnerability. World Resources Institute, Washington, DC.

Root, T. L., Price, J. T., Hall, K. R., and Schneider, S. H. 2003. Fingerprints of global warming on wild animals and plants. Nature 421 : 57~60.

Roubik, D. W. 1995. Pollination of cultivated plants in the tropics, FAO Agricultural Services Bulletin 118.

Sandstrom U. G., Angelstam P. and Mikusinki G. 2006. Ecological diversity of birds in relation to the structure of urban green space. Landscape and Urban Planning 77: 39~53.

Schlesinger, W. H. 1991. Biogeochemistry: an analysis of global change. Academic Press.

Seto, K. C., Güneralp, B. and Hutyra, L. R. 2012. Global forecast of urban expansion to 2030 and direct impacts on biodiversity and carbon pools. PNAS 109(40) : 16083~16088.

Shiklomanov, I. A. 1993. World's freshwater resources. In P. E. Gleick, ed. Water in crisis: a guide to the world's freshwater resources. Oxford University Press, New York, NY. pp. 13~24.

Smith, B. and Wilson, J. B. 1996. A consumer's guide to evenness indices. Oikos 76 : 70~82.

Smith, W. H. 1990. Air Pollution and Forests (2nd ed.). Springer-Verlag, New York.

Sodhi, N. S. and Ehrlich P. R. 2010. Conservation Biology for All. Oxford University Press, Chapter 3. Ecosystem function and services (contributed by Sekercioglu C.H.).

Soule, M. E. 1991. Conservation: tactics for a constant crisis, Science, 253(5021) : 744~750.

TEEB. 2010. The Economics of Ecosystems and Biodiversity: Ecological and Economic Foundations, Kumar, P., ed., London (Earthscan).

Thomas, C. D., Cameron, A., Green, R. E., Bakkenes, M., Beaumont, L. J., Collingham, Y. C. and Erasmus, B. F. N. 2004. Extinction risk from climate change. Nature 427(6970) : 145~148.

Tilman, D. 1996. Biodiversity: population versus ecosystem stability. Ecology 77 : 350~363.

Tilman, D. 1997. Biodiversity and ecosystem functioning. In G. C., Daily ed. Nature''s Services: societal dependence on natural ecosystems, Island Press, Washington DC. pp.93~112.

Tripathi, B. D., Srivastava, J. and Misra, K. 1991. Nitrogen and phosphorus removal-capacity of four chosen aquatic macrophytes in tropical freshwater ponds. Environmental Conservation 18(2) : 143~147.

Turner, M. G., Garner, R. H. and O'Neill, R. V. 2001. Landscape Ecology in Theory and Practice : Pattern and Process. Springer-Verlag. New York.

United Nations. 1987. Our Common Future, Report of the World Commission on Environmental and Development.

Vimal, R., Geniaux, G., Pluvinet, P., Napoleone, C. and Lepart, J. 2012. Detecting threatened biodiversity by urbanization at regional and local scales using an urban sprawl simulation approach: Application on the French Mediterranean region. Landscape and Urban Planning 104(3) : 343~355.

Wallace, J. B., Eggert, S. L., Meyer, J. L. and Webster, J. R. 1999. Effects of resource limitation on a detrital based ecosystem. Ecological Monographs 69 : 409~442.

Wallace, K. J. 2007. Classification of ecosystem services: problems and solutions, Biological Conservation 139(3) : 235~246.

Weil, D. W. 2012. Economic Growth. 3rd edit. Pearson.

Wolverton, B. C. and McDonald, R. C. 1979. Upgrading facultative wastewater lagoons with vascular aquatic plants, Journal Water Pollution Control Federation 51 : 305~313.

WWF. 1989. The importance of biological diversity. World Wide Fund for Nature. Yale Press, New Haven, Connecticut.

加藤尙武. 2001. 環境と倫理 (옮긴이: 한귀현, 2001, 환경윤리, 동남기획).

http://www.law.go.kr

http://www.rubicode.net (Rationalising Biodiversity Conservation in Dynamic Ecosystems-project (RUBICODE-project)

http://www.teebewb.org/resources/case-studies/

찾아보기

저자소개

| 이 동 근 |

서울대학교 조경학과 졸업

일본 동경대학교 석사, 박사 (농학)

일본 국립환경연구소, 일본 과학기술청, 일본 환경청, 한국환경정책·평가연구원, 상명대학교

University of Pennsylvania

현) 서울대학교 조경·지역시스템공학부 교수

현) 한국환경영향평가학회 회장, 국회기후변화포럼 운영위원장

현) Landscape and Ecological Engineering 부편집위원장

| 이 명 균 |

서울대학교 경제학과 졸업

미국 브라운대학 석사, 박사 (경제학)

한국 에너지경제연구원, LG경제연구원, 한국환경정책 · 평가연구원

UNEP Risoe Center on Energy, Climate, and Sustainable Development

현) 계명대학교 교수

현) 글로벌녹색성장연구소 지식개발관리본부장

현) IPCC WG3 주저자

| 정 태 용 |

서울대학교 무역학과 졸업

미국 뉴저지 주립대 석사, 박사 (경제학)

한국 에너지경제연구원, 일본 국립환경연구소, 일본 지구환경연구기관, 세계은행,

아시아개발은행, 글로벌녹색성장연구소

현) KDI 국제정책대학원 교수

현) UN 생물다양성협약사무국 제2차고위급패널멤버